全国农药使用信息调查研究

全国农业技术推广服务中心　主编

中国农业出版社
北　京

图书在版编目（CIP）数据

全国农药使用信息调查研究 / 全国农业技术推广服务中心主编 . —北京：中国农业出版社，2022.8
ISBN 978-7-109-29857-6

Ⅰ.①全… Ⅱ.①全… Ⅲ.①农药施用－调查研究－中国 Ⅳ.①S48

中国版本图书馆 CIP 数据核字（2022）第 146402 号

中国农业出版社出版

地址：北京市朝阳区麦子店街 18 号楼
邮编：100125
责任编辑：史佳丽　阎莎莎
版式设计：杨　婧　责任校对：吴丽婷
印刷：北京中兴印刷有限公司
版次：2022 年 8 月第 1 版
印次：2022 年 8 月北京第 1 次印刷
发行：新华书店北京发行所
开本：787mm×1092mm　1/16
印张：18
字数：450 千字
定价：78.00 元

主　　　编：束　放　唐启义　王凤乐

副　主　编：秦　萌　任宗杰　王帅宇　马庭蠹　王海波　孙慕君
　　　　　　李　兰　李　岩　张瑞珂　陈秋芳　范兰兰　栗梅芳
　　　　　　黄向阳　黄军军

主要编写人员：束　放　唐启义　王凤乐　郭永旺　张　帅　秦　萌
　　　　　　赵　清　李永平　任宗杰　李春广　夏　冰　李天骄
　　　　　　赵安楠　郭逸蓉　邹茹冰　王帅宇　贾峰勇　冯学良
　　　　　　杨　龙　栗梅芳　周　霄　沈晓强　王丽英　靳彦卿
　　　　　　萨其仍贵　康馨月　孙慕君　姜　策　王大川　赵东芳
　　　　　　李　岩　肖　迪　彭　震　芦　芳　王海波　朱先敏
　　　　　　黄向阳　郭年梅　高吉良　沈　颖　曹　溪　吴向辉
　　　　　　刘义明　黄晓燕　田忠正　卢　山　赵利民　郝　瑞
　　　　　　陈秋芳　童金花　顾　辉　张　兰　范兰兰　谭卫军
　　　　　　黄军军　龙梦玲　马庭蠹　张瑞珂　宋　禹　陈丽君
　　　　　　马　利　伍亚琼　郭　伦　刘建兴　何小舟　吴　琼
　　　　　　王晓环　李　兰　马军霞　赵丽平　姜红霞　李洪明
　　　　　　米六存　李健荣　刘　媛　买合吐木古力·艾孜不拉
　　　　　　芦　屹

序 言

　　农药使用信息抽样调查是植物保护的一项基础性工作，对于了解和掌握我国农药使用情况，保障国家粮食安全、农产品质量安全、生态环境安全，具有十分重要的意义。

　　目前，我国农药使用量数据主要来源于统计部门。该统计数据不仅涵盖了我国农业病虫草鼠害的防治用药，同时还包括森林、城市园林、卫生、收获后的粮食储藏等多个领域病虫草鼠等有害生物防治用药总量。我国使用的农药品种繁多，且不同植物品种、不同防治靶标、不同种植规模、不同类型经营主体等施用的农药种类、数量及方式差异较大，传统的统计方法无法系统、翔实、全面地反映农药使用实际数量和品种结构。全国农业技术推广服务中心（以下简称全国农技中心）自 2006 年开始，与浙江大学、杭州睿丰信息技术有限公司合作，开展了基于终端的种植业农药使用情况调查监测项目的探索性工作。在进行系统科学设计的基础上，2009—2014 年先后在 13 个省份（早稻、小麦、蔬菜分别为 6 个、5 个、2 个省份）的 13 个县市开展抽样调查工作。随后每年都走访各级植保部门、专业化防治服务组织、种植大户和普通农户，就农户农药使用调查监测方案进行反复调研、征求意见，不断修改完善方案，并在已开发的全国农药械信息管理系统上增加了农户用药调查模块。2015 年，在农业部种植业管理司专项经费的支持下，全国农技中心在全国 28 个省（自治区、直辖市）的 100 个县（市、区）组织开展基于早稻、小麦、玉米、大豆、棉花、油菜、马铃薯、苹果、柑橘、茶树、设施蔬菜和露地蔬菜等 12 种主要农作物的农户实际使用农药全程调查监测工作，积累了较为翔实的第一手资料，项目县（市、区）从 2015 年的 100 个发展到 2020 年的 659 个，增幅达 559%。2019 年以后，调查工作所需资金由各省份自行安排。该工作全程由全国农技中心负责组织实施，浙江大学和杭州睿丰信息技术有限公司负责系统运行过程中的数据统计分析与系统维护、模块升级等工作。

　　本书是行业内以我国主要农作物农药使用信息为主线，详尽阐述作物用药情况的专业书籍，系统反映了我国种植业农药使用现状，为指导农药科学使用提供重要的数据支撑。本书分为上下两篇，上篇为农药使用信息抽样调查概况和方法（1～4章），详细介绍了种植业农药使用调查基本情况、调查监测具体方法以及数据统计分析方法，这些是开展农药使用信息调查分析的基础。随着调查监测工作的不断深入，调查监测方法逐步修改完善。2020年8月，全国农技中心牵头，组织农业农村部农药检定所、浙江大学农业与生物技术学院、中国农业大学农学与生物技术学院、中国农业科学院植物保护研究所、中国农业科学院农业经济与发展研究所以及部分省级植保机构的有关专家就《种植业农药使用调查方法》进行了审定，全国农技中心印发了《种植业农药使用调查方法》（农技植保函〔2021〕57号）。下篇为主要农作物使用农药抽样调查结果与分析（5～19章），每章针对一种作物，对其农药使用的具体情况进行分析。具体内容包括：全国及不同农业生态区域主要农作物使用农药的商品总（亩）用量、折百总（亩）用量、总（亩）用药成本、总（亩）桶混次数、总（亩）防治面积、用药指数和使用频率等评价指标。其中，农药类型包括化学农药、生物农药，农药种类包括杀虫剂、杀菌剂、除草剂和植物生长调节剂。本书中作物种植面积采用国家统计局公布的数据，因此水稻按照早稻、中稻及一晚和晚稻分别分析。

　　本书的数据来源于农户用药抽样调查，目的是通过这些数据信息反映当前农户用药的现状和趋势。但由于农户用药抽样调查受限于样点选择、样本数量大小等因素，且农户用药水平参差不齐，书中的某些数据因存在抽样误差而呈现为异常、不具代表性：如早稻个别生态区因每年只有一个不同区县的调查数据，不适合进行年份间农药用量的比较；中稻及一晚、小麦个别年份、个别生态区因抽样样本较小，农药用量跟其他年份、生态区相比差异较大；其他作物农药用量亦存在这种情况。读者在理解、参考相关调查数据时是需要注意的。

　　本书在编写过程中得到农业农村部种植业管理司、全国农技中心与各省（自治区、直辖市）植保机构领导专家、同仁及调查人员的大力支持和帮助。下篇各章节中有关数据审核由以下人员负责：早稻部分由广西壮族自治区植保站黄军军牵头，中稻及一晚部分由黑龙江省植检植保站李岩牵头，连作晚稻部分由广东省农业有害生物预警防控中心范兰兰牵头，小麦部分由江苏省植物保护植物检疫站王海波牵头，玉米部分由辽宁省农业发展服务中心孙慕君牵头，大豆部分由黑龙江省植检植保站李岩牵头，马铃薯部分由云南省植保植检站马庭矗、张瑞珂牵头，棉花部分由河北省植保植检总站栗梅芳牵头，油菜部分由湖南省植保植检站陈秋芳牵头，柑橘部分由江西省农业农村产业发展服务中心植保植检处黄向阳牵头，苹果部分由陕西省植物保护工作总站李兰牵头，番茄、黄瓜、白菜、辣椒部分由北京市植物保护站王帅宇牵头。牵头人组织相关省级植保机构承担农户用药调查工作负责人员，对所辖省份的数据进行了认真审核，并完成该章节的书稿编审工作。在此特对他们的辛勤付出表示由衷的感谢！

　　本书的出版将为农技人员、农药生产经营及使用者等农药科学安全使用提供有益的帮助，也将为植保工作的开展提供重要的参考！

编　者

2022 年 1 月 30 日

目录

序言

目　录

上　篇

农药使用信息抽样
调查概况与方法

第一章　我国农药使用信息调查监测概况

第一节　目的和意义

农业是立国之本、强国之基。农药是保障农业生产的重要生产资料，广泛用于农业、林业、卫生等多个领域控制有害生物危害，是现代农业发展的重要物质支撑，其作用和地位十分突出。

我国幅员辽阔，地理环境复杂，气候条件多变，农作物种类多，土地资源严重不足，农作物复种指数高，病虫草鼠害等生物灾害多发重发频发。据统计，我国农作物常年发生有害生物 1 600 多种，严重危害的近 100 种，近年来每年需要防治面积达 70 多亿亩*次，特别是防治蝗虫、草地贪夜蛾、稻飞虱、小麦赤霉病、马铃薯晚疫病等引起的重大迁飞性、流行性病虫害，目前最主要的手段还是依赖农药。据联合国粮食及农业组织测算，若农业生产中不用农药，平均每年可造成粮食损失 30%～40%。据统计，21 世纪以来我国每年防治农作物病虫草鼠害挽回粮食损失占我国粮食总产量的 20% 左右，农药的科学有效使用对保障我国粮食安全、农业丰收和农民增收发挥了重要作用。特别是随着农业规模化、机械化发展，化学除草和病虫害专业化统防统治大面积应用，农药在现代农业中的地位更加突出。但农药又是一把双刃剑，用得好，保障粮食增产、农民增收；用得不好，就会造成环境污染、农残超标等负面影响。

因此，开展基于终端的农药使用信息调查监测，对于全面了解和掌握我国种植业农药使用量、产品结构、市场供需状况和科学用药水平，制定农药生产、销售计划和产业发展规划，指导农药减施增效和科学安全使用，从而提高农作物病虫草鼠害防控水平，保障农业生产安全、农产品质量安全、生态环境安全，具有重要意义。

第二节　改革开放前我国农药使用数据统计

新中国成立以来，我国早期农药用量数据可查阅《农业技术经济手册（修订版）》（牛若峰、刘天福主编）。该手册收集了不同时期我国每亩耕地供应化学农药商品数量（表 1-1）。

---

* 亩为非法定计量单位，1 亩＝1/15 公顷。——编者注

表 1-1　我国历年农药销售量及每亩耕地化学农药供应量

年份	化学农药销售量/万吨	每亩耕地化学农药供应量/克
1952	1.0	5
1957	13.6	80
1965	54.4	350
1970	102.3	675
1975	148.4	990
1979	151.4	1 015

同时，该资料手册还收集了 1975—1979 年我国 13 种农作物亩用药成本，主要粮食作物亩用药成本见表 1-2。

表 1-2　1975—1979 年我国主要粮食作物亩用药成本（元）

作物	1975 年	1976 年	1977 年	1978 年	1979 年
早稻	2.23	2.35	2.41	1.72	1.76
早籼稻	1.36	0.93	2.20	1.42	1.66
晚籼稻	2.07	2.92	1.85	1.70	2.88
粳稻	3.27	3.19	3.17	2.04	0.78
糯稻	3.58	3.36	2.54	2.46	1.73
小麦	0.46	0.36	2.43	0.52	2.07
玉米	0.71	0.06	2.96	0.28	0.41
高粱	0.20	0.03	3.75	0.21	0.22
谷子	0.20	0.14	3.02	0.17	0.18
大豆	0.13	0.31	1.01	0.27	0.20

这一时期主要是县级开展的农药使用量调查，因农药来源渠道单一（即农资公司），农药用量统计相对精准。如湖南省桃源县植保站于 1982 年系统整理了当地（桃源县）农资公司农药销售资料，这些资料可系统地反映当地农药商品用量实况。同时可以看出，该县 1980 年因当地主要作物水稻上稻飞虱大发生，六六六粉剂用量非常大，农药用量达到了历史最高峰。此后，因有机氯类农药禁用，农药用量急剧下降，1982 年农药用量较 1980 年下降幅度达 67.6%。按全县农作物种植面积计算，农药亩用量及亩用药成本见表 1-3。

表1-3　湖南省桃源县1954—1982年农药用量及主要化学农药用量

年份	亩用量/克	亩成本/元	六六六粉剂	滴滴涕	乐果	敌敌畏	敌百虫	1605	1059	甲胺磷	杀虫脒	叶蝉散	速灭威	杀虫双	稻瘟净
							主要农药亩用量/克								
1954	0.79	0.00	0.56	0.00											
1955	3.70	0.00	3.57	0.00											
1956	12.06	0.01	8.25	2.18											
1957	39.33	0.05	12.17	6.17											
1958	61.22	0.07	26.82	15.90											
1959	69.80	0.11	27.36	10.54											
1960	52.90	0.08	10.06	7.39											
1961	69.37	0.05	42.04	19.33											
1962	30.93	0.04	8.31	6.71											
1963	85.72	0.08	47.53	32.73			0.21	0.96	0.13						
1964	112.68	0.11	61.64	41.76			0.00	1.30	0.78						
1965	287.94	0.24	194.00	55.24	1.29		6.89	2.20	0.76						
1966	418.19	0.43	265.78	62.86	11.27		6.43	2.19	1.75						
1967	424.58	0.40	283.48	66.14	17.27		16.54	2.51	0.78						
1968	379.38	0.48	195.59	80.01	31.46		19.66	2.00	3.43						
1969	588.45	0.65	573.24	81.82	38.59		26.82	4.40	1.29						
1970	1 066.67	1.37	567.25	185.44	80.11		55.69	3.83	1.73						
1971	1 493.11	2.00	663.78	377.85	39.85	3.98	143.15	5.85	4.44						
1972	991.55	1.45	486.19	152.04	95.67	1.68	61.73	8.37	5.95						

（续）

年份	亩用量/克	亩成本/元	主要农药亩用量/克												
			六六六粉剂	滴滴涕	乐果	敌敌畏	敌百虫	1605	1059	甲胺磷	杀虫脒	叶蝉散	速灭威	杀虫双	稻瘟净
1973	1 172.62	1.41	658.25	116.12	30.01	3.78	60.85	8.80	2.75						
1974	977.52	1.46	402.16	87.40	33.96	1.96	59.57	9.79	2.36						
1975	1 333.58	2.02	468.46	167.46	67.07	2.90	27.39	8.18	1.48						
1976	921.17	1.23	468.96	79.47	41.50	2.80	34.13	9.13	0.22		1.59				
1977	1 041.75	1.32	554.30	57.63	32.94	1.42	11.21	8.97	5.34		8.39				
1978	1 375.17	1.32	940.31	46.13	22.10	1.79	0.00	4.74			13.85				
1979	2 085.67	1.73	1 633.03	46.79	13.28	4.34	0.00	28.24			16.73				
1980	3 250.49	2.62	2 690.23	43.07	19.99	91.47	0.00	35.23			64.35				
1981	1 815.52	2.02	1 355.44	28.22	18.15	59.04	3.47	19.93		91.23	22.59	61.30	14.47	13.03	20.31
1982	1 092.39	1.56	679.70	15.05	12.07	28.32	1.74	6.63		111.66	14.16	78.31	10.92	11.53	30.63

资料来源：桃源县农业局植保站，1982.

第三节　国家层面我国农药用量调查统计

根据国家统计局资料，从 2009 年到 2014 年，我国农药用量（商品量）从 170 万吨增加到 180 万吨左右，随后逐年下降（图 1-1）。特别是 2015 年以后，我国组织实施农药使用量零增长行动，农药的使用量持续减少，农业部组织的种植业农药使用量调查显示，商品量由 2015 年的 92.56 万吨减少到 2020 年的 79.12 万吨。

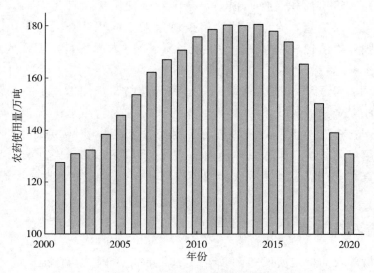

图 1-1　2001—2020 年我国农药使用量（商品量）

1978 年以来，国家统计局对我国每年农药用量开展系统调查，调查内容不仅涉及农药总用量，还对主要农作物进行了成本收益调查（主要作物亩用药成本）。另外，中共中央政策研究室、农业部也开展了农村固定观察点的抽样调查。1991 年以来，我国农药用量有了系统的调查统计数据。国家统计局每年对全国农药使用量进行统计汇总，并以《中国农村统计年鉴》形式公开发布。2006 年开展的第二次全国农业普查，将农药购买量作为调查内容，统计出当时全国农药商品用量：种植业 145.8 万吨，林业 1.8 万吨，畜牧业 5.4 万吨，渔业 1.3 万吨，其他 0.4 万吨。

第四节　植保系统内部农药使用量调查和监测

一、调查背景与起源

全国植保系统开展种植业农药使用量调查和估测始于 20 世纪 80 年代中期，随着我国经济改革的不断深入，农业"三站"（农技站、土肥站和植保站）进入农资流通领域，特别是到 20 世纪 90 年代，全国各地植物医院应运而生，乃至后来个体经营如雨后春笋般地进入农资流通领域。全国植物保护总站为更好地服务农业生产、服务农药企业，组建了全国植保信息网，以期解决新形势下的全国农药需求预测、农药用量统计工作，开展了种植业农药使用信息调查工作。

1987年，由全国植物保护总站综合处负责组织开展植保专业统计工作，以常用农药有效成分为主体农药使用量估计是植保专业统计内容之一。关于农药使用统计的最早文件是农业部〔1988〕农（农）字第7号，颁发了《植保专业统计报表制度》和《植保专业统计工作的暂行规定》，大部分省（自治区、直辖市）制定了实施细则，并对1987年植保工作情况试行统计。植保专业统计内容包括全国各地区农作物主要病虫草鼠害发生面积、防治面积及挽回损失，全国农药使用量，农药中毒人数，植保机械社会保有量及当年供应量，全国性植物检疫对象发生面积、查治面积，以及社会化服务组织及经营服务等信息，以《植保专业统计资料》（内部资料）汇编成册，仅供植保系统内部工作参考之用。

1995年9月，全国农技推广总站、全国种子总站、全国植物保护总站、全国土壤肥料总站合并成立全国农技中心，植保专业统计工作先后由全国农技中心的计算机处（后合并为标准与信息处）（1995—2019年）和病虫害测报处（2019年至今）承担，其中农药实际使用量调查统计工作具体由农药药械处负责（2009年至今）。而基于终端的农药使用量调查和农药需求预测等农药使用信息在全国《植保专业统计资料》（内部资料）中未涉及。

二、调查农药种类

据农业农村部农药检定所发布，截至2021年底，全国农药登记产品6万多个，745个有效成分。其中，2021年度登记产品2 887个（含仅限出口产品119个）。我国种植业生产中使用的农药产品众多，难以对所有品种进行调查和统计分析。为了便于进行农药使用情况统计和分析，必须对农药品种进行分类，对生产中使用的主要品种进行调查。为此全国农技中心按照防治对象的不同，将农药品种分为五大类，分别是杀虫剂（有机磷类、氨基甲酸酯类、拟除虫菊酯类、新烟碱类、双酰胺类、其他类杀虫剂和杀螨剂）、杀菌剂、除草剂、植物生长调节剂、杀鼠剂。对各类农药品种中常用农药品种的有效成分进行筛选（对于不能列入其中的以其他代替），目前列为调查对象的农药有效成分如下：

1. 杀虫剂

（1）有机磷类。敌敌畏、敌百虫、氧乐果、乐果、辛硫磷、杀螟硫磷、甲基异柳磷、甲拌磷、马拉硫磷、水胺硫磷、乙酰甲胺磷、三唑磷、哒嗪硫磷、丙溴磷、喹硫磷、毒死蜱、甲基毒死蜱、倍硫磷、灭线磷、二嗪磷、稻丰散、其他有机磷类。

（2）氨基甲酸酯类。抗蚜威、灭多威、硫双威、异丙威、甲萘威、克百威、丁硫克百威、涕灭威、速灭威、混灭威、茚虫威、其他氨基甲酸酯类。

（3）拟除虫菊酯类。高效氯氰菊酯、联苯菊酯、氰戊菊酯、溴氰菊酯、氯氰菊酯、高效氯氟氰菊酯、高效氟氯氰菊酯、甲氰菊酯、氟氯氰菊酯、S-氰戊菊酯、醚菊酯、其他拟除虫菊酯类。

（4）新烟碱类。噻虫嗪、噻虫胺、吡虫啉、呋虫胺、啶虫脒、烯啶虫胺、噻虫啉、氯噻啉、其他新烟碱类。

（5）双酰胺类。氯虫苯甲酰胺、氟苯虫酰胺、四氯虫酰胺、溴氰虫酰胺、其他双酰胺类。

（6）其他类杀虫剂。杀虫双、杀虫单、杀螟丹、抑食肼、灭幼脲、噻嗪酮、苏云金杆菌、氟啶脲、氟虫脲、氟铃脲、丁醚脲、除虫脲、阿维菌素、甲氨基阿维菌素苯甲酸盐、虫酰肼、虫螨腈、四聚乙醛、吡蚜酮、甲氧虫酰肼、氰氟虫腙、多杀霉素、乙基多杀菌素、浏阳霉素、杀螺胺、鱼藤酮、苦参碱、印楝素、除虫菊素、藜芦碱、核型多角体病毒、绿僵菌、白僵菌、棉铃虫核型多角体病毒、杀螺胺乙醇胺盐、氟啶虫胺腈、其他杀虫剂。

（7）杀螨剂。炔螨特、噻螨酮、双甲脒、单甲脒、苯丁锡、四螨嗪、哒螨灵、三唑锡、唑螨酯、石硫合剂、矿物油、乙唑螨腈、其他杀螨剂。

2. 杀菌剂　硫酸铜、氢氧化铜、多菌灵、三唑酮、三环唑、稻瘟灵、腈菌唑、异稻瘟净、丙硫多菌灵、叶枯唑、甲基硫菌灵、拌种灵、百菌清、敌磺钠、辛菌胺、代森类、甲霜灵类、噁霜灵、敌瘟磷、腐霉利、福美类、乙霉威、五氯硝基苯、三乙膦酸铝、菌核净、烯唑醇、异菌脲、霜脲氰、霜霉威盐酸盐、甲基立枯磷、井冈霉素、春雷霉素、申嗪霉素、宁南霉素、多抗霉素、中生菌素、嘧啶核苷类抗菌素、硫酸链霉素、武夷菌素、盐酸吗啉胍、乙烯菌核利、三唑醇、噻菌灵、噻呋酰胺、咪鲜胺、嘧霉胺、丙环唑、戊唑醇、己唑醇、丙森锌、嘧菌酯、醚菌酯、吡唑醚菌酯、丁香菌酯、氰烯菌酯、肟菌酯、烯肟菌酯、烯肟菌胺、苯醚甲环唑、烯酰吗啉、咯菌腈、毒氟磷、氟环唑、木霉菌、蛇床子素、极细链格孢激活蛋白、氨基寡糖素、香菇多糖、枯草芽孢杆菌、蜡质芽孢杆菌、其他生物杀菌剂、其他杀菌剂。

3. 除草剂　丁草胺、乙草胺、甲草胺、异丙甲草胺、精异丙甲草胺、丙草胺、异丙草胺、莠灭净、2甲4氯、2，4-滴丁酯、绿麦隆、精吡氟禾草灵、高效氟吡甲禾灵、莎稗磷、仲丁灵、氯氟吡啶酯、禾草丹、禾草敌、苄嘧磺隆、西草净、野麦畏、扑草净、莠去津、灭草松、氟唑磺隆、氟磺胺草醚、精噁唑禾草灵、乙羧氟草醚、五氟磺草胺、氯氟吡氧乙酸、嗪草酮、烯禾啶、草甘膦、敌草快、苯磺隆、氟乐灵、吡嘧磺隆、氯吡嘧磺隆、敌草胺、麦草畏、噁草酮、异丙隆、氯嘧磺隆、甲氧咪草烟、异噁草酮、乙氧氟草醚、二氯喹啉酸、喹禾灵、精喹禾灵、敌稗、二甲戊灵、烯草酮、丙炔氟草胺、氟噻草胺、砜嘧磺隆、烟嘧磺隆、草除灵、炔草酯、氰氟草酯、咪唑乙烟酸、唑草酮、苯噻酰草胺、噁唑酰草胺、硝磺草酮、苯唑草酮、草铵膦、其他除草剂。

4. 植物生长调节剂　多效唑、甲哌鎓、烯效唑、乙烯利、赤霉素、芸苔素内酯、S-诱抗素、复硝酚钠、矮壮素、氯吡脲、胺鲜酯、噻苯隆、单氰胺、其他植物生长调节剂。

5. 杀鼠剂　敌鼠钠盐、溴敌隆、氯敌鼠钠盐、杀鼠灵、杀鼠醚、溴鼠灵、其他杀鼠剂。

上述农药调查品种每年都将根据市场和生产中使用量变化进行调整，已由 20 世纪 80 年代的几十种增加到目前的 300 多种。但是当前尚有 400 多个非主流的农药品种用量尚未统计进来。

三、输出结果

全国农技中心组织开展种植业农药使用调查和统计分析，可得到全国和各省（自治区、直辖市）使用的杀虫剂、杀菌剂、除草剂、植物生长调节剂、杀鼠剂中农药总的商品量和折百量；全国和各省（自治区、直辖市）使用的化学农药和生物农药的商品量和折百量；全国和各省（自治区、直辖市）使用的剧毒、高毒、中等毒、低毒、微毒农药的商品量和折百量，以及全国和各省（自治区、直辖市）所调查的近 300 个农药品种商品总量和折百总量（如敌敌畏、草甘膦……）。以上调查内容在《全国植保专业统计资料》（内部资料）中部分涉及。

第五节　农药用量抽样调查实践案例

据中国农药网 2015 年 1 月 6 日报道，2011—2013 年浙江省开展了早稻农药使用状况调查。调查对象为杭州、嘉兴、金华、丽水、台州等地从事早稻生产或病虫害防治的管理者。采用问卷和入户走访相结合的方式开展调查，将调查对象分为农业企业（包括合作社和农场，简称企业）、大户和散户等 3 类（种植面积 10 亩以下的为散户，大于等于 10 亩的为大户），共调查早稻生产主体 292 个。其中，企业、合作社或农场 82 个，其管理的早稻面积在 67.47～263.29 公顷；大户 114 个，其经营早稻面积在 19.39～22.67 公顷；散户 96 个，其平均种植面积 0.24～0.26 公顷。

结果显示，调查地区主要使用的杀虫剂 26 种、杀菌剂 8 种，不同年度间使用农药品种相对比较稳定，部分区域品种有一定差异。从农药使用次数看，早稻病虫害防治平均次数分别为 4.84 次、5.34 次、4.63 次，年度之间存在一定差别，整体变化不大。从农药使用剂量看，3 年平均使用农药 13.77 千克/公顷，用量范围在 12.77～15.40 千克/公顷，最多的主体施用 36.38 千克/公顷，最少施用 0.63 千克/公顷。3 年使用农药平均成本为 1 117.32 元/公顷，各年分别是 861.05 元/公顷、1 310.35 元/公顷、1 180.55 元/公顷（表 1-4）。

表 1-4　浙江省 2011—2013 年早稻农药使用抽样调查统计表

项目	防治次数				用量/千克/公顷				成本/元/公顷			
	2011 年	2012 年	2013 年	平均值	2011 年	2012 年	2013 年	平均值	2011 年	2012 年	2013 年	平均值
企业	4.54	4.66	4.00	4.40	11.33	11.19	12.02	11.51	761.40	1 263.75	1 185.00	1 070.05
大户	4.58	5.37	4.35	4.77	11.82	15.57	11.35	12.91	908.40	1 307.10	1 049.40	1 088.30
散户	5.41	6.00	5.54	5.65	15.15	19.44	16.09	16.89	913.65	1 360.20	1 307.25	1 193.70
平均	4.84	5.34	4.63	4.94	12.77	15.40	13.15	13.77	861.05	1 310.35	1 180.55	1 117.32

（续）

项目	防治次数				用量/千克/公顷				成本/元/公顷			
	2011 年	2012 年	2013 年	平均值	2011 年	2012 年	2013 年	平均值	2011 年	2012 年	2013 年	平均值
最高	12①	12①	12①	12.00	24.82①	33.69①	36.38①	31.63	3 675.00①	2 542.50③	2 382.00①	2 866.50
最低	2②	2②	1①	1.67	0.63②	3.06①	1.28③	1.65	480.00①	532.50②	375.00②	462.45

注：①表示其主体为散户；②表示其主体为企业、合作社；③表示其主体为大户。表中数据不包含除草剂；使用量为商品量。

第二章 我国农药使用抽样调查技术研究

第一节 种植业农药使用信息调查研究

长期以来，我国使用的农药用量统计指标不能全面反映各种类型（或毒性）的农药在不同地区、不同作物上的施用水平。为了使农药使用量调查方法、统计结果更加科学规范，完整地掌握我国种植业农药使用情况，为指导农药生产、使用政策和技术推广提供依据，开展了农药抽样调查技术探索。自2006年开始，受全国农技中心的委托，浙江大学农业与生物技术学院唐启义教授先后对全国农药使用量抽样调查的可行性、抽样调查方法以及抽样结果统计分析等一系列抽样统计问题进行了研究，提出了开展全国农药使用调查的技术路线和方法。2007—2008年，全国农技中心束放和浙江大学唐启义先后赴浙江、山东、贵州、湖南、云南等省（自治区、直辖市），走访基层植保部门、种植大户、普通农户和农药经销商，对如何开展农户用药抽样调查以及抽样调查表格的设计进行了反复调研，最终确定了既能满足农药抽样调查数据统计要求，又内容精简、可操作性强的农户农药使用抽样调查表格。

自2009年起，全国农技中心根据农产品质量安全专项经费项目安排，在全国选择6个水稻主产省份的种植大县、5个小麦主产省份的种植大县和2个有农户用药调查基础的设施蔬菜种植市，开展基于终端的农户用药抽样调查试点研究。同时，在全国农药械信息管理系统软件基础上，增加了农户用药调查监测模块。随着各级政府部门对生态环境、农产品质量安全的重视及全国农技中心对农户用药调查工作的不断推动，项目省、市、县逐年增加。

2015—2018年，农业部种植业管理司安排专项经费，由全国农技中心在全国选择100个县，对12种主要作物（早稻、小麦、玉米、大豆、棉花、马铃薯、柑橘、苹果、油菜、茶树、设施蔬菜和露地蔬菜）农户使用农药情况开展全程调查监测。

在财政专项的支持下，农户用药调查监测项目取得较好成效，为农药使用量零增长行动效果评估提供了可靠的数据支撑。与此同时，一些省份也安排财政专项扩大调查监测项目实施规模。截至2020年底，调查样本数量达22 647户（含普通农户、种植大户和农民合作社），调查耕地面积将近300万亩，实现了全国种植业农药使用量调查数据准确性验证。

第二节 种植业农药使用调查监测方法

在10年农户用药调查工作基础上，2020年全国农技中心组织编写了《种植业农药使用调查监测方法》，并于 2021 年 3 月以农技植保函〔2021〕57 号正式印发，作为各地组织开展农户用药调查与种植业农药使用信息调查监测的依据和具体方法。

一、调查依据

《农药管理条例》和农业农村部相关要求。

二、调查目的

准确掌握我国种植业生产中农药使用情况，为制定农药生产计划、使用政策和指导农药科学使用提供依据。

三、调查对象和时间

1. 调查对象 普通农户、种植大户、农业合作社、专业化组织等生产经营主体。

2. 调查时间 每年 1 月 1 日至 12 月 31 日。

四、调查内容

（一）调查对象报表

1. 调查对象农户基本情况调查表

编号：_____ 姓名：_____ 电话：_____

年份：_____ 类型：□普通农户 □种植大户 □农业合作社 □专业化组织

家庭地址：___ 省 ___ 市 ___ 县 ___ 乡（镇） ___ 村

2. 调查对象农作物种植情况调查表

作物种类	种植面积/亩	栽培类型（直播/移栽）	播种日期（年-月-日）	施药机械	防治次数
早稻					
中稻及一晚					
双季晚稻					
冬小麦					
春小麦					
玉米					
谷子					
高粱					
大麦					
大豆					
绿豆					
红小豆					
马铃薯					
花生					

（续）

作物种类	种植面积/亩	栽培类型（直播/移栽）	播种日期（年-月-日）	施药机械	防治次数
油菜籽			/		
芝麻					
胡麻籽			/		
向日葵			/		
棉花			/		
红黄麻			/		
苎麻			/		
大麻			/		
亚麻			/		
甘蔗			/		
甜菜					
茶叶					
烟叶（烤烟）					
药材					
蔬菜（设施）					
蔬菜（露地）					
西甜瓜					
草莓					
香蕉					
苹果					
柑橘					
梨					
葡萄					
菠萝					
其他					

注：①根据农作物种植情况如实填写。②蔬菜分设施蔬菜和露地蔬菜两种，表中具体填写蔬菜作物种类。③同一年份同一土地上多次种植同一作物（重茬作物），在填报农作物种植基本情况表及农药使用去向表的作物名称时，请用作物名称加重茬序号来区分（例如，某大棚一年种植了4次小白菜，在填写农作物种植基本情况表时采用小白菜1、小白菜2、小白菜3、小白菜4，并对应填报农药使用去向表）。④表中未涉及的作物，可自行添加。

3. 调查对象农药购买与使用情况调查表

编号: _____ 姓名: _____ 电话: _____ 填报年份: _____

农药购买情况					农药使用情况				
购买 日期	农药登记 证号	农药通用 名称	实物数量/ 克（毫升）	购买费用/ 元	用药 日期	施药作物 种类	防治 对象	防治 面积/亩	用药量/ 克（毫升）

注: ①日期需填写到具体日, 如2021-1-25。②农药通用名称: 填写农药有效成分名称, 可根据农药登记证号在系统中查找。③施药作物名称: 填报农药所施用的所有作物名称, 与农作物种植情况调查表中作物名称一致。④农药使用情况行数不够时, 可自行添加。

（二）植保机构报表

1. 各省（自治区、直辖市）农作物种植情况调查表

填报年份：＿＿＿＿＿＿＿

作物种类	种植面积/万亩	大户种植面积占比/%	作物种类	种植面积/万亩	大户种植面积占比/%
早稻			红黄麻		
中稻及一晚			苎麻		
双季晚稻			大麻		
冬小麦			亚麻		
春小麦			甘蔗		
玉米			甜菜		
谷子			茶叶		
高粱			烟叶（烤烟）		
大麦			药材		
大豆			蔬菜（设施）		
绿豆			蔬菜（露地）		
红小豆			西甜瓜		
马铃薯			草莓		
花生			香蕉		
油菜籽			苹果		
芝麻			柑橘		
胡麻籽			梨		
向日葵			葡萄		
棉花			菠萝		

注：①蔬菜分设施蔬菜和露地蔬菜两种，表里具体填写蔬菜作物种类。②表中未涉及作物，可自行添加。

2. 调查县（市、区）农作物种植情况调查表

填报年份：＿＿＿＿＿＿＿

作物种类	种植面积/万亩	大户种植面积占比/%	作物种类	种植面积/万亩	大户种植面积占比/%
早稻			谷子		
中稻及一晚			高粱		
双季晚稻			大麦		
冬小麦			大豆		
春小麦			绿豆		
玉米			红小豆		

（续）

作物种类	种植面积/万亩	大户种植面积占比/%	作物种类	种植面积/万亩	大户种植面积占比/%
马铃薯			茶叶		
花生			烟叶（烤烟）		
油菜籽			药材		
芝麻			蔬菜（设施）		
胡麻籽			蔬菜（露地）		
向日葵			西甜瓜		
棉花			草莓		
红黄麻			香蕉		
苎麻			苹果		
大麻			柑橘		
亚麻			梨		
甘蔗			葡萄		
甜菜			菠萝		

注：①蔬菜分设施蔬菜和露地蔬菜两种，表里具体填写蔬菜作物种类。②表中未涉及作物，可自行添加。

五、调查方法

以当地种植的主要作物为主线，按照随用随记的原则，及时、准确记录其全生育期所有用药信息，包括种子处理、防治病虫草鼠害、田埂除草等用药信息。

（1）生育期不跨年的作物，使用农药后及时、准确记录其全生育期的农药使用信息。

（2）生育期跨年的作物（如冬小麦），其全生育期的农药使用信息记录到收获年（即下一年）。

（3）多年生作物（如果树等），使用农药后及时、准确记录用药信息，记录时间为每年1月1日至12月31日。

六、抽样方法

各省级植物保护机构综合考虑本辖区的主要农作物种类和种植面积与分布、地理环境、农业生态区划与耕作制度特征、主要农作物病虫害发生为害特点与防治水平等，选取能代表本辖区农药使用情况的调查县（市、区），其数量应占本辖区县（市、区）总数的10%以上，且不得少于10个县。

各调查县（市、区）植物保护机构综合考虑本地的主要农作物种植结构和生态类型，选取3～5个有代表性的乡镇，每个乡镇随机抽取10～15个调查对象。

七、填报要求

（1）调查对象应在所调查的作物生长季结束后 30 日内完成填报工作，并通过全国农药械信息管理系统（Agri-Chemicals Management Information System，ACMIS）网页、电脑端或手机 App 上报。

（2）调查对象一经确定，当年不得更换。翌年更换比例不得超过本县上年度样本总数量的 20%。

（3）各省（自治区、直辖市）和各县（市、区）植物保护机构负责对本辖区内填报数据进行校对、审核，汇总统计后及时在系统中提交。

第三节　农药调查指标的定义

1. 编码　调查对象编码由 12 位数字组成，1~6 位为所属县（市、区）的行政区划编码，7~10 位为调查年份，11~12 位为该调查对象序号。翌年需要更换调查对象的，编号不变，只需替换姓名、电话等个人信息。

2. 种植大户　田间单一作物种植面积在县（市、区）属种植大户范围的调查对象。

3. 种植面积　调查年度内收获的农作物种植或移植的面积。凡是本年内收获的作物，无论是本年度还是上年度种植，均作为本年度的种植面积，但不包括本年度种植下年度收获的种植面积。①因自然灾害等原因，应该收获却未能收获，也要按原种植面积计算，新补或改种并在本年度收获的，也要按复种作物计算种植面积。②移植的作物面积，如稻谷、甘薯、烟叶等，按移植后的面积计算，不计算移植前的秧苗面积。③多年生作物，即种植后可连续生长多年的宿根性草本植物，如麻类、中药材等，其种植面积按本年度新增面积加往年的连续累计面积计算。④间种、混种的作物，按比例折算各个作物的面积，如果完全混合、同步生长、同步收获的作物，按混合面积平均分配。⑤复种、套种的作物，按次数计算面积，每种一次计算一次。⑥蔬菜的种植面积根据不同的生长特点采取不同统计方法。在调查年度内，种植一次收获一次的，按次数计算面积，每种一次计算一次；多年生的，不论其一年内收获几次，都只计算一次面积；间种、套种，按占地面积比例或用种量折算；种植在大棚等农业设施中的作物，无论是否"立体"种植，均按占地面积计算；生长在湖泊、水塘等水域中的水生蔬菜无论是野生还是人工种植均不计算面积。

4. 农药购买费用　调查对象自行购买农药所花费用如实填报，企业赠送或政府部门免费发放的农药需折算市场零售价后填报。

5. 农药登记证号　农药包装盒上的农药登记证号。填写表格时，输入农药登记证号，双击鼠标会自动出现该产品的农药通用名称；如未出现，则需到中国农药信息网（http://www.icama.org.cn/hysj/index.jhtml）查询补充。

6. 农药通用名　农药包装盒上的中文通用名称。

7. 购买数量 所购买农药的包装规格，以毫升或克为计量单位的农药商品量，既可以是单次购买量，也可以是多次购买同种农药的合计总量。

8. 防治对象 使用农药防治的病虫草鼠害具体种类。

9. 防治面积 使用农药防治病虫草鼠害的面积。

第三章 农药使用量抽样调查的统计学基础

第一节 农药的商品属性和用量调查中
存在的主要问题及方法探索

农药商品的特殊属性决定了农药用量调查工作的复杂性。从全国来看，历年开展的农药用量调查均是将农药作为一种农用物资，统计其商品购买量或商品使用量，再折算出该商品折百用药量。上述调查统计，均未考虑农药这种农用物资是多属性差异的多种化学物质的集合体。

农药的特殊属性具体表现在：一是农药品种繁多。目前登记在用的 4 万多个化学农药品种是由 700 多种化学物质组成的，其中许多是复配农药。二是各种农药品种的有效成分含量不一。农药商品中的有效成分含量 0.1％～95％ 不等且数值相去甚远。三是各种农药对人类、生物的毒性不一。其毒性从微毒（接近无毒）到剧毒，且残留降解时间也不同，这与民众生存环境、生活质量密切相关。四是各种农药品种单位面积用量差异大。不同含量、不同毒性、不同剂型的农药制剂亩用量差异很大，少的不足 1 克，多的达上千克。五是农药使用的不确定性。农药不同于其他农用物资，需要根据农作物病虫草鼠害发生状况，全年不定时购买和使用。农药的使用受病虫草鼠害发生情况、天气变化、抗药性等多重因素影响，每年的使用品种、用药次数、用量会有所差异。因此农药用量调查以年度形式开展、年底一次性报表式填报，容易产生偏差，且难以校验。

针对农药使用的特殊性，要使调查数据更可靠、更能反映各方面实际情况、更有实用价值，需解决以下难点问题：一是农药用量指标的科学性。化肥统计有折纯的氮、磷、钾用量数据，而农药因品种复杂，导致用实物商品量、有效成分来统计缺乏可比性，不能反映实际用药水平。如按国外以公司销售额来统计，在目前我国农药供大于求的形势下，销售量可能不等于实际使用量，难以反映田间真实的用药水平。二是农药调查统计指标的实用性。我国主要以农药购买量作为指标，调查方法是农户全年购买数量。这不同于国外多以农药生产厂家的销售额作为计量单位指标，从商业营销角度出发进行用量分析。三是农药用量评价指标的全面性。农药用量评价不但需要掌握用药数量、用药强度等指标的动态变化，还应掌握不同毒性、不同类别农药及其在不同作物上的用量变化趋势，回答农药是"天使"还是"魔鬼"的问题。同时，农药用量评价也可以成为当前大力开展的科学用药、药械更新、统防统治、绿色防控等农药使用量零增长行动措施的重要参考依据。四是农药用量调查数据的可靠性。要保证调查数据真实可靠，应保障农户用药调查体系的可操作性，农户提供准确数据的可行性，调查人员实施农户用药调查的规范性，基层行政部门对农户用药调查监管的可控性，以及农药调查相关数据统计处理的科学性等，相关方面均要做到位。

为解决上述农药调查难点问题，客观评价农药对靶标生物、环境毒性、生态环境多个方面的影响，从而全面、客观地反映我国农药使用量零增长行动成效，2015 年以来，农业农村部种植业管理司会同全国农技中心、浙江大学，组织各省（自治区、直辖市）植保部门，对我国种植业农药终端用药水平的各个指标进行全方位考查。考查指标包括各省（自治区、直辖市）各种作物农药商品用量、折百用量、用药成本、用药次数、防治面积及用药指数。其中，又将农药类型进一步细化：包括化学农药、非化学农药（拟生物农药、植物源农药、矿物源农药、微生物农药）；农药种类：包括杀虫剂、杀菌剂、除草剂、植物生长调节剂和杀鼠剂；不同毒性（微毒、低毒、中毒、高毒、剧毒）等作为评价指标。

尽管评价指标多、调查难度大，但采用科学的抽样调查方法，可有效解决调查的科学性、可行性等问题。抽样调查是根据随机的原则，从总体中抽取部分实际数据，并运用概率估计方法，依据样本数据推算总体相应数量指标的一种统计分析方法。这种方法具有经济性好、实效性强、适应面广、准确性高的特点，被公认为是非全面调查方法中用来推算和代表总体较为完善、科学的方法。

从 2009 年开始，全国农技中心投入专项经费，调查范围覆盖全国 31 个省份，调查作物达 30 多种（类）。以县作为样本点，估计各项农药使用指标；以省（自治区、直辖市）作为总体，估计各省份农药用量的各个指标，再汇总得到全国数据。同时，委托浙江大学设计开发农药终端使用信息管理系统，并建立了农药信息和有效成分基础数据库。

第二节 抽样调查概述

农药抽样调查，和其他行业的抽样调查一样，需遵循基本的统计学原理。因此这里介绍一些基本的抽样调查基础知识，可帮助读者更好地理解抽样调查的基本思想，认识到科学的抽样统计可以起到事半功倍的效果。

一、抽样调查的代表性

国际社会应用抽样调查技术的历史已近百年。我国一些领域，也十分重视抽样调查，如农业领域十年一次的全国农业普查。全国农业普查是一项重大国情、国力调查。它是按照国家规定的统一方法、统一时间、统一表式和统一内容，主要采取普查人员直接到户、到单位访问登记的办法，全面收集农村、农业和农民有关情况，为研究制定农村经济社会发展规划和新农村建设政策提供依据，为农业生产经营者和社会公众提供统计信息服务。

全国农业普查作为重大的国情、国力调查，主要是为了查清农业、农村和农民的发展变化情况，掌握我国农业生产、农田水利和农村基础设施建设、农村劳动力转移等方面的基本信息，为研究确定国民经济发展战略和规划，制定各项经济社会政策提供依据。如国务院于 2016 年组织开展的第三次农业普查，有利于进一步摸清农业资源状况，制定科学的粮食生产政策，确保国家粮食安全；有利于推动农业结构调整，加快农业科技创新和技术推广，提高农业综合生产能力，实现农业可持续发展；有利于落实科学发展观，统筹城乡发展，加速实现全面小康社会的宏伟目标。

但是，由于抽样调查在我国农业领域应用的历史并不很长，许多人对于抽样调查的结果心存疑虑，担心"样本对总体的代表性"问题。在组织农药使用信息抽样调查工作的前期，一部分参加人员也存在这样的疑问。

抽样理论体系以随机抽样方法为基石，这是因为：第一，大数定律告诉我们，采用随机抽样，当样本量充分大时，样本可以很好地代表总体。第二，中心极限定理也表明，采用随机抽样，样本平均数总是可以用正态分布进行描述，因而可以对抽样产生的随机误差进行计量和控制。因此，20 世纪 30 年代，国际统计界已接受了"随机抽样是一种科学方法"的统计观念。换句话说，代表性问题——是否可以用样本代表总体，在 20 世纪 30 年代就已经解决。随机抽样的样本可以用于推断总体，方法是科学的，有严谨的理论依据。

大数定律和中心极限定理解决了随机抽样的科学性问题。但对于复杂的抽样对象，分层抽样技术的提出则大大加强了随机抽样的可行性。这是因为即使是随机抽样，若不采用分层抽样方法，在许多情况下所需的样本量依然很大，这会大大限制抽样方法的推广应用。分层抽样技术的应用，使得 20 世纪 30 年代后，抽样方法被迅速推广和应用于社会经济各个领域，这说明社会对抽样方法的认可程度和对其应用的迫切程度。

二、随机抽样与非随机抽样

广义地讲，抽样调查只是对应于普查或全面调查，是从总体中抽取一部分单位进行调查的方法，因而既包括随机抽样，也包括非随机抽样。

前面讨论抽样代表性问题时已经了解到，作为最初提出的抽样思想是代表性抽样，属于非随机抽样。尽管最终的抽样理论体系是以随机抽样为基础建立的，但这并不意味着否定非随机抽样，非随机抽样也是实践中经常使用的方法。

随机抽样，或概率抽样，其抽选样本的过程有两个特点：第一，样本随机抽取。即在抽取样本时，不是依据调查者的主观意愿，而是依据被调查者或单位的客观机遇。第二，总体中每个单位都有被抽中的机会，且被抽中的概率是可知的。随机抽样的目的在于根据样本对总体的某些特征进行推断。抽样理论不仅提供了随机抽取样本和推断总体的方法，而且提供了计算抽样误差的方法，用于评价抽样估计的可靠性。通常所说的抽样调查都是指随机抽样。

非随机抽样，也称非概率抽样或目的抽样。特点是依据专家或调查者的主观意向或判断来抽取样本。非随机抽样的最大特点是经济、方便和易于操作，其应用也很广泛。例如农药使用抽样调查，由于非随机抽样更有助于充分利用当地农业生态区划、病虫害发生与防治特点，更能"有代表性"地反映当地农药械使用现状，因此也可视为与随机抽样同等重要的方法。非随机抽样可以用于推断总体某个局部的状况，也可以用于推断总体，但缺陷在于没有一种可靠的方法能够对统计估计结果的可靠性进行推断。

换句话说，随机抽样可以估计抽样误差，但非随机抽样不具有这种功能。从这个意义上讲，非随机抽样可以用于定性分析和局部的定量分析，但用于推断总体，特别是总体很大时，并不适用。

此外，严格意义上的随机抽样或概率抽样每个样本单位被抽中的概率都应是已知的，即如果一项调查的样本是随机抽取的，但样本单位在总体中被抽中的概率未知，仍不属于严格意义上的随机抽样。

第三节　总体和样本

一、总体和样本

总体是抽样调查中全部被研究的元素或单位。样本按研究的对象不同，可以是人、户、村等等。在农药械使用调查中，总体通常是某个县、省或整个国家，样本是普通农户、大户、专业化防治服务组织等。

显然，总体是由样本及范围共同定义的。抽样调查必须首先明确总体，也就是要明确总体元素及其范围。例如农药械使用抽样调查，从全国的层面来看，全国就是一个总体。如果某个省（自治区、直辖市）需要了解本辖区农药械使用情况，那么就是以省（自治区、直辖市）作为总体。

二、样本统计量和总体参数

无论对于总体还是样本，统计中通常使用平均数和标准差等数量关系进行描述。它们被用于描述总体特征时，称为总体参数；用于描述样本特征时，称为样本统计量。

例如，某县开展农户农药用量调查，棉花上共抽取了 50 个农户，根据调查结果计算出每亩杀虫剂平均用量 200 克（$\bar{x}$），总体平均农药用药水平 $\bar{X}$ 是未知的。这里，$\bar{x}$ 是 50 个农户样本的特征，是样本统计量；$\bar{X}$ 为该地区所有农户作物用药水平组成的总体特征，是总体参数。

抽样调查的目的是用样本推断总体，也就是根据样本数据计算样本统计量用以推断总体参数。上例中，不是对该县内所有农户进行调查，而是调查了 50 个农户，计算样本统计量 $\bar{x}$ 作为总体参数 $\bar{X}$ 的估计值。

第四节　总体分布、抽样分布和中心极限定理

一、总体分布、样本分布和抽样分布

统计中用随机变量 X 的取值范围及其取值概率的序列来描述这个随机变量，称之为随机变量 X 的概率分布。如果知道随机变量 X 的取值范围及其取值概率的序列，就可以用某种函数来表述 X 取值小于某个值的概率，即为分布函数：$F(X) = P(X \leqslant x)$。

例如，在开展农药用量调查时，调查了一个由 N 个农户组成的总体，X 为某种作物的农药用量。将总体所有农户的农药用量按大小顺序排队，累计出总体中农药用量小于某值 x 的农户数量并除以总体中农户总数 N，就可得到总体中农药用量小于 x 农户的频率，也即抽取一个农药用量小于 x 农户的概率。此频率或概率随着 x 值不同而变化形成一个序列，形成了农药用量 X 的概率分析。

显然，样本分布是在样本中 X 的取值范围及其概率。上例中，如果抽取 n 个农户作为样本，同样可以用这 n 个农户农药用量的取值范围及其概率描述其分布，即样本分布。样本分布也称为经验分布，随着样本容量 n 的逐渐增大，样本分布逐渐接近总体分布。

抽样分布是指样本统计量的概率分布。采用同样的抽样方法和同等的样本量，从同一个总体中可以抽取出许许多多不同的样本，每个样本计算出的样本统计量的值也不同。样本统计量也是随机变量，抽样分布则是样本统计量的取值范围及其概率。如以农药械抽样调查为例，设计了一个抽样方案并确定了样本量，这时可能抽取的样本是众多的，每抽取一个样本就可以计算出一个农户的农药用量均值 $\bar{x}_i$，所有可能 $\bar{x}_i$ 形成的分布就是抽样分布。上例中，样本统计量 $\bar{x}_i$ 为随机变量，抽样分布是 $\bar{x}_i$ 的概率分布。

研究概率分布对于抽样调查十分重要，因为只有知道概率分布，才能利用抽样技术推断抽样误差。现实中，总体的分布状况通常是未知的，但也无须知道总体分布，而只需知道抽样分布。总而言之，无论总体分布如何，抽样分布总是可知的。

二、中心极限定理

前面已经提到，中心极限定理是抽样调查的理论基石。中心极限定理告诉我们，无论总体分布如何，其抽样分布对于下述两点总是成立的：第一，平均数抽样分布的平均数等于总体平均数；第二，随着样本量的增大，平均数抽样分布趋近于正态分布。简言之，不论总体分布如何，总是可以用正态分布来描述其抽样分布。中心极限定理的实践意义是非常重要的，它告诉我们，通过一个样本就可以推断总体并控制其抽样误差。

三、正态分布

正态分布在抽样调查中的作用是十分重要的。现实中，总体的分布通常是未知的，但根据中心极限定理，可以用正态分布描述抽样分布，分析评价调查结果。为了说明抽样调查代表性问题，先简要回顾一下抽样调查的发展历史。

早在 1684 年俄国就曾采用样本田来估算某庄园的总产量，1766 年法国麦桑斯（Messance）在《法国人口论》中提出以部分地区人口来推算全国人口。最有影响的是法国数学家拉普拉斯（Laplance）1802 年以大数定律为基础，利用大样本来推算全国人口数。他首先抽取 30 个行政区，再在被选中的区中抽取一些小区，然后利用样本人口数与出生人口数之间的比率推算出法国人口数。1835 年，比利时著名统计学家凯特勒（Quetelet）采用抽样方法研究写作与年龄的关系。而对抽样调查发展具有划时代意义的人物是挪威统计学家凯尔（A. N. Kiaer）。1885 年，凯尔在第五届国际统计学会上提出了"代表性抽样来代替全面调查"。凯尔的代表性抽样本质上是目的抽样而不是随机抽样。此后几年，统计学界对抽样调查中样本能否代表总体一直有争议。1903 年，第九届国际统计学会大会通过了一项赞同并推荐使用凯尔提出的代表性抽样的决议。但此时，抽样方法尚缺乏理论支持，争议依然存在。焦点是抽取样本的方法应采用目的抽样还是随机抽样。

1906 年，英国统计学家鲍莱（A. L. Bowley）在论文中指出把概率抽样应用到统计调查的必要性，同时提出简单随机抽样理论，为抽样调查奠定了理论基础。1934 年，著名统计学家内曼（Neyman）从理论上说明了应用随机抽样比目的抽样更为合理、更加便于操作。内曼建议采用概率抽样而不是代表性抽样。在对总体有所了解的情况下，使用分层抽样可以提高精度。

利用标准正态分布表就可以查阅各种正态分布的分布概率。

另一个很常用的统计分布是二项分布。在农药用量调查中，各种比例估计通常都具有这种特征。例如，调查表中的问题是要求被调查回答是或否，或估计某种类型毒性农药的比例，等等。直接用二项分布进行区间估计，其计算过程非常复杂，统计学家通常使用正态分布和泊松分布代替二项分布。

比例估计问题通常可以被视为均值估计。在农药用量调查中，样本量是比较大的，比例估计问题通常都可以作为均值估计问题处理。为此，本书不再专门讨论比例估计问题。

第五节　变异程度计量

统计中通常用一些数量指标来描述总体或一组数据的特征，如众数、中位数、分位数和平均数等，其中最常用的是平均数。平均数描述了数据的集中趋势或中心位置，是反映数据特征的重要指标。然而，仅用平均数描述数据特征是有缺陷的。为此，统计中采用变异程度或离散程度指标来度量数据远离其平均数的程度。变异程度越高说明数据相对于其平均数越分散。

度量变异程度在抽样调查中是非常重要的。样本统计量的变异程度反映其代表性，变异程度越小，说明其代表性越好。度量变异程度是确定样本量、计算和分析抽样误差的基础。反映变异程度的常用指标有方差、标准差和变异系数等。

前面已经介绍了总体分布、样本分布和抽样分布（样本统计量的分布）三个概念，与其相匹配，每种分布都有相应的方差和标准差计算方法，具体可参考有关统计学专著。

第六节　抽样误差

现实中，一项调查，尤其是大规模的调查，其结果中总会存在着误差。这个误差可称为总误差，包括两个部分，抽样误差和非抽样误差。通常用术语"精度"反映抽样误差，抽样误差越大则抽样精度越低，抽样误差越小则抽样精度越高；用术语"精确度"反映总误差，它是抽样误差和非抽样误差共同作用的结果。

一、抽样误差的概念

实际上，在农药抽样调查工作中也碰到了类似情况：

进行全国农药械抽样调查，项目要求回答全国农户农药用量水平是多少？以及该调查要达到多大的精确度？

假定项目要求，农药用量估计只要正负出入不到亩农药用量水平的 10％ 就可以。为了避免误会，调查机构指明，除非对每个农户都进行调查，否则不能绝对保证所要求的精度。不论样本是否足够大，都会存在遇到一个倒霉样本的可能性，它的误差会超过研究机构的要求。该研究机构清楚这个道理，回答只要出现一个倒霉样本的可能性不超过 1/20 或 5％ 就可以了。

这个例子非常具体地说明了抽样误差的概念。概括地说，抽样误差的表述包括两个要素：范围和概率。范围通常用最大误差或最大相对误差界定。上例中研究机构对于抽样误差的要求，可用抽样调查的术语完整地表述为：以 95％ 的概率保证，最大误差控制在 10％ 以内。对于该研究机构在实施调查前所要求的抽样误差，通常称其为设计的抽样误差；对于该调查机构利用样本数据计算出的抽样误差，通常称其为实际的抽样误差。进一步假定上例中实际调查的结果为：农户某作物农药亩用量平均为 ($\bar{x}$) 500 克，最大误差 50 克。

计算和分析抽样误差是实施抽样调查一个非常重要的环节。作为调查的组织者，若不计算抽样误差，则无法把握抽样结果的可靠性；作为数据的使用者，若不知道抽样误差，则难以正确使用抽样结果进行决策。

事实上，研究抽样误差的计量问题是抽样理论中最重要的内容之一。抽样方法很多，不同抽样方法中计算抽样误差的方法不尽相同，但抽样理论提供了各种抽样方法，其抽样误差都是可计算的。这是概率抽样最为显著的，而其他各种非概率抽样方法所不具有的优势。

计算抽样误差是非常烦琐的，一些复杂抽样方法的抽样误差计算公式非常复杂，但现在有一些功能很强的统计软件，能够很容易地完成复杂抽样的方差计算。

二、抽样误差与非抽样误差

我们已经知道，非抽样误差与是否采用抽样方法无关，存在于各种统计调查中，包括普查或全面报表调查。非抽样误差的产生原因是多方面的：被调查者配合程度差，诸如虚报、瞒报等；调查设计不合理，例如抽取样本有偏误；调查范围不完整，如抽样框缺口较大；数据处理过程中出现的问题，如录入错误等等。此外，在我国的统计中还存在着人为干扰问题，同样也属于非抽样误差。

抽样理论主要关注的是抽样误差，抽样方法的有效性在于能够有效控制抽样误差。之所以说随机样本可以很好地代表总体，也只是说抽样误差是可以控制的。然而实际调查中，非抽样误差更为复杂、更难以控制。熟悉抽样调查的人都有这方面的经验，获取可靠调查结果的最大难点在于：如何保证调查范围的完整性，如何保证所采集数据的真实性。因此，我们更需要关注非抽样误差。关于如何控制非抽样误差，抽样理论提供的知识非常有限，主要依赖于调查的组织工作和调查员的调查技能。

抽样误差和非抽样误差的产生原因不同，但有一点是共同的，都受被调查单位的数量——样本量的直接影响。这种影响是反方向的：抽样误差随着样本量的增大而减少，非抽样误差随着样本量的增大而增大。

抽样误差随着样本量增大而减少，前面已经讨论过。

非抽样误差与样本量的关系表现为调查经费、调查人员的素质和数量等因素的影响。样本量增大，意味着调查的组织难度和工作量增大，因而出错的可能性也在不断加大，其背景是调查经费和专业调查员的数量通常是有限的。

不难看出，控制抽样误差和控制非抽样误差就样本而言，需求是相悖的。减少抽样误差需要扩大样本量，而减少非抽样误差需要控制样本量。一味追求抽样精度会导致顾此失彼，因此，调查的组织者必须权衡利弊，兼顾双方，有效控制样本量。

三、相对误差与绝对误差

前面讨论抽样误差的例子中使用了两个概念：最大误差（10 万元）和最大相对误差（5％＝10/200×100％）。前者是绝对数，后者是相对数。在抽样调查中，最为常用的是最大相对误差。例如，通常都要求以 95％的概率保证，最大相对误差小于 10％。以最大相对误差来度量抽样误差的优点明显：其一，使用方便，设计时不必考虑总体总量或均值的大小。其二，兼顾了抽样误差与总体总量或均值的关系，总体总量或均值大，可允许的绝对误差大。

然而，由于已习惯了"最大相对误差"的表述，很容易将其误解为判断抽样结果的唯一标准。以下列举两种情况，说明使用最大相对误差可能引发的误解。

（1）假定进行了一次吸烟者比例的调查，根据调查结果计算得到：吸烟者的比例为 10％，最大误差为 2％，最大相对误差为 20％（2％/10％×100％）。如果用上述 10％的最大相对误差为标准，这显然是一次精度不足的调查。然而，如果将这组数据改为计算不吸烟者的比例：显然不吸烟者的比例为 90％，此时最大误差的计算未发生变化——结果仍为 2％，但最大相对误差发生了巨大变化，为 2.2％（2％/90％×100％）。这次，最大相对误差远远小于 10％，精度非常高。如何理解这一现象：同一个调查，计算的不吸烟者比例是可靠的，而实际不吸烟者的比例却不可靠？这个例子告诉我们，研究比例问题时要慎用相对误差，尤其在比例值较小时，使用最大误差更为适宜。

（2）当总体元素的指标既有正值（大于 0）又有负值（小于 0）时，相对误差可能会非常大。作为一种极端现象，若各单位指标有正有负，其平均值趋于 0，则由于相对误差是绝对误差与估计值之比，因而可能会趋于无穷大。这个例子过于极端，然而现实中存在着与其类似的情况。例如，利用抽样调查推断农户使用农药防治农作物病虫害的防治效果时，最大相对误差通常是非常大的，其原因是有的处理防治效果可能为负值。在这种情况下，应考虑用绝对误差而不是相对误差来反映调查指标的精度。

因此，本项目实施的农药用量抽样调查是以最大相对误差作为控制抽样精度的标准，但不要机械地将其视为唯一标准，在一些特殊情况下以最大误差作为标准更为适合。

四、效果和效率

上面讨论了抽样误差的有关问题，但细心的读者可能会提出另一个问题：为什么用10%的最大相对误差，而不是15%或5%等等？这是一个有趣的问题。实际情况是，"以95%的概率保证，最大相对误差小于10%"并非源自某种理论，而是一种被广泛接受并普通运用于一般抽样调查中的惯例。

既然是惯例，就并非不可改变。小于10%意味着更高的抽样精度：如果经费充足且用户希望得到更高精度的结果，当然可以选择小于10%的标准。15%也并非完全不可接受：如果受到经费或其他某些条件的限制，且用户又能够接受，为什么不可以选择低于10%的某个标准呢？但应当记住，无论如何都应将抽样精度告知用户。

在抽样调查中，通常用"效果"一词反映与抽样精度的关系，精度越高效果越好；用"效率"反映与样本量（或成本）的关系，样本量越小效率越高。在实施抽样调查时，需要在效果和效率之间寻求平衡。抽样设计总是遵循这样的思路：在一定的效果（精度）要求下达到最高效率（最小样本量或最小成本）；反之，也可以说在一定的效率下达到更好效果。对于两个抽样设计，总是在同等样本量下比较其精度，或在同等精度下比较其样本量。图3-1是显示了一组数据样本量与抽样误差（最大相对误差）的关系。

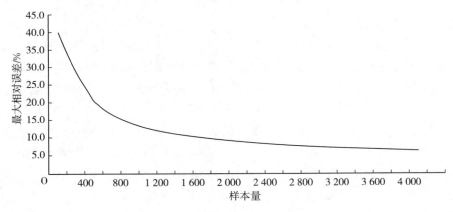

图3-1　样本量与最大相对误差

图3-1中数据源自一项实际调查，其具体数值并不重要，因为不同调查之间会有区别。值得关注的是该图所反映出的一种趋势，这种趋势通常对于各项抽样调查都是适用的：

最初，随着样本量增加，最大相对误差迅速下降；到达一定程度后，最大相对误差下降速度急速减缓；最后，尽管样本量仍在增加，但最大相对误差的下降几乎停滞。

不难理解，样本量只要能满足设计精度就可以了。没有必要盲目扩大样本量，因为到达一定程度后，提高 1 个百分点的抽样精度需要大幅度增加样本量。或者说，提高 1 个百分点的抽样精度需要大幅度增加调查成本。过大的样本量或过高的抽样精度要求，从费用的角度看是一种浪费；从效果的角度看，减小抽样误差的作用明显递减，而非抽样误差却会随着样本量增加而增大。

第七节　点估计和区间估计

通常情况下，抽样调查是用样本统计量直接作为总体相应参数的估计值，称为点估计。例如，用样本计算得到的农户农药平均用量作为总体县农药用量的估计值，都是点估计。

区间估计是对总体参数可能落入的一个数值范围做出的估计。统计学中将这个估计值的取值范围称为"置信区间"；将与置信区间估计相联系的概率称为"置信度"，表示置信区间估计包含了总体参数的可靠程度有多大。仍沿用图 3-1 中的数据，区间估计的表述为：总体（如某县）的早稻农药亩用量平均值落在 450～550 克之间的置信度为 95%。其中，450 克为置信区间下限，550 克为置信区间上限。

可见，在抽样调查中，使用点估计的同时也使用区间估计。点估计是样本统计量计算的结果，而区间估计则用于度量抽样误差。前面所讲的最大误差也即置信区间上限与点估计值之差。

第八节　概率、权数和样本统计量计算

前面讲过，抽样调查要求每个样本单位的抽样概率是已知的。本节则告诉我们，知道每个样本单位的抽样概率，即可知道每个样本单位的权数；知道每个样本单位的权数，可以更简便地利用统一的方法计算各种抽样的样本统计量。

一、抽样概率

同一个总体，不同的抽样方法，总体元素的抽样概率不尽相同。但无论采用何种抽样方法，样本单位（元素）的抽样概率都是确定、可知的。例如，简单随机抽样中，每个元素的抽样概率为：

$$p_i = \frac{n}{N}$$

等距抽样中，每个元素的抽样概率为：

$$p_i = \frac{1}{k}$$

抽样方法有很多种，除简单随机抽样外，其他各种方法都有一个共同点，就是对总体内部结构进行某种重新安排——重新构造了总体元素概率的组合。例如，PPS抽样中赋予规模大的元素更大的抽中概率；分层抽样中赋予不同层的元素不同的抽选概率。不同的抽选方法，样本单位抽样概率的计算方法是不同的。将在后文结合有关抽样方法，具体说明如何计算其抽样概率。

二、权数

权数是指抽样概率的倒数。一个元素被抽中的概率为 p_i，则其权数为 $\omega_i = 1/p_i$。例如，在简单随机抽样中，各元素的抽样概率为 $p_i = n/N$，则其权数为 $\omega_i = 1/p_i = N/n$。

权数也可以更为一般地记为 k/p_i，其中 k 是任意常数。显然，$\omega_i = 1/p_i$ 是 k/p_i 在 $k=1$ 时的特殊形式。由于抽选概率 p_i 通常是一个很小的数值，处理起来不方便，在这种情况下可以选择其他 k 值以简化权数。

权数的含义非常直观，抽样调查总是用样本代表总体，一个抽中元素或单位的权数则具体表明它代表了多少总体元素或单位。例如，一个抽中元素的权数为 100，表明该元素代表了总体中的 100 个元素；权数为 50，则意味着代表了 50 个元素。

理解权数对于理解抽样调查是非常有益的：

（1）前面说过，在抽样调查中总是会相对较多地抽取一些大户（专业化防治组织），即赋予大户（专业化防治组织）较大的概率。然而权数是概率的倒数，概率越大权数越小，这意味着这些大户（专业化防治组织）权数小。其间的道理是显而易见的：大户（专业化防治组织）数量少，尽管赋予了较大概率，但每个样本的权数必然会很小，代表的抽样调查比重很少；普通农户数量众多，尽管抽样概率很小，但每个农户样本代表了很多样本数。从样本统计量的计算方法中可以看到，每个抽中元素对总体总量或均值的贡献取决于其调查指标值和权数的乘积。一个元素的指标值可能很小（如一个小农户的农药用量）但其权数可能很大，因而对总体总量或均值的影响依然很大。这种关系告诉我们，要想获得可靠的调查结果，每个样本单位的数据都非常重要，采集数据时不能厚此薄彼。

（2）采用不等概率设计时，需要对不等概率设计做出补偿，即应以加权方法而不是简单平均方法计算均值，否则得到的估计是有偏的。简单平均数计算方法仅适用于等概率或权数相等的情况。

（3）既然每个样本单位对总体总量或均值的贡献取决于其调查指标值和权数的乘积，因此在实施调查时，不仅需要分析、检查调查数据的真实性，而且需要分析权数的真实性。权数产生于抽取样本的过程中，然而抽样框可能存在缺陷或调查过程的一些问题，会使原有的权数背离实际情况，需要进行调整，称为权数调整。

此外，利用权数计算样本统计量是非常方便的。

三、样本统计量

各种抽样方法都有自己的样本统计量计算方法，一些复杂抽样的样本统计量公式也是比较复杂的。但利用权数，各种抽样方法的样本统计量都可以统一、简单地表述为样本权数与指标值乘积的关系。

总体总量估计为加权样本之和，即：

$$\hat{X} = \sum \omega_i x_i$$

样本均值为：

$$\bar{x} = \frac{\sum \omega_i / x_i}{\sum \omega_i}$$

需要注意，如果权数取值为 $\omega = k / p_i$，且 $k \neq 1$，此时估计总体总量的加权样本之和必须除以 k，即：

$$\hat{X} = \frac{\sum \omega_i x_i}{k} = \frac{\sum (k / p_i) \cdot x_i}{k}$$

但计算均值、百分比、方差时，则无须做上述调整。

利用权数计算样本统计量不仅非常简单，而且便于分析各样本单位指标的变化对总体的影响。此外，在进行方差分析时，还可以利用权数来观察样本单位个体的变化对方差的影响，以便改进抽样设计。

第九节　复杂抽样情形下抽样误差 Bootstrap 抽样估计

全国种植业农药使用调查，2021 年度已有 700 多个县（市、区）参加。全国分省份分县统计数据难以用传统的误差估计方法估计抽样误差。因此针对全国数据，采用 Bootstrap 模拟抽样技术，分层随机模拟抽取了约数百万样本，估计出了全国及各个省份农药商品用量的抽样误差，即标准误，并计算相应的变异系数（CV）。

在农药抽样调查误差估计中，可以根据全国布点调查的几百个县种植业农药使用调查数据，采用 Bootstrap 模拟抽样技术，分层模拟抽取 300 万个样本，估计出了全国及各个省份农药商品用量抽样误差，即标准误，并计算相应的变异系数（CV），见表 3-1。

基于统计学原理分析，变异系数小于 15% 时一般认为抽样结果精度较好，抽样结果有应用意义；变异系数在 5% 以下时，抽样精度就很高了。表 3-1 中列出了 2020 年全国各省（自治区、直辖市）种植业农药使用商品亩用量、折百用量及其平均值估计的标准误。

表 3-1　2020 年各地区农药亩用量 Bootstrap 抽样结果

地区	亩商品用量/克	标准误/克	变异系数/%	亩折百用量/克	标准误/克	变异系数/%
全国	352.61	18.17	5.15	110.43	7.00	6.34
北京	680.93	177.70	26.10	187.49	53.93	28.77
天津	258.47	35.95	13.91	74.84	12.77	17.06

（续）

地区	亩商品用量/克	标准误/克	变异系数/%	亩折百用量/克	标准误/克	变异系数/%
河北	298.83	47.65	15.94	94.78	18.21	19.21
山西	267.32	55.16	20.64	77.47	22.44	28.97
内蒙古	212.74	13.87	6.52	59.35	6.92	11.66
辽宁	437.38	44.87	10.26	171.54	21.45	12.50
吉林	283.01	52.54	18.56	134.15	29.84	22.24
黑龙江	220.92	10.86	4.92	85.50	5.28	6.18
上海	474.09	34.24	7.22	121.21	7.01	5.79
江苏	417.84	19.87	4.76	123.99	6.28	5.07
浙江	423.51	45.07	10.64	130.48	14.46	11.08
安徽	215.50	18.33	8.50	57.62	4.74	8.23
福建	494.41	98.09	19.84	139.08	33.23	23.89
江西	551.51	106.99	19.40	181.73	53.02	29.18
山东	508.29	101.71	20.01	148.85	32.03	21.52
河南	262.98	33.68	12.81	73.85	13.76	18.63
湖北	314.16	37.49	11.93	90.90	10.00	11.00
湖南	366.17	44.49	12.15	94.44	12.01	12.71
广东	510.51	84.21	16.50	153.86	23.97	15.58
广西	680.80	101.25	14.87	208.95	31.43	15.04
海南	489.99	73.75	15.05	141.35	22.73	16.08
重庆	228.53	18.60	8.14	72.44	6.83	9.43
四川	223.95	50.85	22.71	74.80	19.14	25.58
贵州	277.88	123.14	44.31	86.12	26.63	30.93
云南	508.43	67.41	13.26	143.35	17.93	12.51
西藏	297.63	45.91	15.43	91.42	16.37	17.90
陕西	495.70	98.57	19.89	144.09	38.09	26.43
甘肃	266.96	74.53	27.92	101.52	31.33	30.86
青海	217.43	52.11	23.97	61.28	16.11	26.29
宁夏	311.43	101.13	32.47	115.08	46.83	40.69
新疆	298.58	105.50	35.33	117.27	54.22	46.24

从表 3-1 可以看出，全国农药亩商品用量均值估计为 352.61 克，抽样误差即标准误为 18.17 克/亩，变异系数 $CV=5.15\%$。结果表明，种植业农药使用量抽样结果的变异系数仅 5.15%，抽样精度较高。另外，各省（自治区、直辖市）抽样调查结果，从变异系数大小来看，江苏等省份变异系数较小，抽样精度较高，具有很好的参考价值。

同时，根据全国 600 多个县抽样调查结果，对各种主要作物农药用量采用 Bootstrap

模拟抽样技术进行抽样统计，各种作物的农药商品用量抽样误差（即标准误），并计算相应的变异系数，见表3-2。

表3-2结果表明，玉米、小麦、中稻及一晚等作物农药使用量抽样结果变异系数较小，精度较高，可认为抽样结果较好。许多作物种类因调查样本不大，变异系数较大，抽样估计精度不高。

表 3-2　2020 年各种作物农药亩用量 Bootstrap 抽样结果

作物种类	亩商品用量/克	标准误/克	变异系数/%	亩折百用量/克	标准误/克	变异系数/%
合计	352.61	18.17	5.15	110.43	7.00	6.34
早稻	347.66	54.96	17.00	86.42	14.48	19.75
中稻及一晚	403.15	18.00	5.30	115.19	3.86	4.22
连作晚稻	360.90	56.24	16.68	79.20	13.06	17.49
小麦	237.91	12.92	7.18	70.25	3.14	6.73
春小麦	60.67	10.00	16.49	20.12	3.93	19.52
玉米	244.09	10.48	4.61	79.15	5.37	6.98
大豆	194.40	14.57	8.12	61.56	6.33	10.91
马铃薯	342.90	43.62	12.72	139.56	18.59	15.95
花生	437.55	79.02	18.06	119.35	18.96	15.89
油菜	199.31	17.19	12.04	58.60	6.26	12.80
棉花	316.23	51.03	18.82	87.89	24.99	30.12
甘蔗	1 174.83	267.49	22.77	321.32	116.91	36.38
露地蔬菜	360.63	58.46	16.21	100.21	17.03	16.99
瓜果（西瓜等）	466.68	119.71	25.65	141.52	36.89	26.07
苹果	2 161.85	323.71	14.97	730.52	104.88	14.36
梨树	759.43	156.11	20.56	204.15	33.34	16.33
柑橘	1 176.18	351.36	19.43	500.60	154.09	20.20
葡萄	1 124.18	305.95	27.22	391.07	103.21	26.39
茶园	279.95	63.69	22.75	76.39	14.68	19.22
烟叶	531.32	73.65	13.86	160.39	24.59	15.33
青饲料	122.41	33.84	27.64	43.40	14.33	33.01
园林	320.93	90.27	28.13	95.47	32.81	34.36
桑园	838.99	151.84	18.10	271.67	55.62	20.47

第四章　农药用量抽样调查数据统计分析

按照农业农村部制定的《种植业农药使用调查监测方法》，各项目县调查取得的原始数据录入全国农药械信息管理系统后，系统对原始的调查资料进行整理分析。调查取得的原始数据，采用抽样统计处理方法，只能计算出亩商品用量、每亩成本这两个指标的相关信息，更多的农药使用统计指标，则需要借助农药属性的基础数据，如农药登记数据、农药手册等，再折算成相应的统计量。对所收集到的以作物为主线的众多农药品种资料，采用科学方法归纳分析，揭示农作物田间农药用量水平。

第一节　农药调查统计分析基础数据库

一、农药有效成分基础数据库

采集农药有效成分信息，主要依据英国农作物保护委员会（BCPC）出版的《农药手册（第16版）》，康卓主编的《农药商品信息手册》和《中国农业百科全书（农药卷）》《中国农药大辞典》等权威性工具书。在厘清每个农药成分的性质后，建立了一个含800多种农药成分的基础数据库。该数据库结构如表4-1所示。

表 4-1　农药有效成分基础数据库

序号	字段	数据类型
1	成分名称	Varchar
2	分子量	Varchar
3	CAS号	Varchar
4	大类	Smallint
5	类别	Smallint
6	生物农药	Smallint
7	别名	Text
8	英文名称	Varchar
9	活性用途	Text
10	禁用限制	Varchar

二、农药品种登记基础数据库

农药有效成分、农药类别及毒性的估计需借助农药登记证号数据库来完成。截至2020年底，已整理了农业农村部农药检定所历年公布的5万多个农药品种的登记信息，将这些农药登记证号列于表 4-2 的相关信息建立了农药登记证号数据库。该数据库结构如表 4-2 所示。

表 4-2　农药品种登记数据库

序号	字段	数据类型
1	登记号	Varchar
2	通用名	Varchar
3	组成成分	Varchar
4	毒性	Smallint
5	用量下限	Float
6	用量上限	Float
7	有效期	Varchar
8	生产厂家	Varchar
9	剂型	Varchar
10	国家	Nvarchar

三、生物农药定义及有效成分含量计算

1. 定义　生物农药也称生物源农药，是指利用生物活体或其代谢产物针对农业有害生物进行杀灭或抑制的制剂。

我国生物农药按照其成分和来源可分为微生物活体农药、微生物代谢产物农药、植物源农药、动物源农药 4 种，按照防治对象可分为杀虫剂、杀菌剂、除草剂、杀螨剂、杀鼠剂、植物生长调节剂等。就其利用对象而言，生物农药一般分为直接利用生物活体和利用源于生物的生理活性物质两大类，前者包括细菌、真菌、线虫、病毒及拮抗微生物等，后者包括农用抗生素、性信息素、摄食抑制剂、保幼激素和源于植物的生理活性物质等。

（1）病毒类。斜纹夜蛾核型多角体病毒、甜菜夜蛾核型多角体病毒、菜青虫颗粒体病毒、小菜蛾颗粒体病毒、苜蓿银纹夜蛾核型多角体病毒、棉铃虫核型多角体病毒、茶尺蠖核型多角体病毒、松毛虫质型多角体病毒、油尺蠖核型多角体病毒、甘蓝夜蛾核型多角体病毒、蟑螂病毒等。

（2）细菌类。球形芽孢杆菌、苏云金杆菌、地衣芽孢杆菌、枯草芽孢杆菌、蜡质芽孢杆菌、荧光假单胞杆菌、解淀粉芽孢杆菌、甲基营养型芽孢杆菌、短稳杆菌、侧孢短芽孢杆菌 A60、海洋芽孢杆菌等。

（3）真菌类。白僵菌、绿僵菌、淡紫拟青霉、蜡蚧轮枝菌、木霉菌、寡雄腐霉等。

（4）微生物代谢物类。阿维菌素、伊维菌素、氨基寡糖素、菇类蛋白多糖、多抗霉素、井冈霉素、嘧啶核苷类抗菌素、宁南霉素、浏阳霉素、C 型/D 型肉毒梭菌毒素、超敏蛋白、多杀霉素、四霉素、中生菌素、春雷霉素、申嗪霉素、冠菌素等。

（5）植物提取物类。苦参碱、藜芦碱、蛇床子素、小檗碱、烟碱、印楝素、丁子香酚、大黄素甲醚、β-羽扇豆球蛋白多肽、莪术醇、雷公藤甲素、香芹酚、d-柠檬烯等。

（6）昆虫信息素类。棉铃虫性信息素、桃小食心虫性信息素、梨小食心虫性信息素、二化螟性信息素、草地贪夜蛾性信息素、黏虫性信息素、实蝇信息素、蟑螂信息素、诱虫烯等。

（7）矿物源类。矿物油、硫黄等。

（8）蛋白类和寡聚糖类。氨基寡糖素、几丁聚糖、低聚糖素等。

2. 农药有效成分含量计算　对于化学农药，可按含量百分比直接计算。但对于生物农药来说，其有效成分含量没有百分比。因此搜集了尽可能多的生物农药母药，按其母药的相关有效成分数据作为100%（表4-3），以此推算商品农药里有效成分的含量。

对于无法量化的生物活体，如天敌昆虫赤眼蜂，在农药信息网上登记的用量是以袋和蜂卡为单位。此外，如巴氏钝绥螨和异色瓢虫等甚至还未登记，农药信息网上查不到。对这些种类，折算成生物农药用量。从农药使用当量系数的定义可知，每亩10克折百量时的当量系数为1。因此对不能量化的生物活体，一律以每亩10克折百量的用量计入。以目前农药折百量约是商品量的30%，商品量按每亩用量30克计入。

表4-3　生物农药母药含量表

生物农药种类	母药含量（折百100%）
D型肉毒梭菌毒素	2亿毒价/克
C型肉毒梭菌毒素	2亿毒价/克
白僵菌	600亿个孢子/克
球孢白僵菌	1 000亿个孢子/克
菜青虫颗粒体病毒	1亿PIB毫克原药
茶尺蠖核型多角体病毒	200亿PIB/克
大孢绿僵菌	250亿孢子/克
淡紫拟青霉菌	200亿个/克
地衣芽孢杆菌	200亿个/克
短稳杆菌	300亿孢子/克
多黏类芽孢杆菌	50亿CFU/克
甘蓝夜蛾核型多角体病毒	200亿PIB/克
寡雄腐霉菌	500万孢子/克
哈茨木霉菌	300亿CFU/克
海洋芽孢杆菌	50亿芽孢/克
核型多角体病毒	20亿PIB/克
厚孢轮枝菌	25亿个孢子/克
甲基营养型芽孢杆菌	800亿芽孢/克
解淀粉芽孢杆菌B7900	1 000亿芽孢/克

（续）

生物农药种类	母药含量（折百 100%）
金龟子绿僵菌	250 亿孢子/克
坚强芽孢杆菌	1 000 亿芽孢/克
枯草芽孢杆菌	10 000 亿个/克
绿僵菌	500 亿孢子/克
蜡质芽孢杆菌	90 亿个/克
棉铃虫核型多角体病毒	5 000 亿 PIB/克
木霉菌	25 亿孢子/克
苜蓿银纹夜蛾核型多角体病毒	1 000 亿 PIB/毫升
球形芽孢杆菌	2 000ITU/毫克
甜菜夜蛾核型多角体病毒	2 000 亿 PIB/毫升
小菜蛾颗粒体病毒	300 亿 OB/毫升
斜纹夜蛾核型多角体病毒	1 500 亿 PIB/克
松毛虫质型多角体病毒	100 亿 PIB/克
荧光假单胞杆菌	6 000 亿个/克
苏云金杆菌	晶体蛋白含量 7%，IU 为 50 000
苏云金杆菌（以色列亚种）	IU 为 50 000

四、作物名称基础数据库

目前农作物种类数量很多，同时某些作物也有很多别名。在最初 3 年的抽样调查中，县（区）填报的农作物种类 600 多种，其中蔬菜就有 500 多种。如果按照县（区）填报的农作物种类进行数据汇总，作物名称会显得杂乱。因此根据农业农村部主编的《中国农业统计资料》里面的作物名称，设计了一个规范作物名称分类设置的数据库。该数据库包括作物种类名称（县区填报的），然后设立了全国标准表、自定义表 1、自定义表 2 和自定义表 3 等 4 个用于规范作物种类名称的字段。

图 4-1 中，左边第一栏，即作物种类栏目中是用户当地已经填报的在本系统里已经存在的当地农作物种类，它是由系统自动检索生成的，且在这里不可更改。左边第二栏，全国标准表是系统提供的目前全国农药数据分析报告，农作物种类归类表格，用户也不可更改。右边的自定义表 1、自定义表 2 和自定义表 3，可由用户自己输出具有本地特征的农作物类别的定义。定义之后点击上部的"保存表格"按钮将定义内容保存下来，下次再用。

作物类别的定义，用户可以将"柑橘""柑桔"都规范成作物种类标准名称"柑橘"。如大豆，有时输成"黄豆"，亦可规范为"大豆"。蔬菜中各个种类，则可根据需要归并成一个大类，如露地蔬菜。另如马铃薯，可能输入的名称是土豆、春季马铃薯、秋马铃薯、春马铃薯等。在这里可以在这几个马铃薯名称后面的自定义表中，都写成"马铃薯"，以

图 4-1　数据分析报告生成用户界面

后系统在数据分析、输出报告时，"土豆""春季马铃薯""秋马铃薯"和"春马铃薯"都作为作物"马铃薯"来汇总计算。

第二节　调查资料异常值检查

在农药调查数据录入过程中，对一些容易导致录入错误的地方，对录入的数据进行了合理性检验，由表 4-4 给出的规则进行控制。

表 4-4　数据录入规则表

录入限制项目	限制阈值
单次用药量下限	0.001 克
一次亩用药商品量下限	0.01 克/亩
一次亩用药商品量上限	5 000 克/亩
购买农药价格上限	5 元/克
一次亩用药成本上限	50 元/亩

该规则在数据录入遇到特殊情况时，亦可修改。修改过的规则仅限本次录入时使用，一旦退出系统重新进入时，系统恢复原来的规则。

不过上级主管部门也可在数据录入后进行检查，即各省（自治区、直辖市）对项目县上报的调查数据进行审核，筛选出当前录入的数据中有可能是误操作而导致的异常数据，这样可确保数据采集、录入的科学可靠。调查数据异常值检验原理与方法，已经有相应的算法，可参考《DPS 数据处理系统（第一卷：基础统计及实验设计）》的相关章节。

第三节　农药用量指标定义

种植业农药使用量（pesticide use，PU）是指我国农业生产中预防、控制农作物病虫害所使用的化学农药、生物农药总量，不包括仓储、防腐、保鲜、卫生、林业等其他环节用药。

农药用量指标定义，以作物采收年份，包括作物从种到收（含播前除草）的全过程用药，计算某作物单位面积的用药量。

$$某作物单位面积农药用量＝\frac{某作物从种到收全程用药量}{某作物种植（播种）面积}$$

一、主要指标

在本书中，农药用量主要指标包括商品用量（克/亩）、折百用量（克/亩）、农药成本（元/亩）、用药次数（次）、用药指数和毒性指数等。

1. 亩用药商品量　亩用药商品量（克、毫升/亩）＝农药商品用量（克、毫升）/该作物种植面积（亩）。

2. 亩用药折百量　亩用药折百量（克、毫升/亩）＝亩用药商品量（克、毫升/亩）×该农药有效成分含量。

3. 农药单价　农药单价［元/（克、毫升）］＝农药购买成本（元）/该农药购买数量（克、毫升）。

4. 防治次数　防治次数（次）＝某种作物整个生长季节用药次数。

二、用药面积及用药次数（桶混次数）

1. 用药面积　指标量化农药产品在农作物上覆盖使用面积，该指标融合了每一次的用药，并将桶混的农药品种分别计算。如某农户种植 10 亩早稻，根据主治对象，前后用了 3 次农药，每次农药桶混情况如图 4-2 所示。

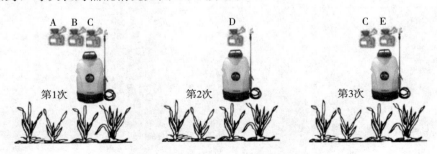

图 4-2　农药桶混次数定义示意图

即第 1 次 A、B、C 三种农药桶混，施药防治面积 7 亩；第 2 次施用农药 D，施药防治面积 8 亩；第 3 次 C、E 两种农药桶混，施药防治面积 9 亩。那么整个作物生长季节的用药面积为：3×7+1×8+2×9=47 亩次。

2. 用药次数　农户（大户）用药次数是每个农户（或种植大户、专业合作社、专业化防治组织）某种作物从种到收用药面积除以该作物播种（种植）面积。上例中，用药次数等于 47/10，即 4.7 次。

三、当量系数（equivalentcoefficient）及用药指数

前面介绍的几个指标都可用于衡量农药使用水平。然而，由于不同种类的农药品种对靶标生物的生物活性不一样，每亩商品用量、有效成分用量也有很大的差别。例如为防治甘蓝上的菜青虫，某农户在自己的 1 亩甘蓝地上施用农药 3 次，每次施用农药的种类、用量见表 4-5。

表 4-5　某农户在甘蓝上防治菜青虫的 3 次用药

用药次数	农药品种	稀释/倍	亩商品量/克	亩有效成分/克
第一次	0.5%甲氨基阿维菌素苯甲酸盐	2 000	25	0.125
第二次	15%茚虫威	3 000	37.5	5.625
第三次	48%毒死蜱	2 000	25	12

注：每亩用水量 50 千克。

表 4-5 中，防治甘蓝上菜青虫的 3 次用药，其亩商品量、有效成分都不相同。因此如果将 3 次用药的商品量或有效成分含量相加，得到每亩使用农药商品量 87.5 克或有效成分 17.75 克来反映该农户的用药水平，不尽合理。假设这里将 0.5%甲氨基阿维菌素苯甲酸盐记为农药品种 A，15%茚虫威为农药品种 B，48%毒死蜱为农药品种 C。假定这 3 种农药对菜青虫防治效果相同，这时这 3 次防治用药可采用不同农药组合，每亩所用的有效成分用量如表 4-6 所示。

表 4-6　不同农药组合时 3 次用药的农药有效成分用量（克/亩）

第一次	第二次	第三次		
		A	B	C
A	A	0.375	5.875	12.250
A	B	5.875	11.375	17.750
A	C	12.250	17.750	24.125
B	A	5.875	11.375	17.750
B	B	11.375	16.875	23.250
B	C	17.750	23.250	29.625
C	A	12.250	17.750	24.125
C	B	17.750	23.250	29.625
C	C	24.125	29.625	36.000

　　从表 4-6 可以看出，不同农药品种组合，其有效成分用量相差 90 多倍（0.375～36 克/亩）。因此，用有效成分用量来衡量农户防治菜青虫的用药水平，显然是不科学的。

　　从表 4-6 可以看出，各种农药的生物活性不同，或者说对靶标生物的毒力不一样。为使表 4-6 中的各种农药成分具有可比性，即亩有效成分用量具有可比性，笔者提出了当量系数的概念。

　　1. 当量系数　定义为：在田间自然农业生产条件下，不同农药种类，为防治农作物病虫草害而使用农药的单位面积等效剂量系数。

　　在上述案例中，以茚虫威为标准，令其当量系数为 1，其他两种农药的当量系数，可以其有效成分用量作为除数进行计算：

$$某种农药的当量系数=\frac{标准品种（茚虫威）的亩有效成分用量}{某种农药的亩有效成分用量}$$

　　例如，这里的甲氨基阿维菌素苯甲酸盐的当量系数为：

$$甲氨基阿维菌素苯甲酸盐的当量系数=\frac{5.625}{0.125}=45$$

　　而毒死蜱乳油的当量系数为：

$$毒死蜱乳油的当量系数=\frac{5.625}{12}=0.468\ 75$$

　　不难理解，当量系数直观的专业意义是，以茚虫威生物活性（或毒力）为 1，那么甲氨基阿维菌素苯甲酸盐的毒力是茚虫威的 45 倍，而毒死蜱的毒力仅是茚虫威毒力的 46.9%。

　　2. 用药指数　定义为：每种农药亩有效成分用量，乘以相应的当量系数，然后求和。上述案例中，甘蓝的用药指数为：

$$用药指数=\sum 亩有效成分用量×该农药品种当量系数$$
$$=0.125×45+5.625×1+12×0.468\ 75$$
$$=16.875$$

　　这里采用用药指数衡量用药水平，如选用任意的农药组合来防治菜青虫 3 次，其用药指数相等（等于 16.875），不会因农药种类的不同组合导致用药指数不同。

　　将当量系数概念用于全国农药使用水平的评价，关键是以下公式：

$$某种农药的当量系数=\frac{标准品种的亩有效成分用量}{某种农药的亩有效成分用量}$$

　　标准品种不同，计算出来的当量系数不一样。在这里，设计当量系数的算法是：

　　因每个农药品种会多次使用，因此可从农药使用监测数据库中检索、统计每一种农药有效成分、每次按防治面积计算的田间施用量，并按大小排序，取其中位数，作为每种农药有效成分的实际用量水平，即代表每种农药对生物靶标活性大小的经验值。如表 4-7 中三环唑 2015 年农户调查共使用了 1 982 次，有效成分用量中位数是 18 克/亩。这里即以 18 克/亩作为三环唑对生物靶标活性大小的经验值。

表 4-7 部分农药有效成分用量中位数

年份	三环唑		氟苯虫酰胺	
	使用次数	中位数/克/亩	使用次数	中位数/克/亩
2015	1 982	18.00	176	13.9
2016	2 411	18.75	325	12.5
2017	2 266	22.50	124	12.5

从表 4-7 可以看出，每年农药有效成分用量大小不尽相等。对每个农药种类，这里取 2015—2017 年这 3 年农药有效成分用量中位数作为该农药品种计算当量系数的代表值。如表 4-7 中，三环唑取 18.75，氟苯虫酰胺取 12.5，分别作为 2015—2017 年农药有效成分用量的代表值。由此计算某农药成分的当量系数：

$$某农药成分当量系数 = \frac{标准农药有效成分用量 K}{某农药有效成分田间亩用量中位数}$$

以上计算当量系数公式中的标准农药有效成分用量的 K 值，设定标准是：当 K 值设定为某一常数时，2015—2017 年农户用药调查近 31 万多个记录统计计算，全国 20 多种主要农作物 2015—2017 年 3 年的农药使用亩平均用药指数均值为 100。

实际计算时，将农药有效成分的当量系数约束在 0.05～200.0。即如果计算出来的当量系数小于 0.05，则取当量系数等于 0.05；如果计算出来的当量系数大于 200.0，则取当量系数等于 200.0，以避免某些用得较少的农药有效成分，亩用量过小或过大而产生极端（异常值）的影响。

为寻找标准农药有效成分的 K 值，逐年取不同 K 值时进行计算。结果发现，当 K＝10 时，2015 年、2016 年和 2017 年全国 20 多种作物亩平均用药指数分别为 103.73、96.19 和 99.58，三年亩用药指数的平均值为 99.83，非常接近于设定的理论目标值（100）。因此设定标准农药的有效成分亩用量 K＝10。

这时苯丁锡、丙环唑、虫酰肼、丁硫克百威、啶菌噁唑、啶酰菌胺、噁唑酰草胺、氟吗啉、甲氰菊酯、腈菌唑、井冈霉素、联苯肼酯、咪鲜胺、嗪草酮、氰氟草酯、噻嗪酮、噻唑锌、三唑酮、硝磺草酮、溴菌腈、仲丁威和唑嘧菌胺等 20 余种农药有效成分亩用量为 10 克，它们相当于是"标准"的农药有效成分，其当量系数等于 1。

不同农药品种，年度间有效成分用量或多或少会有变化，同时每年都会有新的农药投入使用，这对 2017 年之后应用当量系数进行农药用量水平的评价产生了困难。因此 2017 年之后农药当量系数的计算亦需定义。

这里规定，对于现有的或新投入应用的农药品种，其当量系数计算的农药有效成分用量，3 年中抽样调查农户样本量达到 30 个以上的，取进入评价体系的前 3 年的中位数作为该农药的代表值，即 3 年之后某农药当量系数的计算不再随年份的变化而变化。

但是对那些使用频次较低的农药种类，抽样调查农户样本数较少，如果前 3 年抽样调查农户数量达不到 30 个以上，规定取该农药从开始投入应用（进入评价体系）起的前若干年，抽样调查农户样本数累计达到 30 个为止时各个年度用量的中位数作为该农药种类有效成分用量的代表值，在此以后该农药的当量系数计算不再随年份的变化而变化，以保障评价体系年度间的稳定性、可比性。

2015—2017 年这 3 年共有 137 种农药使用频次的累计农户数少于 30 个，占农药种类总数的 29.46％。这些农药种类在 2017 年之后仍需调整。但这 137 种农药使用频次仅为 1 652 次，占农药使用总频次的 0.53％，对农药用量总体水平影响并不大。

四、农药毒性当量及毒性指数

根据各种农药对其靶标生物毒力大小，前面提出了农药用量的当量系数和用药指数，以使得不同种类农药用量水平具有可比性。

这里从农药对环境生物毒性的影响来探讨不同种类农药对环境生物毒性的可比性。农药对环境生物（人和高等动物）的毒性，一般采用农药对高等动物的毒力来测定，并常以大鼠通过经口、经皮、吸入等方法给药测定农药的毒害程度，推测其对人、畜的潜在危险性。农药对高等动物的毒性通常分为急性毒性、亚急性毒性和慢性毒性三类。其中，急性毒性，即农药一次大剂量或 24 小时内多次小剂量对供试动物（如大鼠）作用的性质和程度常作为农药毒性的指标。

经口毒性和经皮毒性均以致死中量 LD_{50} 表示，单位为毫克/千克；而吸入毒性则以致死中浓度 LC_{50} 表示，单位为毫克/升或毫克/米^3。显然，某种农药的 LD_{50} 值或 LC_{50} 值越小，则这种农药的毒性越大。我国目前规定的农药急性毒性分级暂行标准如表 4-8 所示。

表 4-8　我国农药急性毒性分级标准

毒性分级	经口半数致死量（毫克/千克）	经皮半数致死量（毫克/千克）	吸入半数致死量（毫克/米^3）
剧毒	<5	<20	<20
高毒	5～50	20～200	20～200
中等毒	50～500	200～2 000	200～2 000
低毒	500～5 000	2 000～5 000	2 000～5 000
微毒	>5 000	>5 000	>5 000

根据这个标准，可将每种农药分为剧毒、高毒、中等毒、低毒和微毒共 5 个类别。在农药使用的毒性统计中，一般根据农药登记证号中各个农药品种毒性类别，列出各种毒性农药的商品量、折百量和所占比例。这样分级的结果是没有一个综合的衡量农药对高等动物毒性的定量指标。为解决农药毒性总体评价的问题，这里提出了农药毒性当量（agrichemicals toxic equivalence，AC-TE）的概念。

从表 4-8 可以看出，农药对环境生物急性毒性分级标准，其致死中量无论是经口、经皮还是吸入在每个级别之间都呈等比级数增长，那么不同毒性级别之间的农药毒性强度代表值相应为等比级数增加。根据农药对环境、生物影响的特性，定义当农药有效成分为中等毒性时，其农药毒性当量因子取值为 1，其他毒性等级的农药毒性低于中等毒性时，低毒的毒性当量因子值为 0.5，微毒的毒性当量因子值为 0.25；其他毒性等级的农药毒性高于中等毒性时，高毒农药毒性当量因子为 2.0，剧毒农药毒性当量因子为 4.0。

如果不同农药毒性级别分别用 1 表示微毒，2 表示低毒，3 表示中等毒，4 表示高毒，5 表示剧毒，每个级别农药毒性因子取值可用以下公式来表示：

$$农药毒性因子（ACTEF）= 2^{毒性级别-3}$$

然后，可根据该种农药的有效成分含量（active ingredient content，AIC）计算农药毒性当量（ACTE）：

$$ACTE=AIC×ACTEF$$

在数据分析时，可以计算单位面积农药毒性当量和农药折百用量的比值，作为农药使用毒性强度指标（toxic level，TL）：

$$TL = \frac{ACTE}{AIC}$$

该指标和农药毒性当量共同反映了农药使用对环境生物的影响。但是毒性强度指标的大小与防治农作物病虫草害使用的农药种类关系密切，选用对环境友好的农药种类可使毒性强度指标下降。而农药毒性当量的大小，不仅与防控水平有关，还与农作物的病虫害发生程度有关。当病虫害大暴发时，尽管可通过技术手段降低农药强度指标，但仍有可能农药毒性当量指标较高。

值得注意的是，这里的农药毒性指数和前文提出的当量系数、用药指数是不同的概念。当量系数是衡量农药的施用对靶标生物影响大小，而这里的毒性指数是衡量农药的施用对环境中非靶标生物的影响大小。农药毒性指数的大小是施用到农田中的农药对环境（潜在）中生物，尤其是对人类影响大小的一个度量。例如阿维菌素和井冈霉素，对靶标生物都是高效；但对环境生物（非靶标生物）的毒性相差很大，前者是高毒，后者是微毒。

因此，对农药减施增效效应的评价，从生态环境保护的角度来看，应该是农药在保障农作物增产增收前提下，农药毒性指数尽可能地下降，而不仅仅是农药使用量的下降。

五、混剂中商品农药单剂用量的估计

目前，为提高病虫害防治效果，农药生产企业将两种或两种以上农药品种混配成复配制剂的情形较多。在开展用药调查进行用药量统计过程中，很多农药品种是复配制剂，需要将复配制剂中的各个农药品种分别统计汇总。对于有效成分用量，可以直接根据其制剂中各个农药成分的含量计算。但对于商品用量，也需要较"合理"地将一个复配制剂的总用量分解到各组成农药种类上。这里分两种情形：

复配制剂商品农药用量分解到各个农药种类，一个直观的想法是均等分解，即如果是二元复配，那么复配制剂中每种农药的商品量均按 50% 计算；如果是三元复配，则每种农药商品量各占 1/3……但是，如果某一农户使用了某一复配制剂 10 千克，该复配制剂为登记证号是 PD20183706 的戊唑·丙森锌，各种单剂有效成分含量分别为丙森锌 65%、戊唑醇 10%。如果按均等方式，即各占 50% 计算，则丙森锌和戊唑醇商品用量均为 5 千克。但是如果计算两种成分的有效成分含量，这时得到的是丙森锌有效成分 6.5 千克，戊唑醇 1.0 千克。丙森锌的有效成分比商品用量反而还大，显然采用均等分配的方法是不合理的。

因此，在统计复配农药品种时，要分清复配成分，并按复配比例分别计算有效成分含量。这里问题的关键在于，复配制剂的商品量如何计算？为此浙江大学唐启义教授首次提出比数比法。该方法以混剂中单剂百分位数×75 的浓度为"标准"，首先根据历年农药登记证号，查找出单剂，列出每个单剂历年农药登记的有效成分浓度，将其从小到大排列，取其百分位数为 75 时该单剂的有效成分含量浓度。以此作为标准，然后按下式计算复配剂中每个单剂占商品用量的比例。

$$某单剂商品量的比例 = \frac{某单剂有效成分（\%）/该单剂标准浓度（\%）}{\sum 各单剂有效成分（\%）/各单剂标准浓度（\%）} \times 100\%$$

例如，涉及的各个单剂标准浓度分别是：阿维菌素为 3%，稻丰散为 60%，丙森锌为 70%，戊唑醇为 43%。①复配剂阿维·稻丰散中，先计算制剂浓度和单剂标准浓度之比：阿维菌素跟它的单剂标准浓度为 0.5/3×100%＝16.67%，稻丰散为 44.5/60×100%＝74.17%，然后按混剂里各个单剂的比率，计算各个单剂的比例。这里两者比例是 16.67∶74.17，即阿维菌素在混剂中的商品量占比是 16.67/（16.67＋74.17）×100%＝18.35%，稻丰散在商品量中占比是 74.17/（16.67＋74.17）×100%＝81.65%。②而戊唑·丙森锌复配剂中，丙森锌跟它的单剂标准浓度之比为 65/70×100%＝92.86%，戊唑醇为 10/43×100%＝23.26%。两单剂比例是 92.86∶23.26，即丙森锌在混剂中的商品量占比是 92.86/（92.86＋23.26）×100%＝79.97%，戊唑醇在商品量中占比是 23.26/（92.86＋23.26）×100%＝20.03%。

混剂中各个单剂在商品量中所占比例的分解，上文提出的比数比法具有一定的合理性。例如，如果二元复配，两个单剂品种都是按标准浓度的某一相同浓度，如 50% 或 35% 混合，那么这两个单剂所占商品量的比例相同，即各为 50%。但如果某一单剂浓度较大，接近标准浓度，另一单剂作为添加用量较小，那么前者在商品农药计量时所占比例较大，这也比较合理。

六、药肥的定义及其矫正系数

药肥是将农药和肥料按一定的比例配方混合，并通过一定的工艺技术将肥料和农药稳定于特定的复合体系中而形成的新型生态复合肥料，一般以肥料作农药的载体。施用药肥不仅能节省农事操作的劳力，且减少了时间和能源的消耗。本系统中，对于药肥，如果用量按药肥的商品量计算会使得农药用量水平虚高。因此在本系统中，对亩用量大于 10 千克的药肥，给出了一个折算系数（0.01），即农药在药肥中占比为百分之一。以此作为药肥商品量计算的矫正系数。

第四节 农户调查数据的统计处理

县级农药用量估计是整个种植业农药调查用量统计的基础。调查取得的原始数据录入数据管理系统之后，需要对原始调查资料进行整理，并汇总统计分析。对收集到的众多农药品种资料，采用科学方法归纳分析，揭示农作物田间农药用量水平。统计输出的结果应能全面反映种植业农药使用现状，输出的结果可反映如下几个方面：

（1）按类别统计，即杀虫剂、杀菌剂、除草剂、植物生长调节剂、杀鼠剂类农药用量及用药毒性、品种结构。

（2）按农药是否是化学农药或生物农药成分，化学农药、生物农药（植物源、动物源、微生物、活体等）用量水平。

（3）按毒性分类（剧毒、高毒、中等毒、低毒、微毒）输出不同毒性的农药用量大小。

（4）按种植的作物种类（早稻、中稻及一晚、晚稻、小麦、玉米、大豆……）农药的用量水平。

（5）按农药有效成分（如草甘膦、毒死蜱……）。

（6）按病虫草害等防治对象（如稻飞虱、小麦赤霉病……）。

农药用量水平及结构同时包括的指标有：商品量、折百量、用药成本、用药强度、用药指数、毒性指数和每亩商品量、折百量、用药成本、用药强度、用药指数、毒性指数等。

基于农户抽样调查原始数据，完成以上统计分析，其农药统计计算路线如图4-3所示。

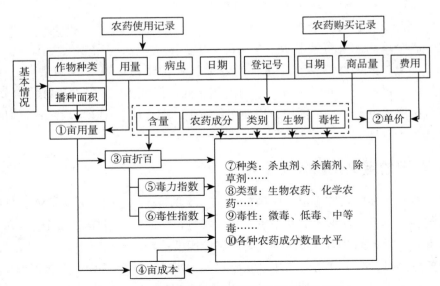

图4-3 农户抽样调查原始数据整理统计路线

第五节　县级农药用量计算

前文介绍了农户层次作物农药用量估计的几个指标。以这些指标衡量每个农户某种作物农药用量水平，即计算该作物整个季节农药使用总量，除以农户该作物的种植（播种）面积，得到单位种植（播种）面积农药用量，单位为克（毫升）/亩。

农药用量，以作物采收年份，包括作物从种到收（包括播前除草）的全过程用药，计算某作物上单位播种面积的用药量为：

$$某作物单位面积农药用量 = \frac{某作物从种到收全程用药量}{某作物种植（播种）面积}$$

这里将种植业农药使用量的计算过程介绍如下，其他农药用量指标计算方法照此类推：

某县调查了 N 个农户、M 种农作物、P 个农药种类的农药使用量，第 i 个农户第 j 种作物的播种面积为 A_{ij}（公顷）。这时第 i 个农户、第 j 种作物的第 k 个农药种类农药使用量为 PU_{ijk}（千克），则

$$PU_{ijk} = U_{ijk} / A_{ijk}$$

如果第 i 个农户是张三、第 j 种作物是早稻、第 k 个农药种类是三环唑，那么 PU_{ijk} 表示的是张三种植的早稻上化学农药三环唑的使用量（千克/公顷）。

第 i 个农户第 j 种作物上的农药使用量（$PU_{ij.}$），可将该作物上 P 种农药用量直接相加（求和）得到：

$$PU_{ij.} = \sum_{k=1}^{P} PU_{ijk}$$

第 i 个农户所有作物上第 k 种农药的农药使用量（$PU_{i.k}$），可按该农户种植的 M 种作物种植面积加权计算得到：

$$PU_{i.k} = \sum_{j=1}^{M} U_{ijk} / \sum_{j=1}^{M} A_{ij}$$

某县第 j 种作物农药使用量（包括总量及各种农药种类），可按调查的各个农户作物种植面积的平方根值加权计算。第 j 种作物第 i 个农户的权重系数（WA_{ij}）为

$$WA_{ij} = \sqrt{A_{ij}} / \sum_{j=1}^{N} \sqrt{A_{ij}}$$

然后根据每种作物每个农户农药使用量和每种作物每个农户权重系数乘积之和，计算某县第 j 种作物农药使用量：

$$PU_{.j.} = \sum_{i=1}^{N} PU_{ij.} \cdot WA_{ij}$$

同理，某县第 k 种农药使用量的计算，亦可按调查的各个农户作物种植面积的平方根值加权计算。

$$PU_{.jk} = \sum_{i=1}^{N} PU_{ijk} \cdot WA_{ij}$$

然后根据每种作物每个农户农药使用量和每种作物每个农户权重系数乘积之和，计算该县第 j 种作物农药使用量：

$$PU_{.j.} = \sum_{i=1}^{N} PU_{ij.} \cdot WA_{ij}$$

县级全部（M 种）作物化学农药总的使用量，亦可根据该县 M 种作物种植面积 B 加权计算。若第 j 种作物种植面积为 B_i，该县第 j 种作物的权重系数（WB_i）为

$$WB_j = B_j / \sum B$$

$\sum B$ 是全县 M 种作物种植面积总和。

县级化学农药使用总的量为：

$$PU = \sum_{j=1}^{M} PU_{.j.} \cdot WB_j$$

在县级层次上，农作物农药用量估计的加权处理基于如下考虑：例如，某县调查 30 个农户 1 800 亩，其中大户 5 个 1 500 亩（每户 300 亩）；普通农户 25 个 300 亩（每户 12 亩）；分 3 种情形计算该县农药用量估计值。

（1）不考虑面积，按各个农户的用量水平、等权重相加、汇总。这时用药水平 5 个大户面积虽然占了 83%，但用药水平权重只占 1/6（5/30）。这种方法主要反映了普通农户的用药水平，而对大户农药用量考虑比较少。每个大户和其他农户一样，占农药用量比例权重都是 3.33%。

（2）考虑面积，按面积的权重汇总统计。5 个大户比重占了 83.3%，平均每个大户占 16.7%；而 25 个普通农户的农药用量，加起来才占 1/6，平均每个普通农户只占权重 0.67%（12/1 800）。因此这种方法主要反映了大户的用药水平，而对普通农户的用药水平考虑较少。

（3）按各个农户（大户）种植面积的平方根加权。首先计算每个农户（种植大户）该作物种植面积的平方根，每个大户种植面积 300 亩，平方根是 17.32；每个普通农户种植面积 12 亩，平方根是 3.465。然后计算每个农户（种植大户）种植面积的平方根之和，即 17.32×5+3.465×25＝173.2。最后计算每个农户该作物农药用量权重系数：大户＝17.32/173.2＝10%、普通农户＝3.465/173.2＝2%。

比较而言，第 3 种方法考虑较为全面，因此汇总统计时，采用第 3 种方法，汇总某县某作物农药用量（克、毫升/亩）数据。

第六节　省、地级以上农药用量估计

全国省、地级化学农药使用量（PU）的测算采取以下方法：

若某行政单位所辖有 P 个下级行政单位，种植了 S 种农作物；第 i 种作物在第 j 个下级行政单位的种植面积为 A_{ij}（公顷）、农药使用量为 PU_{ij}（千克/公顷）。按所辖单位各种作物种植面积 A_{ij} 加权计算可得该省、地级第 i 种作物的化学农药使用量（PU_i）

$$PU_i = \sum_{j=1}^{P} PU_{ij} \cdot WA_{ij}$$

式中，WA_{ij} 为第 i 种作物在第 j 个次级行政单位的权重系数。

$$WA_{ij} = A_{ij}/A_i.$$

这里 $A_i.$ 是第 i 种作物全辖区 P 个次级行政单位种植面积之和。县级全部（S 种）作物化学农药总的使用量亦可根据该县 S 种作物种植面积 $A_i.$ 加权计算，次级单位作物 i 权重系数（WB_i）为

$$WB_i = A_i. / \sum A_{ij}$$

因此，全国省、地级化学农药使用量（PU）的测算公式为

$$PU = \sum_{i=1}^{P} PU_i \cdot WB_i$$

因我国幅员辽阔，作物种类繁多，某一县难以全面调查当地的几十种农作物。因此，估计各省农药用量水平时，应采用分为 4 个层次、分区域进行统计。本书中，以农业生态区为重点，对各个农业生态区的农药使用情况进行分析（表 4-9）。

表 4-9　全国各省（自治区、直辖市）农药用量水平估计区域层次划分

Ⅰ. 省级	Ⅱ. 农业生态区	Ⅲ. 南北方	Ⅳ. 全国
黑龙江、吉林、辽宁	东北	北方	全国
北京、天津、河北、河南、山西、山东、陕西	黄河流域		
内蒙古、甘肃、宁夏、新疆	西北		
西藏、青海	青藏高原		
安徽、江苏、上海、湖北	长江中下游江北	南方	
浙江、福建、江西、湖南	长江中下游江南		
四川、重庆、贵州、云南	西南		
广西、广东、海南	华南		

第七节　大数据分析及数据分析报告自动生成

传统的信息管理系统，一般是数据的查询、简单的报表、直观的图表分析、显示。本项目开发的信息管理系统也可完成这些常规的信息处理工作，如根据以下的业务需求生成相应的数据报表。

● 各个省份各种作物每亩农药使用商品量、折百量、用药成本、防治次数、用药面积是多少？

● 各个省份各种作物杀虫剂、杀菌剂、除草剂、植物生长调节剂、杀鼠剂其商品量、折百量、用药成本、防治次数、用药面积是多少？

● 各个省份各种作物化学农药、生物农药用量，以及生物农药中的拟生物农药、植物源性农药、微生物源农药、生物活体农药等商品量、折百量、用药成本、防治次数、用药面积是多少？

● 各个省份各种作物剧毒、高毒、中毒、低毒、微毒用农药的商品量、折百量、用药成本、防治次数、用药面积是多少？

上述统计数据，系统完全自动化实现。但作为全国性的信息管理系统，积累的数据量是巨大的。人工交互式查询、图表分析，不能充分挖掘信息系统所有数据的内涵。项目调查分析报告是农药用量调查结果的最终体现，是一个行业（领域）进行宏观决策的重要依据。所以调查报告要能从较深层次提炼相关结论，能够较准确地说明问题，可以作为各级政府、农技推广部门了解农药用量现状的重要参考资料。

当代计算机技术的快速发展，特别是人工智能、机器学习技术的进步，将完全有可能由计算机完成数据分析报告的撰写。在该项目实施过程中，亦进行了这方面的尝试，开发了自动数据分析报告模块，辅助各级植保站完成每年年度数据分析报告总结。本书的下篇内容，即各种作物农药使用用量水平及其用药结构分析，亦是由项目组开发的计算机大数据分析模块依据数据库中的农药调查数据，研制的数据报告自动生成模块自动生成的。

在研制数据分析报告自动生成模块的过程中，探索了将经典的统计分析结合数据挖掘技术，作为工具在农药调查数据管理系统中应用。

经典的统计分析，应用各种相关分析方法（Pearson 相关、秩相关）分析各个农药统计指标之间的关系；应用回归分析技术分析逐年农药用量水平是否存在某种趋势；应用对应分析探索农户在防治病虫用药时，不同防治对象和农药种类之间的对应关系。

数据挖掘技术在信息提炼中的应用，通常以数据清理、数据变换、数据挖掘实施过程、模式评估和知识表示等 8 个步骤作为信息处理的流程。

（1）信息收集。根据确定的数据分析对象提取在数据分析中所需要的特征信息，然后选择合适的信息收集方法，将收集到的信息存入数据库。对于海量数据，选择一个合适的数据存储和管理的数据仓库是至关重要的。

（2）数据集成。把不同来源、格式、特点性质的数据在逻辑或物理上有机地集中，从而为农业技术推广人员提供全面的数据共享。

（3）数据规约。数据挖掘计算即使在少量数据上也需要很长的时间，在实际的大数据分析时往往数据量非常大。数据规约技术可以用来得到数据集的规约表示，它小得多，但仍然接近于保持原数据的完整性，并且规约后执行数据挖掘结果与规约前执行结果相同或几乎相同。

（4）数据清理。在数据库中的数据有一些是不完整的（有些感兴趣的属性缺少属性值），含噪声的（包含错误的属性值），并且是不一致的（同样的信息不同的表示方式），因此需要进行数据清理，将完整、正确、一致的数据信息存入数据仓库中。

（5）数据变换。通过平滑聚集、数据概化、规范化等方式将数据转换成适用于数据挖掘的形式。对于某些实数型数据，通过概念分层和数据的离散化来转换数据也是重要的一步。

（6）数据挖掘过程。根据数据仓库中的数据信息，选择合适的分析工具，应用统计方法、事例推理、决策树、规则推理、模糊集甚至神经网络、遗传算法的方法处理信息，得出有用的分析信息。

（7）模式评估。通常可从农药使用防治农作物病虫草鼠害的角度，由行业专家来验证数据挖掘结果的正确性。本信息管理系统中，模式评估结合采用了经典的统计分析技术。

（8）知识表示。将数据挖掘所得到的分析信息以可视化的方式呈现给用户，或作为新的知识存放在知识库中，供其他应用程序使用。这里根据农药用量评估需求，输出的结果是年度数据分析报告，即依据分作物农药用量及其结构的数据分析报告。

数据挖掘过程是一个反复循环的过程，每个步骤如果没有达到预期目标，都需要回到前面的步骤，重新调整并执行。不是每件数据挖掘的工作都需要执行列出的每一步，例如在某个工作中不存在多个数据源的时候，数据集成的步骤便可以省略。

数据规约、数据清理、数据变换又合称数据预处理。在数据挖掘中，至少 60％的费用可能要用于信息收集阶段，而至少 60％以上的精力和时间用于数据预处理。

目前，数据挖掘过程中主要的计算机技术有：

统计分析方法：在数据库字段项之间存在两种关系，函数关系（能用函数公式表示的确定性关系）和相关关系（不能用函数公式表示，但仍是相关确定性关系），对它们的分析可采用统计学方法，即利用统计学原理对数据库中的信息进行分析。可进行常用统计（计算大量数据中的最大值、最小值、总和、平均值等）、回归分析（用回归方程来表示变量间的数量关系）、相关分析（用相关系数来度量变量间的相关程度）、差异分析（从样本统计量的值得出差异来确定总体参数之间是否存在差异）等。

神经网络：神经网络由于本身良好的鲁棒性、自组织自适应性、并行处理、分布存储和高度容错等特性非常适合解决数据挖掘的问题。用于分类、预测和模式识别的前馈式神经网络模型；以 hopfield 的离散模型和连续模型为代表的，分别用于联想记忆和优化计算的反馈式神经网络模型；以 koholon 模型为代表的，用于聚类的自组织映射方法。神经网络方法的缺点是"黑箱"性，人们难以理解网络的学习和决策过程。

决策树方法：决策树是一种常用于预测模型的算法，它通过将大量数据有目的的分类，从中找到一些有价值的潜在的信息。它的主要优点是描述简单，分类速度快，特别适合大规模的数据处理。最有影响和最早的决策树方法是由 Quinlan 提出的著名的基于信息熵的 id3 算法。它的主要问题是：id3 是非递增学习算法；id3 决策树是单变量决策树，复杂概念的表达困难；同性间的相互关系强调不够；抗噪性差。针对上述问题，出现了许多较好的改进算法，如 Schlimmer 和 Fisher 设计了 id4 递增式学习算法；钟鸣、陈文伟等提出了 ible 算法等。

随机森林（random forest，RF）算法：LeoBreiman（2001）提出的一种分类和预测模型。它通过自助法（bootstrap）重抽样技术，从原始训练样本集 N 中有放回地重复随

机抽取 n 个样本生成新的训练样本集合，然后根据自助样本集生成 k 个分类树组成随机森林，新数据的分类结果按分类树投票多少形成的分数而定。

随机森林在分类识别方面比之前所有方法都精确。此外，对于大的数据库有较高效率，即使是数千变量，它也不必删除变量。它可给出分类中各个变量的重要性。随着森林的增长，可产生一个内部无偏的一般误差估计，并能有效地估计缺失值，同时在数据缺失比例较大时仍然保持精确。随机森林在许多领域得到了应用，例如天文学、微阵列、药物发现、癌细胞分析等等。

模糊集方法：利用模糊集合理论对实际问题进行模糊评判、模糊决策、模糊模式识别和模糊聚类分析。系统的复杂性越高，模糊性越强，一般模糊集合理论是用隶属度来刻画模糊事物的亦此亦彼性的。李德毅等在传统模糊理论和概率统计的基础上，提出了定性定量不确定性转换模型——云模型，并形成了云理论。

本信息管理系统中应用的数据挖掘方法，汇集于《DPS 数据处理系统（第二卷：现代统计与数据挖掘）》的相关章节中。

下 篇

主要农作物农药使用
信息抽样调查结果分析

第五章 早稻农药使用抽样调查结果与分析

按不同地域特征和作物种植结构，将我国早稻分为4个主要农业生态区域，在各个区域范围内，选择了9个省份的47个县作为代表进行抽样调查。其中，华南生态区（海南、广东、广西）12个县、西南生态区（贵州、四川、重庆、云南）4个县、长江中下游江南生态区（湖南、江西、浙江、福建）30个县、长江中下游江北生态区（湖北、江苏、安徽、上海）1个县。

第一节 早稻农药使用基本情况

2015—2020年开展早稻农户用药抽样调查，每年调查县数分别为15个、20个、22个、20个、25个、27个，每个县调查30~50个农户，以亩商品用量、亩折百用量、亩农药成本、亩桶混次数、用量指数作为指标进行作物用药水平评价。抽样调查结果见表5-1。

表5-1 农药用量基本情况统计表

年份	样本数	亩商品用量/克（毫升）	亩折百用量/克（毫升）	亩农药成本/元	亩桶混次数	用量指数
2015	15	573.35	142.10	56.57	6.98	130.12
2016	20	466.08	108.79	50.75	6.32	99.38
2017	22	385.66	94.16	45.06	6.09	99.53
2018	20	433.86	107.15	46.19	6.28	105.59
2019	25	378.75	87.92	48.31	5.91	111.82
2020	27	347.66	86.42	49.81	6.45	121.90
平均		430.90	104.43	49.45	6.34	111.39

从表5-1可以看出，亩商品用量多年平均值为430.90克（毫升），最小值为2020年的347.66克（毫升），最大值为2015年的573.35克（毫升），历年商品用量年度间波动幅度较大。历年资料线性回归分析显示，商品用量有逐年下降的趋势（显著性检验 $P=0.0208$，$P<0.05$），每年平均下降约8.90%。

亩折百用量多年平均值为104.43克（毫升），最小值为2020年的86.42克（毫升），最大值为2015年的142.10克（毫升），历年折百用量年度间波动幅度较大。历年资料线性回归分析显示，折百用量有逐年下降的趋势（显著性检验 $P=0.0339$，$P<0.05$），每

年平均下降约 8.98%。

亩农药成本多年平均值为 49.45 元，最小值为 2017 年的 45.06 元，最大值为 2015 年的 56.57 元，历年农药成本年度间虽有波动，但没有明显的上升或下降趋势。

亩桶混次数多年平均值为 6.34 次，最小值为 2019 年的 5.91 次，最大值为 2015 年的 6.98 次，历年数据虽有波动，但没有明显的上升或下降趋势。

用药指数多年平均值为 111.39，最小值为 2016 年的 99.38，最大值为 2015 年的 130.12，历年用药指数年度间有较大的波动。虽有波动，但没有明显的上升或下降趋势。

按主要农业生态区域，对各个生态区域农药用量指标分区汇总，得到 4 个区域农药使用基本情况，见表 5-2。

表 5-2　各生态区域农药用量基本情况

生态区	年份	样本数	亩商品用量/克（毫升）	亩折百用量/克（毫升）	亩农药成本/元	亩桶混次数	用量指数
华南	2015	7	638.87	164.51	61.28	6.62	119.42
	2016	6	676.33	151.39	63.12	6.94	123.01
	2017	7	398.05	92.78	45.39	5.31	102.70
	2018	5	502.54	111.22	42.96	4.79	88.14
	2019	6	424.85	91.16	58.71	5.67	102.06
	2020	3	298.11	71.63	42.30	5.15	102.05
	平均		489.79	113.79	52.30	5.74	106.23
西南	2015	—	—	—	—	—	—
	2016	1	380.90	170.67	32.19	4.27	54.83
	2017	1	502.77	224.02	46.38	6.58	92.98
	2018	2	519.30	198.64	41.45	6.36	82.28
	2019	4	352.72	134.94	32.68	4.75	61.73
	2020	3	322.98	137.45	24.91	4.41	66.95
	平均		415.73	173.15	35.52	5.28	71.75
长江中下游江南	2015	8	516.02	122.52	52.46	7.30	139.47
	2016	12	391.72	86.85	47.61	6.35	96.33
	2017	13	388.61	89.56	46.65	6.73	103.69
	2018	12	409.96	94.00	49.46	7.10	121.48
	2019	14	371.87	75.01	49.15	6.43	135.28
	2020	21	358.26	81.24	54.44	6.93	132.58
	平均		406.07	91.53	49.96	6.81	121.47

（续）

生态区	年份	样本数	亩商品用量/克（毫升）	亩折百用量/克（毫升）	亩农药成本/元	亩桶混次数	用量指数
	2015	—					
	2016	1	182.14	54.52	32.86	4.12	38.69
	2017	1	143.51	33.39	20.64	2.82	29.87
长江中下游江北	2018	1	206.23	61.56	32.53	3.80	48.71
	2019	1	302.62	61.37	36.50	4.63	42.34
	2020	—					
	平均		208.62	52.71	30.63	3.84	39.90

为直观反映各个生态区域中各个农药用量指标大小，现将每种指标在各生态区域用量的大小进行排序，整理结果列于表 5-3。

表 5-3　各生态区域农药用量指标排序

生态区	亩商品用量	亩折百用量	亩农药成本	亩桶混次数	用量指数	秩数合计
华南	1	2	1	2	2	8
西南	2	1	3	3	3	12
长江中下游江南	3	3	2	1	1	10
长江中下游江北	4	4	4	4	4	20

表 5-3 中各个顺序指标，可以直观反映各个生态区域农药用量水平。每个生态区域的指标之和，为该生态区域农药用量水平的综合排序得分（得分越小用量水平越高）。采用 Kendall 协同系数检验，对各个指标在各个地区的序列等级进行了检验。检验结果为，Kendall 协同系数 $W=0.66$，卡方值为 9.96，显著性检验 $P=0.018\,9$。在 $P<0.05$ 的显著水平下，这几个指标可用来评价农药用量水平。

第二节　早稻不同类型农药使用情况

2015—2020 年开展早稻农药商品用量抽样调查，每年调查县数分别为 15 个、20个、22 个、20 个、25 个、27 个，杀虫剂、杀菌剂、除草剂、植物生长调节剂等类型抽样调查结果见表5-4。

表5-4　各类型农药使用（商品用量）调查表

年份	调查县数	杀虫剂		杀菌剂		除草剂		植物生长调节剂	
		亩商品用量/克（毫升）	占比/%	亩商品用量/克（毫升）	占比/%	亩商品用量/克（毫升）	占比/%	亩商品用量/克（毫升）	占比/%
2015	15	330.18	57.59	172.78	30.13	64.73	11.29	5.66	0.99
2016	20	243.39	52.22	136.62	29.31	84.31	18.09	1.76	0.38
2017	22	193.98	50.30	121.21	31.42	69.33	17.98	1.14	0.30
2018	20	238.34	54.93	111.69	25.75	83.62	19.27	0.21	0.05
2019	25	215.10	56.79	90.31	23.85	72.85	19.23	0.49	0.13
2020	27	172.12	49.51	67.25	19.34	108.13	31.10	0.16	0.05
平均		232.19	53.88	116.64	27.08	80.50	18.68	1.57	0.36

从表5-4可以看出，几年平均，杀虫剂的用量最大，亩商品用量为232.19克（毫升），占总量的53.88%；其次是杀菌剂，亩商品用量为116.64克（毫升），占总量的27.08%；然后是除草剂，亩商品用量为80.50克（毫升），占总量的18.68%；最少的为植物生长调节剂，亩商品用量为1.57克（毫升），占总量的0.36%。

按我国早稻主要农业生态区域，对各生态区域各类型农药的商品用量分区汇总，得到4个区域各个类型农药商品用量情况，见表5-5。

表5-5　各生态区域农药商品用量统计表

生态区	年份	杀虫剂		杀菌剂		除草剂		植物生长调节剂	
		亩商品用量/克（毫升）	占比/%	亩商品用量/克（毫升）	占比/%	亩商品用量/克（毫升）	占比/%	亩商品用量/克（毫升）	占比/%
华南	2015	407.81	63.83	183.43	28.72	39.63	6.20	8.00	1.25
	2016	404.03	59.74	186.87	27.63	83.80	12.39	1.63	0.24
	2017	234.02	58.79	116.70	29.32	45.80	11.51	1.53	0.38
	2018	294.16	58.53	130.17	25.91	77.91	15.50	0.30	0.06
	2019	261.91	61.65	131.27	30.90	30.51	7.18	1.16	0.27
	2020	117.80	39.52	102.21	34.28	78.10	26.20	0.00	0.00
	平均	286.62	58.52	141.78	28.94	59.29	12.11	2.10	0.43
西南	2015	—	—	—	—	—	—	—	—
	2016	68.09	17.88	118.38	31.07	194.14	50.97	0.29	0.08
	2017	109.52	21.78	127.47	25.36	265.78	52.86	0.00	0.00
	2018	224.25	43.18	112.42	21.65	182.48	35.14	0.15	0.03
	2019	144.61	41.00	99.11	28.10	109.00	30.90	0.00	0.00
	2020	127.98	39.62	61.94	19.19	133.05	41.19	0.01	0.00
	平均	134.89	32.45	103.86	24.98	176.89	42.55	0.09	0.02

（续）

生态区	年份	杀虫剂		杀菌剂		除草剂		植物生长调节剂	
		亩商品用量/克（毫升）	占比/%	亩商品用量/克（毫升）	占比/%	亩商品用量/克（毫升）	占比/%	亩商品用量/克（毫升）	占比/%
长江中下游江南	2015	262.25	50.82	163.46	31.68	86.69	16.80	3.62	0.70
	2016	188.73	48.18	122.21	31.19	78.68	20.09	2.10	0.54
	2017	187.37	48.22	129.47	33.31	70.66	18.18	1.11	0.29
	2018	224.32	54.72	109.51	26.71	75.94	18.52	0.19	0.05
	2019	220.84	59.39	74.88	20.13	75.77	20.38	0.38	0.10
	2020	186.18	51.97	63.02	17.58	108.86	30.39	0.20	0.06
	平均	211.62	52.11	110.43	27.20	82.77	20.38	1.27	0.31
长江中下游江北	2015	—	—	—	—	—	—	—	—
	2016	110.77	60.82	26.34	14.45	45.02	24.72	0.01	0.01
	2017	84.12	58.62	39.01	27.18	20.38	14.20	0.00	0.00
	2018	155.73	75.51	43.90	21.29	6.60	3.20	0.00	0.00
	2019	135.81	44.88	25.48	8.42	141.33	46.70	0.00	0.00
	2020	—	—	—	—	—	—	—	—
	平均	121.61	58.29	33.68	16.15	53.33	25.56		0.00

农药商品用量，杀虫剂、杀菌剂、植物生长调节剂排序：华南＞长江中下游江南＞西南＞长江中下游江北；除草剂排序：西南＞长江中下游江南＞华南＞长江中下游江北。

2015—2020年开展早稻农药折百用量抽样调查，每年调查县数分别为15个、20个、22个、20个、25个、27个，杀虫剂、杀菌剂、除草剂、植物生长调节剂等类型抽样调查结果见表5-6。

表5-6　各类型农药使用（折百用量）调查表

年份	调查县数	杀虫剂		杀菌剂		除草剂		植物生长调节剂	
		亩折百用量/克（毫升）	占比/%	亩折百用量/克（毫升）	占比/%	亩折百用量/克（毫升）	占比/%	亩折百用量/克（毫升）	占比/%
2015	15	81.49	57.35	39.13	27.53	19.86	13.98	1.62	1.14
2016	20	46.03	42.31	34.91	32.09	27.65	25.42	0.20	0.18
2017	22	37.19	39.50	33.13	35.18	23.64	25.11	0.20	0.21
2018	20	45.03	42.03	33.56	31.31	28.53	26.63	0.03	0.03
2019	25	36.16	41.13	28.29	32.17	23.34	26.55	0.13	0.15
2020	27	28.04	32.45	22.02	25.48	36.33	42.04	0.03	0.03
平均		45.66	43.72	31.84	30.50	26.56	25.43	0.37	0.35

从表5-6可以看出，几年平均，杀虫剂的折百用量最大，亩用量为45.66克（毫

升），占总量的 43.72%；其次是杀菌剂，亩折百用量为 31.84 克（毫升），占总量的 30.50%；然后是除草剂，亩折百用量为 26.56 克（毫升），占总量的 25.43%；植物生长调节剂亩折百用量为 0.37 克（毫升），占总量的 0.35%。

按我国早稻主要农业生态区域，对各生态区域各个类型农药的折百用量分区汇总，得到 4 个区域各类型农药折百用量情况，见表 5-7。

表 5-7 各生态区域农药折百用量统计表

生态区	年份	杀虫剂		杀菌剂		除草剂		植物生长调节剂	
		亩折百用量/克（毫升）	占比/%	亩折百用量/克（毫升）	占比/%	亩折百用量/克（毫升）	占比/%	亩折百用量/克（毫升）	占比/%
华南	2015	100.74	61.24	46.32	28.15	14.26	8.67	3.19	1.94
	2016	78.12	51.60	49.99	33.03	22.91	15.13	0.37	0.24
	2017	46.79	50.43	26.51	28.57	18.88	20.35	0.60	0.65
	2018	55.08	49.52	27.64	24.86	28.44	25.57	0.06	0.05
	2019	46.11	50.58	32.62	35.79	11.97	13.13	0.46	0.50
	2020	21.77	30.39	27.43	38.30	22.43	31.31	0.00	0.00
	平均	58.10	51.06	35.09	30.83	19.82	17.42	0.78	0.69
西南	2015	—	—	—	—	—	—	—	—
	2016	39.73	23.28	36.52	21.39	94.41	55.32	0.01	0.01
	2017	39.26	17.53	57.09	25.48	127.67	56.99	0.00	0.00
	2018	67.05	33.75	47.17	23.75	84.37	42.47	0.05	0.03
	2019	39.40	29.20	44.53	33.00	51.01	37.80	0.00	0.00
	2020	40.24	29.28	36.33	26.43	60.88	44.29	0.00	0.00
	平均	45.14	26.07	44.33	25.60	83.67	48.32	0.01	0.01
长江中下游江南	2015	64.66	52.78	32.85	26.81	24.76	20.21	0.25	0.20
	2016	31.64	36.43	29.47	33.93	25.60	29.48	0.14	0.16
	2017	33.17	37.04	36.71	40.99	19.67	21.96	0.01	0.01
	2018	36.94	39.30	35.52	37.79	21.52	22.89	0.02	0.02
	2019	31.97	42.62	23.39	31.19	19.61	26.14	0.04	0.05
	2020	27.19	33.47	19.20	23.63	34.81	42.85	0.04	0.05
	平均	37.60	41.08	29.52	32.25	24.33	26.58	0.08	0.09
长江中下游江北	2015	—	—	—	—	—	—	—	—
	2016	32.39	59.41	8.08	14.82	14.05	25.77	0.00	0.00
	2017	20.13	60.29	8.88	26.59	4.38	13.12	0.00	0.00
	2018	47.85	77.73	12.42	20.17	1.29	2.10	0.00	0.00
	2019	22.26	36.27	5.98	9.75	33.13	53.98	0.00	0.00
	2020	—	—	—	—	—	—	—	—
	平均	30.66	58.17	8.84	16.77	13.21	25.06	0.00	0.00

早稻上，农药亩折百用量，杀虫剂排序：华南＞西南＞长江中下游江南＞长江中下游江北；杀菌剂排序：西南＞华南＞长江中下游江南＞长江中下游江北；除草剂排序：西南＞长江中下游江南＞华南＞长江中下游江北；植物生长调节剂排序：华南＞长江中下游江南＞西南＞长江中下游江北。

2015—2020年开展早稻农药成本抽样调查，每年调查县数分别为15个、20个、22个、20个、25个、27个，杀虫剂、杀菌剂、除草剂、植物生长调节剂等类型抽样调查结果见表5-8。

表5-8 各类型农药使用（农药成本）调查表

年份	调查县数	杀虫剂		杀菌剂		除草剂		植物生长调节剂	
		亩农药成本/元	占比/%	亩农药成本/元	占比/%	亩农药成本/元	占比/%	亩农药成本/元	占比/%
2015	15	39.50	69.82	12.53	22.15	4.31	7.62	0.23	0.41
2016	20	33.48	65.97	11.79	23.23	4.87	9.60	0.61	1.20
2017	22	28.38	62.98	11.92	26.45	4.68	10.39	0.08	0.18
2018	20	28.54	61.79	11.38	24.64	6.19	13.40	0.08	0.17
2019	25	30.40	62.93	12.02	24.87	5.81	12.03	0.08	0.17
2020	27	28.24	56.70	10.47	21.02	11.05	22.18	0.05	0.10
平均		31.42	63.54	11.69	23.64	6.15	12.44	0.19	0.38

从表5-8可以看出，几年平均，杀虫剂的亩用药成本最高，为31.42元，占总量的63.54%；其次是杀菌剂，亩农药成本为11.69元，占总量的23.64%；然后是除草剂，亩农药成本为6.15元，占总量的12.44%；植物生长调节剂亩农药成本为0.19元，占总量的0.38%。

按我国早稻主要农业生态区域，对各生态区域各类型农药成本分区汇总，得到4个区域各类型农药成本情况，见表5-9。

表5-9 各生态区域农药成本统计表

生态区	年份	杀虫剂		杀菌剂		除草剂		植物生长调节剂	
		亩农药成本/元	占比/%	亩农药成本/元	占比/%	亩农药成本/元	占比/%	亩农药成本/元	占比/%
华南	2015	45.87	74.85	12.10	19.75	2.99	4.88	0.32	0.52
	2016	44.18	69.99	13.30	21.07	4.67	7.40	0.97	1.54
	2017	30.61	67.44	11.20	24.68	3.36	7.40	0.22	0.48
	2018	29.34	68.30	9.00	20.94	4.60	10.71	0.02	0.05
	2019	42.05	71.62	13.98	23.82	2.56	4.36	0.12	0.20
	2020	23.93	56.57	14.16	33.48	4.21	9.95	0.00	0.00
	平均	36.00	68.83	12.29	23.50	3.73	7.13	0.28	0.54

（续）

生态区	年份	杀虫剂		杀菌剂		除草剂		植物生长调节剂	
		亩农药成本/元	占比/%	亩农药成本/元	占比/%	亩农药成本/元	占比/%	亩农药成本/元	占比/%
西南	2015	—	—	—	—	—	—	—	—
	2016	10.21	31.72	15.18	47.16	6.80	21.12	0.00	0.00
	2017	20.15	43.45	16.72	36.05	9.51	20.50	0.00	0.00
	2018	17.45	42.10	15.37	37.08	8.63	20.82	0.00	0.00
	2019	13.57	41.52	13.82	42.29	5.29	16.19	0.00	0.00
	2020	11.17	44.84	6.91	27.74	6.83	27.42	0.00	0.00
	平均	14.51	40.85	13.60	38.29	7.41	20.86	0.00	0.00
长江中下游江南	2015	33.93	64.68	12.90	24.58	5.48	10.45	0.15	0.29
	2016	31.11	65.34	10.93	22.96	5.04	10.59	0.53	1.11
	2017	29.17	62.53	12.18	26.11	5.28	11.32	0.02	0.04
	2018	30.53	61.73	11.87	24.00	6.93	14.01	0.13	0.26
	2019	30.87	62.81	10.98	22.34	7.22	14.69	0.08	0.16
	2020	31.29	57.48	10.46	19.21	12.63	23.20	0.06	0.11
	平均	31.15	62.35	11.55	23.12	7.10	14.21	0.16	0.32
长江中下游江北	2015	—	—	—	—	—	—	—	—
	2016	21.09	64.18	9.68	29.46	2.09	6.36	0.00	0.00
	2017	10.62	51.45	8.67	42.01	1.35	6.54	0.00	0.00
	2018	22.73	69.87	9.41	28.93	0.39	1.20	0.00	0.00
	2019	21.21	58.11	7.63	20.90	7.66	20.99	0.00	0.00
	2020	—	—	—	—	—	—	—	—
	平均	18.91	61.74	8.85	28.89	2.87	9.37	0.00	0.00

早稻上，农药在各农业生态区的亩农药成本，杀虫剂排序：华南＞长江中下游江南＞长江中下游江北＞西南；杀菌剂排序：西南＞华南＞长江中下游江南＞长江中下游江北；除草剂排序：西南＞长江中下游江南＞华南＞长江中下游江北。

2015—2020 年开展早稻农药亩桶混次数抽样调查，每年调查县数分别为 15 个、20 个、22 个、20 个、25 个、27 个，杀虫剂、杀菌剂、除草剂、植物生长调节剂等类型抽样调查结果见表 5-10。

表 5-10　各类型农药使用（桶混次数）调查表

年份	调查县数	杀虫剂		杀菌剂		除草剂		植物生长调节剂	
		亩桶混次数	占比/%	亩桶混次数	占比/%	亩桶混次数	占比/%	亩桶混次数	占比/%
2015	15	4.00	57.31	2.13	30.51	0.82	11.75	0.03	0.43
2016	20	3.38	53.48	1.98	31.33	0.84	13.29	0.12	1.90
2017	22	3.23	53.04	2.01	33.01	0.84	13.79	0.01	0.16
2018	20	3.41	54.30	1.93	30.73	0.93	14.81	0.01	0.16
2019	25	3.27	55.33	1.84	31.13	0.79	13.37	0.01	0.17
2020	27	3.51	54.42	1.76	27.28	1.17	18.14	0.01	0.16
平均		3.47	54.73	1.94	30.60	0.90	14.20	0.03	0.47

从表 5-10 可以看出，几年平均，杀虫剂的用药次数最多，亩桶混次数为 3.47 次，占总量的 54.73%；其次是杀菌剂，亩桶混次数为 1.94 次，占总量的 30.60%；然后是除草剂，亩桶混次数为 0.90 次，占总量的 14.20%；植物生长调节剂亩桶混次数为 0.03 次，占总量的 0.47%。

按我国早稻主要农业生态区域，对各生态区域各类型农药的桶混次数分区汇总，得到 4 个区域各个类型农药桶混次数情况，见表 5-11。

表 5-11　各生态区域农药桶混次数统计表

生态区	年份	杀虫剂		杀菌剂		除草剂		植物生长调节剂	
		亩桶混次数	占比/%	亩桶混次数	占比/%	亩桶混次数	占比/%	亩桶混次数	占比/%
华南	2015	4.24	64.05	1.82	27.49	0.53	8.01	0.03	0.45
	2016	4.06	58.50	2.01	28.96	0.76	10.95	0.11	1.59
	2017	3.16	59.51	1.54	29.01	0.58	10.92	0.03	0.56
	2018	2.75	57.41	1.37	28.60	0.66	13.78	0.01	0.21
	2019	3.53	62.26	1.73	30.51	0.39	6.88	0.02	0.35
	2020	2.78	53.98	1.67	32.43	0.70	13.59	0.00	0.00
	平均	3.42	59.58	1.69	29.45	0.60	10.45	0.03	0.52
西南	2015	—	—						
	2016	1.82	42.62	1.71	40.05	0.74	17.33	0.00	0.00
	2017	3.36	51.06	2.08	31.61	1.14	17.33	0.00	0.00
	2018	3.51	55.19	1.85	29.09	1.00	15.72	0.00	0.00
	2019	2.30	48.42	1.72	36.21	0.73	15.37	0.00	0.00
	2020	2.04	46.26	1.28	29.02	1.09	24.72	0.00	0.00
	平均	2.61	49.43	1.73	32.77	0.94	17.80	0.00	0.00

（续）

生态区	年份	杀虫剂		杀菌剂		除草剂		植物生长调节剂	
		亩桶混次数	占比/%	亩桶混次数	占比/%	亩桶混次数	占比/%	亩桶混次数	占比/%
长江中下游江南	2015	3.79	51.92	2.41	33.01	1.07	14.66	0.03	0.41
	2016	3.27	51.50	2.07	32.60	0.87	13.70	0.14	2.20
	2017	3.43	50.97	2.34	34.77	0.96	14.26	0.00	0.00
	2018	3.73	52.54	2.26	31.83	1.09	15.35	0.02	0.28
	2019	3.50	54.43	1.98	30.79	0.94	14.62	0.01	0.16
	2020	3.83	55.27	1.84	26.55	1.25	18.04	0.01	0.14
	平均	3.59	52.72	2.15	31.57	1.03	15.12	0.04	0.59
长江中下游江北	2015	—	—	—	—	—	—	—	—
	2016	2.14	51.94	0.88	21.36	1.10	26.70	0.00	0.00
	2017	1.09	38.65	0.91	32.27	0.82	29.08	0.00	0.00
	2018	2.54	66.84	1.00	26.32	0.26	6.84	0.00	0.00
	2019	2.35	50.76	0.89	19.22	1.39	30.02	0.00	0.00
	2020	—	—	—	—	—	—	—	—
	平均	2.03	52.86	0.92	23.96	0.89	23.18	0.00	0.00

早稻上，各类型农药在各农业生态区的桶混次数，杀虫剂排序：长江中下游江南＞华南＞西南＞长江中下游江北；杀菌剂排序：长江中下游江南＞西南＞华南＞长江中下游江北；除草剂排序：长江中下游江南＞西南＞长江中下游江北＞华南。

第三节　早稻化学农药、生物农药使用情况比较

2015—2020 年开展早稻农药商品用量抽样调查，每年调查县数分别为 15 个、20 个、22 个、20 个、25 个、27 个，生物农药及化学农药等类型抽样调查结果见表 5-12。

表 5-12　化学农药、生物农药商品用量与农药成本统计表

年份	调查县数	亩商品用量				亩农药成本			
		化学农药/克（毫升）	占比/%	生物农药/克（毫升）	占比/%	化学农药/元	占比/%	生物农药/元	占比/%
2015	15	385.07	67.16	188.28	32.84	38.33	67.76	18.24	32.24
2016	20	297.00	63.72	169.08	36.28	36.29	71.51	14.46	28.49
2017	22	253.28	65.67	132.38	34.33	32.28	71.64	12.78	28.36
2018	20	281.63	64.91	152.23	35.09	31.45	68.09	14.74	31.91
2019	25	247.73	65.41	131.02	34.59	35.51	73.50	12.80	26.50
2020	27	244.64	70.37	103.02	29.63	37.63	75.55	12.18	24.45
平均		293.35	68.08	137.55	31.92	36.06	72.92	13.39	27.08

从表 5-12 可以看出，几年平均，化学农药的用量最大，亩商品用量为 293.35 克（毫升），占总量的 68.08%；生物农药亩商品用量为 137.55 克（毫升），占总量的 31.92%。从农药成本看，化学农药成本为 36.06 元/亩，占总量的 72.92%；生物农药成本为 13.39 元/亩，占总量的 27.08%。

按我国早稻主要农业生态区域，对各生态区域化学农药、生物农药的商品用量分区汇总，得到 4 个区域的化学农药、生物农药商品用量情况，见表 5-13。

表 5-13　各生态区域化学农药、生物农药商品用量及农药成本统计表

生态区	年份	亩商品用量				亩农药成本			
		化学农药/克（毫升）	占比/%	生物农药/克（毫升）	占比/%	化学农药/元	占比/%	生物农药/元	占比/%
华南	2015	421.75	66.01	217.12	33.99	42.18	68.83	19.10	31.17
	2016	428.46	63.35	247.87	36.65	45.37	71.88	17.75	28.12
	2017	247.23	62.11	150.82	37.89	33.18	73.10	12.21	26.90
	2018	303.98	60.49	198.56	39.51	30.05	69.95	12.91	30.05
	2019	264.10	62.16	160.75	37.84	44.65	76.05	14.06	23.95
	2020	212.67	71.34	85.44	28.66	33.45	79.08	8.85	20.92
	平均	321.10	65.56	168.69	34.44	39.14	74.84	13.16	25.16
西南	2015	—	—	—	—	—	—	—	—
	2016	365.07	95.84	15.83	4.16	30.02	93.26	2.17	6.74
	2017	489.65	97.39	13.12	2.61	43.54	93.88	2.84	6.12
	2018	498.33	95.96	20.97	4.04	39.70	95.78	1.75	4.22
	2019	331.01	93.84	21.71	6.16	29.21	89.38	3.47	10.62
	2020	317.91	98.43	5.07	1.57	23.75	95.34	1.16	4.66
	平均	400.39	96.31	15.34	3.69	33.24	93.58	2.28	6.42
长江中下游江南	2015	352.97	68.40	163.05	31.60	34.97	66.66	17.49	33.34
	2016	237.12	60.53	154.60	39.47	32.97	69.25	14.64	30.75
	2017	250.17	64.38	138.44	35.62	32.20	69.17	14.38	30.83
	2018	247.32	60.33	162.64	39.67	31.22	63.12	18.24	36.88
	2019	218.50	58.76	153.37	41.24	34.08	69.34	15.07	30.66
	2020	238.74	66.64	119.52	33.36	40.21	73.86	14.23	26.14
	平均	260.38	64.12	145.71	35.88	34.65	69.36	15.31	30.64
长江中下游江北	2015	—	—	—	—	—	—	—	—
	2016	158.82	87.20	23.32	12.80	28.07	85.42	4.79	14.58
	2017	99.66	69.44	43.85	30.56	14.62	70.83	6.02	29.17
	2018	147.90	71.72	58.33	28.28	24.77	76.15	7.76	23.85
	2019	225.53	74.53	77.09	25.47	25.82	70.74	10.68	29.26
	2020	—	—	—	—	—	—	—	—
	平均	157.97	75.72	50.65	24.28	23.32	76.13	7.31	23.87

早稻上，各生态区域化学农药亩商品用量排序：西南＞华南＞长江中下游江南＞长江中下游江北；生物农药亩商品用量排序：华南＞长江中下游江南＞长江中下游江北＞西南；化学农药亩成本排序：华南＞长江中下游江南＞西南＞长江中下游江北；生物农药亩成本排序：长江中下游江南＞华南＞长江中下游江北＞西南。

第四节　早稻使用农药有效成分汇总分析

根据农户用药调查中各农药成分的使用数据，对 2015—2020 年早稻上各个农药成分用药情况进行了整理，并对 2015—2020 年早稻上主要农药种类数量进行了比较分析，结果见表 5-14。

表 5-14　2015—2020 年早稻上主要农药有效成分种类对比分析表

区域	农药有效成分种类	杀虫剂		杀菌剂		除草剂		植物生长调节剂	
		数量/个	占比/%	数量/个	占比/%	数量/个	占比/%	数量/个	占比/%
全国	141	51	36.17	57	40.43	32	22.70	1	0.71
华南地区	100	42	42.00	39	39.00	19	19.00	0	0.00
西南地区	42	18	42.86	18	42.86	5	11.90	1	2.38
长江中下游江南	120	45	37.50	51	42.50	24	20.00	0	0.00
长江中下游江北	47	18	38.30	18	38.30	11	23.40	0	0.00

注：各区域相同农药种类在全国范围内进行合并。

从表 5-14 可以看出，全国范围 2015—2020 年早稻上主要使用了 141 种农药有效成分。其中，杀虫剂 51 种，占农药总数的 36.17%；杀菌剂 57 种，占 40.43%；除草剂 32 种，占 22.70%；植物生长调节剂 1 种，占 0.71%。

华南地区 2015—2020 年早稻上主要使用了 100 种农药有效成分。其中，杀虫剂 42 种，占农药总数的 42.00%；杀菌剂 39 种，占 39.00%；除草剂 19 种，占 19.00%。

西南地区 2015—2020 年早稻上主要使用了 42 种农药有效成分。其中，杀虫剂 18 种，占农药总数的 42.86%；杀菌剂 18 种，占 42.86%；除草剂 5 种，占 11.90%；植物生长调节剂 1 种，占 2.38%。

长江中下游江南地区 2015—2020 年早稻上主要使用了 120 种农药有效成分。其中，杀虫剂 45 种，占农药总数的 37.5%；杀菌剂 51 种，占 42.5%；除草剂 24 种，占 20.00%。

长江中下游江北地区 2015—2020 年早稻上主要使用了 47 种农药有效成分。其中，杀虫剂 18 种，占农药总数的 38.30%；杀菌剂 18 种，占 38.30%；除草剂 11 种，占 23.40%。

对 2015—2020 年水稻上主要农药有效成分的毒性进行分析比较，结果见表 5-15。

表 5 - 15　2015—2020 年水稻上主要农药有效成分毒性对比分析表

区域	农药有效成分种类	微毒		低毒		中毒		高毒	
		数量/个	占比/%	数量/个	占比/%	数量/个	占比/%	数量/个	占比/%
全国	141	10	7.09	98	69.50	31	21.99	2	1.42
华南地区	100	7	7.00	67	67.00	25	25.00	1	1.00
西南地区	42	1	2.38	28	66.67	12	28.57	1	2.38
长江中下游江南	120	7	5.83	83	69.17	29	24.17	1	0.83
长江中下游江北	47	2	4.26	34	72.34	11	23.40	0	0.00

注：各区域相同农药种类在全国范围内进行合并。

按毒性来分，全国范围 2015—2020 年早稻上微毒农药成分 10 个，占农药总数的 7.09%；低毒农药成分 98 个，占 69.50%；中毒农药成分 31 个，占 21.99%；高毒农药成分 2 个，占 1.42%。

华南地区 2015—2020 年早稻上微毒农药成分 7 个，占农药总数的 7.00%；低毒农药成分 67 个，占 67.00%；中毒农药成分 25 个，占 25.00%；高毒农药成分 1 个，占 1.00%。

西南地区 2015—2020 年早稻上微毒农药成分 1 个，占农药总数的 2.38%；低毒农药成分 28 个，占 66.67%；中毒农药成分 12 个，占 28.57%；高毒农药成分 1 个，占 2.38%。

长江中下游江南地区 2015—2020 年早稻上微毒农药成分 7 个，占农药总数的 5.83%；低毒农药成分 83 个，占 69.17%；中毒农药成分 29 个，占 24.17%；高毒农药成分 1 个，占 0.83%。

长江中下游江北地区 2015—2020 年早稻上微毒农药成分 2 个，占农药总数的 4.26%；低毒农药成分 34 个，占 72.34%；中毒农药成分 11 个，占 23.40%。

第五节　早稻农药有效成分使用频率分布及年度趋势分析

早稻上农药有效成分分析，将每年农户用药的频次数据，用当年全国所有调查点每年总的使用农药频次数进行标准化处理，换算成统计频率（%），即用某年某地农药使用频次占当年全国所有调查点的频次总数百分比（%）作为指标进行分析。

表 5 - 16 是经计算整理得到的 2015—2020 年各种农药成分使用的相对频率。表中仅列出相对频率累计前 70% 的农药种类。不同种类农药使用频率在年度间的变化趋势，可以采用变异系数进行分析。同时，可应用回归分析方法检验某种农药使用频率在年度间是否有上升或下降的趋势，将统计学上差异显著（显著性检验 P 值小于 0.05）的农药种类在年变化趋势栏内进行标记。如果是上升趋势，则标记 "↗"；如果是下降趋势，则标记 "↘"。

表 5 - 16 2015—2020 年早稻上各农药成分使用频率（％）

序号	农药种类	平均值	最小值（年份）	最大值（年份）	标准差	变异系数	年变化趋势	累计频率
1	甲氨基阿维菌素苯甲酸盐	2.98	2.53 (2016)	3.39 (2015)	0.407 2	13.671 3	−2.22	2.978 7
2	阿维菌素	2.93	2.41 (2019)	3.34 (2017)	0.322 9	11.024 2	−0.29	5.907 5
3	吡蚜酮	2.79	2.44 (2018)	3.29 (2020)	0.312 9	11.208 1	1.61	8.698 8
4	苄嘧磺隆	2.76	2.64 (2015)	2.89 (2017)	0.105 5	3.826 6	−0.22	11.456 2
5	丁草胺	2.59	1.99 (2020)	2.99 (2018)	0.330 5	12.740 9	−3.71	14.049 9
6	三环唑	2.45	2.17 (2018)	2.74 (2017)	0.259 6	10.602 4	−4.60 ↘	16.498 9
7	苯醚甲环唑	2.35	1.99 (2020)	2.89 (2017)	0.335 4	14.266 0	−2.12	18.850 1
8	氯虫苯甲酰胺	2.31	1.76 (2018)	2.99 (2020)	0.409 7	17.711 9	2.03	21.163 2
9	毒死蜱	2.15	1.29 (2020)	2.71 (2018)	0.475 4	22.094 9	−5.50	23.315 0
10	吡虫啉	2.12	1.63 (2018)	2.79 (2020)	0.455 7	21.526 7	3.37	25.432 1
11	丙环唑	2.09	1.59 (2020)	2.54 (2019)	0.367 1	17.602 6	−2.42	27.517 4
12	井冈霉素	2.04	1.14 (2019)	2.82 (2015)	0.688 5	33.688 0	−17.07 ↘	29.561 0
13	烯啶虫胺	1.99	1.32 (2020)	2.28 (2017)	0.348 4	17.488 9	6.73	31.553 3
14	稻瘟灵	1.79	1.10 (2020)	2.17 (2018)	0.379 9	21.210 7	−7.49	33.344 3
15	己唑醇	1.75	1.52 (2019)	1.98 (2015)	0.184 8	10.572 5	−2.76	35.092 0
16	丙草胺	1.55	0.94 (2015)	2.19 (2020)	0.561 2	36.307 7	18.17 ↗	36.637 7
17	嘧菌酯	1.42	1.13 (2015)	1.78 (2019)	0.281 9	19.781 8	6.84	38.062 5
18	噻虫嗪	1.42	0.68 (2018)	1.79 (2020)	0.412 4	29.059 2	−1.83	39.481 7
19	戊唑醇	1.41	0.98 (2016)	2.29 (2020)	0.484 8	34.274 0	15.87 ↗	40.896 1
20	氰氟草酯	1.41	0.56 (2016)	2.59 (2020)	0.814 2	57.808 4	30.13 ↗	42.304 6
21	苏云金杆菌	1.41	0.40 (2020)	2.13 (2017)	0.664 2	47.238 2	−21.32 ↘	43.710 6
22	咪鲜胺	1.40	1.06 (2017)	1.99 (2020)	0.312 7	22.312 2	6.64	45.112 0
23	乙草胺	1.40	1.02 (2019)	1.76 (2018)	0.283 5	20.317 2	−3.47	46.507 3
24	二氯喹啉酸	1.34	1.13 (2019)	1.76 (2018)	0.247 8	18.551 8	4.28	47.842 9
25	春雷霉素	1.30	0.95 (2018)	1.69 (2016)	0.283 4	21.851 5	−3.55	49.139 6
26	吡嘧磺隆	1.28	0.75 (2015)	1.90 (2017)	0.456 6	35.728 9	15.23	50.417 6
27	三唑磷	1.13	0.38 (2019)	1.69 (2016)	0.521 9	46.307 6	−21.83 ↘	51.544 6
28	噻呋酰胺	1.13	0.81 (2018)	1.89 (2020)	0.395 0	35.055 9	10.35	52.671 4
29	五氟磺草胺	1.07	0.56 (2016)	1.78 (2019)	0.572 7	53.449 2	26.41 ↗	53.742 8
30	杀虫单	1.03	0.70 (2016)	1.37 (2017)	0.218 4	21.265 4	−0.41	54.770 1
31	噻嗪酮	0.96	0.51 (2019)	1.37 (2017)	0.400 7	41.911 8	−19.62 ↘	55.726 1
32	肟菌酯	0.95	0.28 (2016)	1.79 (2020)	0.527 5	55.786 6	24.22 ↗	56.671 6
33	苯噻酰草胺	0.94	0.56 (2015)	1.36 (2018)	0.262 0	27.999 2	6.37	57.607 5
34	辛硫磷	0.93	0.40 (2020)	1.32 (2015)	0.308 3	33.052 8	−14.56 ↘	58.540 1

（续）

序号	农药种类	平均值	最小值（年份）	最大值（年份）	标准差	变异系数	年变化趋势	累计频率
35	双草醚	0.91	0.38（2015）	1.14（2019）	0.275 9	30.308 1	12.90	59.450 4
36	异丙威	0.87	0.50（2020）	1.37（2017）	0.387 3	44.634 6	−18.28	60.318 1
37	啶虫脒	0.82	0.40（2020）	1.32（2015）	0.358 9	43.983 7	−16.06	61.134 1
38	敌敌畏	0.82	0.30（2020）	1.69（2015）	0.487 7	59.824 2	−27.03 ↘	61.949 3
39	杀虫双	0.79	0.40（2020）	1.22（2017）	0.321 0	40.565 5	−12.98	62.740 6
40	多菌灵	0.74	0.30（2020）	1.13（2015）	0.328 6	44.112 8	−18.39	63.485 5
41	蜡质芽孢杆菌	0.71		1.32（2015）	0.540 4	76.014 1	−39.70 ↘	64.196 4
42	水胺硫磷	0.71	0.38（2019）	1.22（2017）	0.329 3	46.366 6	−10.40	64.906 6
43	氟环唑	0.64	0.38（2019）	0.94（2015）	0.240 1	37.601 8	−17.71 ↘	65.545 2
44	异稻瘟净	0.60	0.20（2020）	0.89（2019）	0.257 7	43.288 3	−10.28	66.140 4
45	吡唑醚菌酯	0.57	0.19（2015）	1.20（2020）	0.359 2	62.967 6	30.29 ↗	66.711 0
46	茚虫威	0.50	0.14（2016）	1.02（2019）	0.352 7	69.954 4	29.01	67.215 5
47	硫黄	0.46	0.20（2020）	0.84（2016）	0.289 2	62.753 7	−23.51	67.752 5
48	噁草酮	0.45	0.00（2017）	1.22（2018）	0.521 7	116.764 3	44.73	68.122 0
49	马拉硫磷	0.44	0.14（2018）	0.70（2016）	0.219 9	49.532 0	−17.07	68.566 1

从表 5 - 16 可以看出，主要农药品种的使用，以变异系数为指标，年度间波动非常大（变异系数大于等于 50％）的农药种类有：茚虫威、敌敌畏、蜡质芽孢杆菌、吡唑醚菌酯、肟菌酯、噁草酮、氰氟草酯、五氟磺草胺。

年度间波动幅度较大（变异系数在 25％～49.9％）的农药种类有：马拉硫磷、苏云金杆菌、水胺硫磷、三唑磷、异丙威、啶虫脒、噻嗪酮、杀虫双、辛硫磷、噻虫嗪、多菌灵、异稻瘟净、氟环唑、噻呋酰胺、井冈霉素、戊唑醇、丙草胺、吡嘧磺隆、双草醚、苯噻酰草胺。

年度间有波动（变异系数在 10.0％～24.9％）的农药种类有：毒死蜱、吡虫啉、杀虫单、氯虫苯甲酰胺、烯啶虫胺、甲氨基阿维菌素苯甲酸盐、吡蚜酮、阿维菌素、咪鲜胺、春雷霉素、稻瘟灵、嘧菌酯、丙环唑、苯醚甲环唑、三环唑、己唑醇、乙草胺、二氯喹啉酸、丁草胺。

年度间变化比较平稳（变异系数小于 10％）的农药种类有：苄嘧磺隆。

对表 5 - 16 各年用药频率进行线性回归分析，探索年度间是否有上升或下降趋势。经统计检验达显著水平（$P<0.05$），年度间有上升趋势的农药种类有：戊唑醇、肟菌酯、吡唑醚菌酯、丙草胺、氰氟草酯、五氟磺草胺。经统计检验达显著水平（$P<0.05$），年度间有下降趋势的农药种类有：苏云金杆菌、三唑磷、噻嗪酮、辛硫磷、敌敌畏、三环唑、井冈霉素、蜡质芽孢杆菌、氟环唑。

统计检验临界值的概率水平为 0.05 时，没有表现年度间上升或下降的趋势的农药种

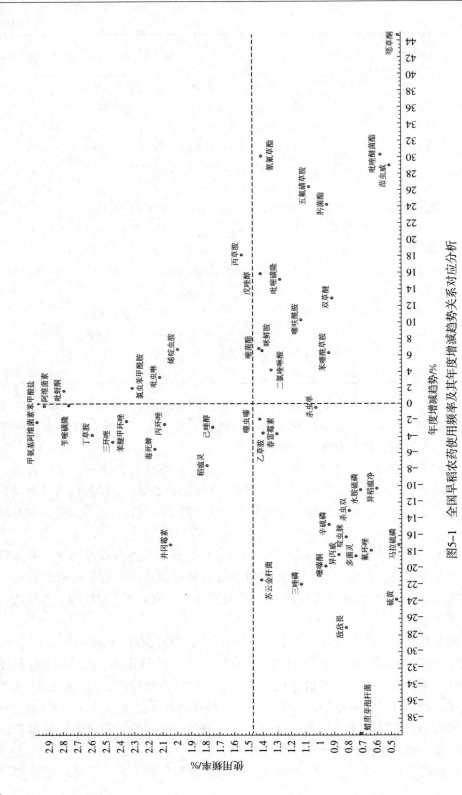

图5-1　全国旱稻农药使用频率及其年度增减趋势关系对应分析

类有：甲氨基阿维菌素苯甲酸盐、阿维菌素、吡蚜酮、氯虫苯甲酰胺、毒死蜱、吡虫啉、烯啶虫胺、噻虫嗪、杀虫单、异丙威、啶虫脒、杀虫双、茚虫威、马拉硫磷、水胺硫磷、苯醚甲环唑、丙环唑、稻瘟灵、己唑醇、嘧菌酯、咪鲜胺、春雷霉素、噻呋酰胺、多菌灵、异稻瘟净、苄嘧磺隆、丁草胺、乙草胺、二氯喹啉酸、吡嘧磺隆、苯噻酰草胺、双草醚。

早稻上各种农药成分使用频次占总频次的比例（％）和年度增减趋势（％）关系，采用散点图进行分析，其散点图如图5-1所示。

第一象限（右上部）的农药成分的使用频率较高且年度间具有增长的趋势，如丙草胺、吡蚜酮和烯啶虫胺等；第二象限（右下部）的农药成分的使用频率较低但年度间具有增长的趋势，如噁草酮、吡唑醚菌酯和氰氟草酯等；第三象限（左下部）的农药成分的使用频率较低且年度间没有增长、表现为下降的趋势，如蜡质芽孢杆菌、敌敌畏和硫黄等；第四象限（左上部）的农药成分的使用频率较高但年度间没有增长、表现为下降的趋势，如井冈霉素、甲氨基阿维菌素苯甲酸盐和阿维菌素等。

第六章　中稻及一晚农药使用
抽样调查结果与分析

按不同地域特征和作物种植结构，将我国中稻及一晚种植区分为西南、长江中下游江南、长江中下游江北、黄河流域、东北、西北 6 个主要农业生态区域。2016—2020 年，在各个区域范围内，选择了 19 个省份的 315 个县进行抽样调查。其中，西南重庆 18 个县、四川 11 个县、贵州 3 个县、云南 33 个县；长江中下游江南浙江 34 个县、福建 6 个县、江西 10 个县、湖南 18 个县；长江中下游江北上海 3 个县、江苏 74 个县、安徽 18 个县、湖北 8 个县；黄河流域天津 2 个县、河南 4 个县、陕西 1 个县；东北辽宁 22 个县、吉林 6 个县、黑龙江 33 个县；西北宁夏 11 个县。

第一节　中稻及一晚农药使用基本情况

2016—2020 年开展中稻及一晚农户用药抽样调查，每年调查县数分别为 78 个、98 个、162 个、207 个、246 个，以亩商品用量、亩折百用量、亩农药成本、桶混次数、用量指数作为指标进行作物用药水平评价。抽样调查结果见表 6-1。

表 6-1　农药使用基本情况统计表

年份	样本数	亩商品用量/克（毫升）	亩折百用量/克（毫升）	亩农药成本/元	亩桶混次数	用量指数
2016	78	448.62	123.15	52.45	8.33	134.22
2017	98	452.53	132.59	51.32	8.32	131.54
2018	162	427.15	118.39	49.55	8.13	145.75
2019	207	412.45	114.30	51.40	7.76	131.61
2020	246	403.15	115.19	54.22	7.98	132.98
平均		428.78	120.73	51.80	8.11	135.22

从表 6-1 可以看出，亩商品用量多年平均值为 428.78 克（毫升），最小值为 2020 年的 403.15 克（毫升），最大值为 2017 年的 452.53 克（毫升）。亩折百用量多年平均值为 120.73 克（毫升），最小值为 2019 年的 114.30 克（毫升），最大值为 2017 年的 132.59 克（毫升）。亩农药成本多年平均值为 51.80 元/亩，最小值为 2018 年的 49.55 元，最大值为 2020 年的 54.22 元。亩桶混次数多年平均值为 8.11 次，最小值为 2019 年的 7.76

次，最大值为 2016 年的 8.33 次。用药指数多年平均值为 135.22，最小值为 2017 年的 131.54，最大值为 2018 年的 145.75。各项指标历年数据虽有波动，但没有明显的上升或下降趋势。

按主要农业生态区域，对各个生态区域农药使用指标分区汇总，得到 6 个区域农药使用基本情况，见表 6-2。

表 6-2　各生态区域农药用量基本情况表

生态区	年份	样本数	亩商品用量/克（毫升）	亩折百用量/克（毫升）	亩农药成本/元	亩桶混次数	用量指数
西南	2016	9	220.25	69.45	25.02	4.15	44.79
	2017	20	318.23	101.40	33.70	4.89	89.86
	2018	27	295.79	90.29	28.36	4.48	72.24
	2019	39	257.59	80.97	31.26	4.25	90.70
	2020	46	258.53	77.69	33.36	4.16	72.61
	平均		270.07	83.96	30.34	4.38	74.04
长江中下游江南	2016	16	440.07	104.23	58.18	7.36	132.09
	2017	14	441.92	113.30	60.70	8.30	138.41
	2018	23	418.29	88.71	54.42	7.01	136.82
	2019	27	479.70	106.58	63.86	8.16	164.39
	2020	52	440.77	109.08	67.45	8.37	157.37
	平均		444.15	104.38	60.92	7.84	145.82
长江中下游江北	2016	38	590.81	158.78	63.56	11.48	189.27
	2017	39	607.62	166.99	65.26	12.01	188.59
	2018	76	547.02	147.24	64.16	11.23	204.78
	2019	87	521.54	139.01	67.01	10.86	177.37
	2020	88	520.17	142.19	71.48	11.86	189.85
	平均		557.43	150.84	66.29	11.49	189.96
黄河流域	2016	1	368.92	164.65	27.06	4.55	51.56
	2017	3	390.49	155.04	37.46	9.00	76.69
	2018	5	247.57	78.35	41.54	7.21	67.57
	2019	7	279.32	93.38	34.31	5.08	63.42
	2020	5	137.53	49.93	26.13	4.46	50.32
	平均		284.77	108.27	33.30	6.06	61.91
东北	2016	6	280.87	107.12	35.26	5.04	60.66
	2017	14	278.10	104.55	26.36	4.85	66.16
	2018	22	287.78	105.71	25.77	4.99	81.14
	2019	40	329.02	108.32	33.42	5.39	73.31

（续）

生态区	年份	样本数	亩商品用量/克（毫升）	亩折百用量/克（毫升）	亩农药成本/元	亩桶混次数	用量指数
东北	2020	48	337.90	122.54	33.48	5.11	80.97
	平均		302.73	109.64	30.86	5.08	72.45
西北	2016	8	182.97	59.06	35.03	3.06	43.08
	2017	8	379.44	117.36	59.96	4.80	80.58
	2018	9	271.90	88.31	39.98	3.95	93.19
	2019	7	264.43	75.98	40.27	3.29	63.35
	2020	7	236.70	64.71	39.97	3.34	50.39
	平均		267.09	81.09	43.04	3.68	66.12

中稻及一晚，亩商品用量排序：长江中下游江北＞长江中下游江南＞东北＞黄河流域＞西南＞西北；亩折百用量排序：长江中下游江北＞东北＞黄河流域＞长江中下游江南＞西南＞西北；亩农药成本排序：长江中下游江北＞长江中下游江南＞西北＞黄河流域＞东北＞西南；亩桶混次数排序：长江中下游江北＞长江中下游江南＞黄河流域＞东北＞西南＞西北；用量指数排序：长江中下游江北＞长江中下游江南＞西南＞东北＞西北＞黄河流域。

为直观反映各生态区域中农药使用量的差异，现将每种指标在各生态区域用量的大小进行排序，得到的次序数，整理列于表 6 - 3。

表 6 - 3　各生态区域农药使用指标排序表

生态区	亩商品用量	亩折百用量	亩农药成本	亩桶混次数	用量指数	秩数合计
西南	5	5	6	5	3	24
长江中下游江南	2	4	2	2	2	12
长江中下游江北	1	1	1	1	1	5
黄河流域	4	3	4	3	6	20
东北	3	2	5	4	4	18
西北	6	6	3	6	5	26

表 6-3 中的各个顺序指标可以直观反映各个生态区域农药使用水平。每个生态区域的指标之和，为该生态区域农药用量水平的综合排序得分（得分越小用量水平越高）。采用 Kendall 协同系数检验，对各个指标在各地区的序列等级进行了检验。检验结果为，Kendall 协同系数 $W=0.70$，卡方值为 17.57，显著性检验 $P=0.003\,5$。在 $P<0.01$ 的显著水平下，这几个指标用于农药用量的评价具有较好的一致性。

第二节　中稻及一晚不同类型农药使用情况

2016—2020 年开展中稻及一晚农药亩商品用量抽样调查，每年调查县数分别为 78 个、98 个、162 个、207 个、246 个，杀虫剂、杀菌剂、除草剂、植物生长调节剂抽样调查结果如表 6-4。

表 6-4　各类型农药使用（亩商品用量）统计表

年份	调查县数	杀虫剂		杀菌剂		除草剂		植物生长调节剂	
		亩商品用量/克（毫升）	占比/%	亩商品用量/克（毫升）	占比/%	亩商品用量/克（毫升）	占比/%	亩商品用量/克（毫升）	占比/%
2016	78	203.46	45.35	140.41	31.30	103.18	23.00	1.57	0.35
2017	98	174.85	38.64	150.30	33.21	126.81	28.02	0.57	0.13
2018	162	166.23	38.92	128.88	30.17	131.49	30.78	0.55	0.13
2019	207	149.39	36.22	132.57	32.15	129.44	31.38	1.05	0.25
2020	246	148.57	36.85	126.96	31.50	126.11	31.28	1.51	0.37
平均		168.50	39.30	135.82	31.68	123.41	28.78	1.05	0.24

从表 6-4 可以看出，几年平均，杀虫剂的用量最大，亩商品用量为 168.50 克（毫升），占总量的 39.30%；其次是杀菌剂，为 135.82 克（毫升），占总量的 31.68%；然后是除草剂，为 123.41 克（毫升），占总量的 28.78%；植物生长调节剂最小，亩商品用量为 1.05 克（毫升），占总量的 0.24%。

按主要农业生态区域，对各类农药的亩商品用量分区汇总，得到 6 个区域农药商品用量情况，见表 6-5。

表 6-5　各生态区域农药亩商品用量统计表

生态区	年份	杀虫剂		杀菌剂		除草剂		植物生长调节剂	
		亩商品用量/克（毫升）	占比/%	亩商品用量/克（毫升）	占比/%	亩商品用量/克（毫升）	占比/%	亩商品用量/克（毫升）	占比/%
西南	2016	115.57	52.47	61.63	27.98	42.33	19.22	0.72	0.33
	2017	138.62	43.56	130.87	41.12	48.02	15.09	0.72	0.23
	2018	167.59	56.66	97.56	32.99	30.39	10.27	0.25	0.08
	2019	122.73	47.65	90.42	35.10	41.48	16.10	2.96	1.15
	2020	132.36	51.20	79.98	30.94	45.54	17.61	0.65	0.25
	平均	135.37	50.12	92.09	34.11	41.55	15.38	1.06	0.39
长江中下游江南	2016	262.88	59.74	104.57	23.76	69.23	15.73	3.39	0.77
	2017	248.36	56.20	108.17	24.48	84.01	19.01	1.38	0.31
	2018	243.40	58.19	66.41	15.88	107.84	25.78	0.64	0.15

（续）

生态区	年份	杀虫剂		杀菌剂		除草剂		植物生长调节剂	
		亩商品用量/克（毫升）	占比/%	亩商品用量/克（毫升）	占比/%	亩商品用量/克（毫升）	占比/%	亩商品用量/克（毫升）	占比/%
长江中下游江南	2019	277.20	57.79	93.99	19.59	107.16	22.34	1.35	0.28
	2020	228.12	51.75	112.62	25.56	99.15	22.49	0.88	0.20
	平均	251.99	56.74	97.15	21.87	93.48	21.05	1.53	0.34
长江中下游江北	2016	265.62	44.96	202.54	34.28	121.19	20.51	1.46	0.25
	2017	241.20	39.70	218.46	35.95	147.49	24.27	0.47	0.08
	2018	198.75	36.33	190.64	34.85	156.88	28.68	0.75	0.14
	2019	169.66	32.53	194.87	37.37	156.62	30.03	0.39	0.07
	2020	170.92	32.86	195.01	37.49	152.41	29.30	1.83	0.35
	平均	209.23	37.53	200.30	35.93	146.92	26.36	0.98	0.18
黄河流域	2016	193.02	52.32	175.90	47.68	0.00	0.00	0.00	0.00
	2017	149.94	38.40	147.04	37.65	93.51	23.95	0.00	0.00
	2018	106.42	42.99	85.13	34.38	55.88	22.57	0.14	0.06
	2019	110.71	39.64	73.87	26.44	94.39	33.79	0.35	0.13
	2020	38.60*	28.07	60.82	44.22	38.11	27.71	0.00	0.00
	平均	119.74	42.05	108.55	38.11	56.38	19.80	0.10	0.04
东北	2016	46.70	16.63	62.81	22.36	170.64	60.75	0.72	0.26
	2017	51.57	18.54	33.77	12.15	192.51	69.22	0.25	0.09
	2018	44.86	15.59	38.70	13.45	203.95	70.87	0.27	0.09
	2019	73.34	22.29	81.53	24.78	173.43	52.71	0.72	0.22
	2020	66.64	19.72	75.91	22.46	192.56	56.99	2.79	0.83
	平均	56.62	18.70	58.54	19.34	186.62	61.65	0.95	0.31
西北	2016	7.11*	3.89*	59.29	32.40	116.28	63.55	0.29	0.16
	2017	38.38	10.11	145.53	38.36	195.44	51.51	0.09	0.02
	2018	20.57	7.57	105.23	38.70	145.63	53.56	0.47	0.17
	2019	24.93	9.43	87.97	33.27	151.53	57.30	0.00	0.00
	2020	22.58	9.54	85.97	36.32	128.15	54.14	0.00	0.00
	平均	22.71	8.50	96.80	36.25	147.41	55.19	0.17	0.06

注：带"*"数据明显偏低，可能是由于调查的县份更换、用药习惯差异、部分调查县份发生虫害偏轻等原因造成。

中稻及一晚，亩商品用量杀虫剂排序：长江中下游江南＞长江中下游江北＞西南＞黄河流域＞东北＞西北；杀菌剂排序：长江中下游江北＞黄河流域＞长江中下游江南＞西北＞西南＞东北；除草剂排序：东北＞西北＞长江中下游江北＞长江中下游江南＞黄河流域＞西南；植物生长调节剂排序：长江中下游江南＞西南＞长江中下游江北＞东北＞西北＞黄河流域。

2016—2020年开展中稻及一晚农药亩折百用量抽样调查，每年调查县数分别为78个、98个、162个、207个、246个，杀虫剂、杀菌剂、除草剂、植物生长调节剂抽样调查结果见表6-6。

表6-6 各类型农药使用（亩折百用量）统计表

年份	调查县数	杀虫剂		杀菌剂		除草剂		植物生长调节剂	
		亩折百用量/克（毫升）	占比/%	亩折百用量/克（毫升）	占比/%	亩折百用量/克（毫升）	占比/%	亩折百用量/克（毫升）	占比/%
2016	78	48.07	39.03	43.56	35.37	31.23	25.36	0.29	0.24
2017	98	44.05	33.22	47.94	36.16	40.44	30.50	0.16	0.12
2018	162	36.38	30.73	40.59	34.28	41.22	34.82	0.20	0.17
2019	207	30.97	27.10	40.77	35.67	42.09	36.82	0.47	0.41
2020	246	34.12	29.62	38.55	33.46	42.26	36.69	0.26	0.23
平均		38.72	32.07	42.28	35.02	39.45	32.68	0.28	0.23

从表6-6可以看出，几年平均，杀菌剂的用量最大，亩折百用量为42.28克（毫升），占总量的35.02%；其次是除草剂，为39.45克（毫升），占总量的32.68%；然后是杀虫剂，为38.72克（毫升），占总量的32.07%；植物生长调节剂用量最小，亩折百用量为0.28克（毫升），占总量的0.23%。

按主要农业生态区域，对各类农药的亩折百用量分区汇总，得到6个区域农药亩折百用量情况，见表6-7。

表6-7 各生态区域农药亩折百用量统计表

生态区	年份	杀虫剂		杀菌剂		除草剂		植物生长调节剂	
		亩折百用量/克（毫升）	占比/%	亩折百用量/克（毫升）	占比/%	亩折百用量/克（毫升）	占比/%	亩折百用量/克（毫升）	占比/%
西南	2016	37.98	54.69	22.47	32.36	8.99	12.94	0.01	0.01
	2017	36.99	36.48	45.40	44.77	18.91	18.65	0.10	0.10
	2018	45.19	50.05	36.71	40.66	8.36	9.26	0.03	0.03
	2019	30.99	38.27	33.61	41.52	14.36	17.73	2.01	2.48
	2020	30.64	39.44	31.35	40.36	15.23	19.60	0.47	0.60
	平均	36.36	43.31	33.91	40.38	13.17	15.69	0.52	0.62
长江中下游江南	2016	56.88	54.57	25.48	24.45	20.94	20.09	0.93	0.89
	2017	55.39	48.89	32.40	28.60	24.78	21.87	0.73	0.64
	2018	41.76	47.07	16.96	19.12	29.55	33.31	0.44	0.50
	2019	52.24	49.01	23.82	22.35	30.03	28.18	0.49	0.46
	2020	52.83	48.43	26.26	24.08	29.75	27.27	0.24	0.22
	平均	51.82	49.65	24.98	23.92	27.01	25.88	0.57	0.55

（续）

生态区	年份	杀虫剂		杀菌剂		除草剂		植物生长调节剂	
		亩折百用量/克（毫升）	占比/%	亩折百用量/克（毫升）	占比/%	亩折百用量/克（毫升）	占比/%	亩折百用量/克（毫升）	占比/%
长江中下游江北	2016	60.73	38.25	62.16	39.15	35.70	22.48	0.19	0.12
	2017	60.09	35.98	67.74	40.57	39.08	23.40	0.08	0.05
	2018	42.59	28.93	58.42	39.67	46.02	31.26	0.21	0.14
	2019	33.64	24.20	58.14	41.82	47.19	33.95	0.04	0.03
	2020	36.32	25.54	59.59	41.91	46.21	32.50	0.07	0.05
	平均	46.67	30.94	61.21	40.58	42.84	28.40	0.12	0.08
黄河流域	2016	81.26*	49.35	83.39*	50.65	0.00	0.00	0.00	0.00
	2017	44.79	28.89	57.49	37.08	52.76	34.03	0.00	0.00
	2018	19.23	24.54	30.08	38.39	29.02	37.04	0.02	0.03
	2019	23.61	25.28	28.20	30.20	41.47	44.41	0.10	0.11
	2020	12.31	24.65	18.33	36.72	19.29	38.63	0.00	0.00
	平均	36.24	33.47	43.50	40.18	28.51	26.33	0.02	0.02
东北	2016	15.43	14.40	22.25	20.77	69.41	64.80	0.03	0.03
	2017	17.96	17.18	10.38	9.93	76.19	72.87	0.02	0.02
	2018	15.07	14.26	11.70	11.06	78.89	74.63	0.05	0.05
	2019	16.32	15.07	25.83	23.84	66.14	61.06	0.03	0.03
	2020	19.78	16.14	24.00	19.59	78.28	63.88	0.48	0.39
	平均	16.91	15.42	18.83	17.18	73.78	67.29	0.12	0.11
西北	2016	2.02	3.42	26.12	44.23	30.86	52.25	0.06	0.10
	2017	9.06	7.72	47.07	40.10	61.20	52.15	0.03	0.03
	2018	5.47	6.19	38.76	43.89	43.63	49.41	0.45	0.51
	2019	6.52	8.58	26.47	34.84	42.99	56.58	0.00	0.00
	2020	4.05	6.01	27.86	43.05	32.80	50.69	0.00	0.00
	平均	5.42	6.68	33.26	41.02	42.30	52.16	0.11	0.14

注：带"＊"数据明显偏高。2016年黄河流域调查县份为1个，可能是调查的县份更换、用药习惯差异等原因造成数据偏高。

中稻及一晚，亩折百用量杀虫剂排序：长江中下游江南＞长江中下游江北＞西南＞黄河流域＞东北＞西北；杀菌剂排序：长江中下游江北＞黄河流域＞西南＞西北＞长江中下游江南＞东北；除草剂排序：东北＞长江中下游江北＞西北＞黄河流域＞长江中下游江南＞西南；植物生长调节剂：长江中下游江南、西南地区用量较大，其他地区用量较小。

2016—2020年开展中稻及一晚农药亩成本抽样调查，每年调查县数分别为78个、98个、162个、207个、246个，杀虫剂、杀菌剂、除草剂、植物生长调节剂抽样调查结果见表6-8。

表6-8 各类型农药使用（亩成本）统计表

年份	调查县数	杀虫剂		杀菌剂		除草剂		植物生长调节剂	
		亩农药成本/元	占比/%	亩农药成本/元	占比/%	亩农药成本/元	占比/%	亩农药成本/元	占比/%
2016	78	25.67	48.94	15.20	28.98	11.17	21.30	0.41	0.78
2017	98	22.44	43.73	15.88	30.94	12.94	25.21	0.06	0.12
2018	162	21.39	43.17	15.07	30.41	13.01	26.26	0.08	0.16
2019	207	21.58	41.98	15.94	31.02	13.75	26.75	0.13	0.25
2020	246	24.26	44.74	16.24	29.95	13.52	24.94	0.20	0.37
平均		23.07	44.54	15.67	30.25	12.88	24.86	0.18	0.35

从表6-8可以看出，几年平均，杀虫剂的亩成本最高，为23.07元，占总量的44.54%；其次是杀菌剂，为15.67元，占总量的30.25%；然后是除草剂，为12.88元，占总量的24.86%；植物生长调节剂最低，亩成本为0.18元，占总量的0.35%。

按主要农业生态区域，对各类农药的亩成本分区汇总，得到6个区域农药成本情况，见表6-9。

表6-9 各生态区域农药亩成本统计表

生态区	年份	杀虫剂		杀菌剂		除草剂		植物生长调节剂	
		亩农药成本/元	占比/%	亩农药成本/元	占比/%	亩农药成本/元	占比/%	亩农药成本/元	占比/%
西南	2016	12.90	51.56	8.11	32.41	3.88	15.51	0.13	0.52
	2017	14.86	44.09	15.43	45.79	3.35	9.94	0.06	0.18
	2018	12.90	45.49	12.53	44.17	2.88	10.16	0.05	0.18
	2019	15.18	48.56	11.94	38.19	3.86	12.35	0.28	0.9
	2020	16.58	49.70	12.94	38.79	3.51	10.52	0.33	0.99
	平均	14.48	47.73	12.19	40.17	3.50	11.54	0.17	0.56
长江中下游江南	2016	39.40	67.72	11.46	19.70	6.02	10.35	1.30	2.23
	2017	40.58	66.85	12.20	20.10	7.77	12.80	0.15	0.25
	2018	36.70	67.44	8.62	15.84	8.99	16.52	0.11	0.2
	2019	42.27	66.19	12.22	19.14	9.22	14.44	0.15	0.23
	2020	41.32	61.26	14.54	21.56	11.48	17.02	0.11	0.16
	平均	40.05	65.74	11.81	19.39	8.70	14.28	0.36	0.59
长江中下游江北	2016	31.46	49.50	20.74	32.63	11.13	17.51	0.23	0.36
	2017	30.51	46.75	20.93	32.07	13.77	21.1	0.05	0.08
	2018	27.46	42.80	20.81	32.43	15.79	24.61	0.10	0.16
	2019	26.96	40.23	21.66	32.33	18.29	27.29	0.10	0.15
	2020	30.96	43.31	22.92	32.06	17.46	24.43	0.14	0.2
	平均	29.47	44.46	21.41	32.29	15.29	23.07	0.12	0.18

（续）

| 生态区 | 年份 | 杀虫剂 | | 杀菌剂 | | 除草剂 | | 植物生长调节剂 | |
		亩农药成本/元	占比/%	亩农药成本/元	占比/%	亩农药成本/元	占比/%	亩农药成本/元	占比/%
黄河流域	2016	12.34	45.6	14.72	54.4	0	0	0	0
	2017	15.17	40.5	18.74	50.02	3.55	9.48	0	0
	2018	18.65	44.9	18.75	45.13	4.07	9.8	0.07	0.17
	2019	12.85	37.45	16.74	48.79	4.71	13.73	0.01	0.03
	2020	9.8	37.5	11.93	45.66	4.39	16.8	0.01	0.04
	平均	13.76	41.32	16.18	48.59	3.34	10.03	0.02	0.06
东北	2016	7.21	20.45	9.43	26.74	18.5	52.47	0.12	0.34
	2017	4.63	17.56	5.76	21.86	15.92	60.39	0.05	0.19
	2018	3.43	13.31	4.97	19.28	17.34	67.29	0.03	0.12
	2019	6.72	20.11	10.32	30.88	16.28	48.71	0.1	0.3
	2020	5.82	17.38	10.42	31.12	16.9	50.48	0.34	1.02
	平均	5.56	18.02	8.18	26.5	16.99	55.06	0.13	0.42
西北	2016	0.59*	1.68	8.68	24.78	25.73	73.45	0.03	0.09
	2017	4.19	6.99	15.53	25.9	40.23	67.09	0.01	0.02
	2018	2.01	5.03	13.28	33.21	24.57	61.46	0.12	0.3
	2019	3.66	9.09	12.24	30.39	24.37	60.52	0	0
	2020	1.64	4.1	10.78	26.97	27.55	68.93	0	0
	平均	2.42	5.62	12.10	28.12	28.49	66.19	0.03	0.07

注：带"＊"数据偏低。西北区域中稻及一晚杀虫剂使用较少，调查的县份更换、用药习惯差异、2016年部分调查县份发生虫害偏轻等原因造成数据偏低。

中稻及一晚，亩成本杀虫剂排序：长江中下游江南＞长江中下游江北＞西南＞黄河流域＞东北＞西北；杀菌剂排序：长江中下游江北＞黄河流域＞西南＞西北＞长江中下游江南＞东北；除草剂排序：西北＞东北＞长江中下游江北＞长江中下游江南＞西南＞黄河流域；植物生长调节剂排序：长江中下游江南＞西南＞东北＞长江中下游江北＞西北＞黄河流域。

2016—2020年开展中稻及一晚农药桶混次数抽样调查，每年调查县数分别为78个、98个、162个、207个、246个，杀虫剂、杀菌剂、除草剂、植物生长调节剂抽样调查结果见表6-10。

表 6-10　各类型农药使用（桶混次数）统计表

年份	调查县数	杀虫剂		杀菌剂		除草剂		植物生长调节剂	
		亩桶混次数	占比/%	亩桶混次数	占比/%	亩桶混次数	占比/%	亩桶混次数	占比/%
2016	78	4.18	50.18	2.85	34.21	1.23	14.77	0.07	0.84
2017	98	3.79	45.55	3.05	36.66	1.47	17.67	0.01	0.12
2018	162	3.69	45.39	2.87	35.29	1.55	19.07	0.02	0.25
2019	207	3.44	44.33	2.73	35.18	1.56	20.10	0.03	0.39
2020	246	3.79	47.49	2.69	33.71	1.47	18.42	0.03	0.38
平均		3.78	46.61	2.84	35.02	1.46	18.00	0.03	0.37

从表 6-10 可以看出，几年平均，杀虫剂的桶混次数最多，为 3.78 次，占总量的 46.61%；其次是杀菌剂，为 2.84 次，占总量的 35.02%；然后是除草剂，为 1.46 次，占总量的 18.00%；植物生长调节剂最少，为 0.03 次，占总量的 0.37%。

按主要农业生态区域，对各类农药的桶混次数分区汇总，得到 6 个区域桶混次数情况，见表 6-11。

表 6-11　各生态区域农药桶混次数统计表

生态区	年份	杀虫剂		杀菌剂		除草剂		植物生长调节剂	
		亩桶混次数	占比/%	亩桶混次数	占比/%	亩桶混次数	占比/%	亩桶混次数	占比/%
西南	2016	2.19	52.77	1.25	30.12	0.69	16.63	0.02	0.48
	2017	2.22	45.40	2.04	41.72	0.62	12.68	0.01	0.20
	2018	2.22	49.55	1.74	38.85	0.51	11.38	0.01	0.22
	2019	2.10	49.41	1.59	37.41	0.52	12.24	0.04	0.94
	2020	2.03	48.80	1.60	38.46	0.50	12.02	0.03	0.72
	平均	2.15	49.09	1.64	37.44	0.57	13.01	0.02	0.46
长江中下游江南	2016	4.52	61.41	1.78	24.19	0.85	11.55	0.21	2.85
	2017	4.97	59.88	2.21	26.63	1.10	13.25	0.02	0.24
	2018	4.33	61.77	1.50	21.39	1.16	16.55	0.02	0.29
	2019	4.96	60.78	1.95	23.90	1.22	14.95	0.03	0.37
	2020	5.23	62.49	2.06	24.61	1.07	12.78	0.01	0.12
	平均	4.80	61.22	1.90	24.23	1.08	13.78	0.06	0.77
长江中下游江北	2016	5.88	51.22	4.24	36.93	1.31	11.41	0.05	0.44
	2017	5.81	48.38	4.70	39.13	1.49	12.41	0.01	0.08
	2018	5.23	46.57	4.33	38.56	1.64	14.60	0.03	0.27
	2019	4.89	45.03	4.16	38.31	1.79	16.48	0.02	0.18
	2020	5.65	47.64	4.41	37.18	1.78	15.01	0.02	0.17
	平均	5.49	47.78	4.37	38.03	1.60	13.93	0.03	0.26

（续）

生态区	年份	杀虫剂		杀菌剂		除草剂		植物生长调节剂	
		亩桶混次数	占比/%	亩桶混次数	占比/%	亩桶混次数	占比/%	亩桶混次数	占比/%
黄河流域	2016	2.23	49.01	2.32	50.99	0.00	0.00	0.00	0.00
	2017	3.37	37.44	4.32	48.00	1.31	14.56	0.00	0.00
	2018	2.86	39.67	3.21	44.52	1.13	15.67	0.01	0.14
	2019	1.98	38.98	2.08	40.94	1.02	20.08	0.00	0.00
	2020	1.76	39.46	2.03	45.52	0.67	15.02	0.00	0.00
	平均	2.44	40.26	2.79	46.04	0.83	13.70	0.00	0.00
东北	2016	1.22	24.21	1.44	28.57	2.34	46.43	0.04	0.79
	2017	1.12	23.09	1.01	20.83	2.69	55.46	0.03	0.62
	2018	0.97	19.44	1.07	21.44	2.94	58.92	0.01	0.20
	2019	1.35	25.05	1.63	30.24	2.37	43.97	0.04	0.74
	2020	1.19	23.29	1.49	29.16	2.36	46.18	0.07	1.37
	1.17	1.17	23.03	1.33	26.18	2.54	50.00	0.04	0.79
西北	2016	0.11*	3.59	1.36	44.45	1.58	51.63	0.01	0.33
	2017	0.65	13.54	2.08	43.33	2.07	43.13	0.00	0.00
	2018	0.51	12.91	1.66	42.03	1.77	44.81	0.01	0.25
	2019	0.35	10.64	1.39	42.25	1.55	47.11	0.00	0.00
	2020	0.49	14.67	1.40	41.92	1.45	43.41	0.00	0.00
	平均	0.42	11.41	1.58	42.94	1.68	45.65	0.00	0.00

注：带"＊"数据偏低。西北区域中稻及一晚杀虫剂使用较少，调查的县份更换、用药习惯差异、2016年部分调查县份发生虫害偏轻等原因造成数据偏低。

中稻及一晚，桶混次数杀虫剂排序：长江中下游江北＞长江中下游江南＞黄河流域＞西南＞东北＞西北；杀菌剂排序：长江中下游江北＞黄河流域＞长江中下游江南＞西南＞西北＞东北；除草剂排序：东北＞西北＞长江中下游江北＞长江中下游江南＞黄河流域＞西南；植物生长调节剂排序：长江中下游江南＞东北＞长江中下游江北＞西南＞西北＞黄河流域。

第三节　中稻及一晚化学农药、生物农药使用情况比较

2016—2020年开展中稻及一晚农药商品用量抽样调查，每年调查县数分别为78个、98个、162个、207个、246个，化学农药、生物农药抽样调查结果见表6-12。

表6-12 化学农药、生物农药亩商品用量与亩成本统计表

年份	调查县数	亩商品用量				亩农药成本			
		化学农药/克（毫升）	占比/%	生物农药/克（毫升）	占比/%	化学农药/元	占比/%	生物农药/元	占比/%
2016	78	348.93	77.78	99.69	22.22	42.27	80.59	10.18	19.41
2017	98	371.49	82.09	81.04	17.91	42.88	83.55	8.44	16.45
2018	162	346.54	81.13	80.61	18.87	41.90	84.56	7.65	15.44
2019	207	331.29	80.32	81.16	19.68	43.26	84.16	8.14	15.84
2020	246	329.86	81.82	73.29	18.18	46.25	85.30	7.97	14.70
平均		345.62	80.61	83.16	19.39	43.32	83.63	8.48	16.37

从表6-12可以看出，几年平均，化学农药依然是防治中稻及一晚病虫害的主体，亩商品用量为345.62克（毫升），占总亩商品用量的80.61%；生物农药每亩为83.16克（毫升），占总亩商品用量的19.39%；从亩成本看，化学农药每亩43.32元，占总亩农药成本的83.63%，生物农药每亩8.48元，占总亩农药成本的16.37%。

按主要农业生态区域，对化学农药、生物农药的商品用量、成本分区汇总，得到6个区域的化学农药、生物农药商品用量情况，见表6-13。

表6-13 各生态区域化学农药、生物农药亩商品用量与亩成本统计表

生态区	年份	亩商品用量				亩农药成本			
		化学农药/克（毫升）	占比/%	生物农药/克（毫升）	占比/%	化学农药/元	占比/%	生物农药/元	占比/%
西南	2016	205.20	93.17	15.05	6.83	23.29	93.09	1.73	6.91
	2017	269.60	84.72	48.63	15.28	26.41	78.37	7.29	21.63
	2018	274.61	92.84	21.18	7.16	26.09	92.00	2.27	8.00
	2019	227.98	88.50	29.61	11.50	27.22	87.08	4.04	12.92
	2020	229.73	88.86	28.80	11.14	29.57	88.64	3.79	11.36
	平均	241.12	89.39	28.65	10.61	26.52	87.41	3.82	12.59
长江中下游江南	2016	292.07	66.37	148.00	33.63	42.47	73.00	15.71	27.00
	2017	312.23	70.65	129.69	29.35	48.16	79.34	12.54	20.66
	2018	265.17	63.39	153.12	36.61	38.88	71.44	15.54	28.56
	2019	307.48	64.10	172.22	35.90	46.56	72.91	17.30	27.09
	2020	303.97	68.96	136.80	31.04	53.12	78.75	14.33	21.25
	平均	296.18	66.68	147.97	33.32	45.84	75.25	15.08	24.75
长江中下游江北	2016	454.07	76.86	136.74	23.14	49.86	78.45	13.70	21.55
	2017	483.47	79.57	124.15	20.43	53.03	81.26	12.23	18.74
	2018	435.61	79.63	111.41	20.37	53.86	83.95	10.30	16.05

（续）

生态区	年份	亩商品用量				亩农药成本			
		化学农药/克（毫升）	占比/%	生物农药/克（毫升）	占比/%	化学农药/元	占比/%	生物农药/元	占比/%
长江中下游江北	2019	410.88	78.78	110.66	21.22	56.09	83.70	10.92	16.30
	2020	423.25	81.37	96.92	18.63	60.84	85.11	10.64	14.89
	平均	441.45	79.19	115.98	20.81	54.73	82.56	11.56	17.44
黄河流域	2016	368.92	100.00	0.00	0.00	27.06	100.00	0.00	0.00
	2017	374.23	95.84	16.26	4.16	35.66	95.19	1.80	4.81
	2018	213.25	86.14	34.32	13.86	38.65	93.04	2.89	6.96
	2019	250.47	89.67	28.85	10.33	31.92	93.03	2.39	6.97
	2020	124.77	90.72	12.76	9.28	24.54	93.92	1.59	6.08
	平均	266.33	93.52	18.44	6.48	31.57	94.80	1.73	5.20
东北	2016	271.55	96.68	9.32	3.32	34.40	97.56	0.86	2.44
	2017	269.00	96.73	9.10	3.27	25.74	97.65	0.62	2.35
	2018	276.02	95.91	11.76	4.09	24.77	96.12	1.00	3.88
	2019	302.23	91.86	26.79	8.14	31.26	93.54	2.16	6.46
	2020	317.86	94.07	20.04	5.93	31.46	93.97	2.02	6.03
	平均	287.33	94.91	15.40	5.09	29.53	95.69	1.33	4.31
西北	2016	180.46	98.63	2.51	1.37	34.86	99.51	0.17	0.49
	2017	362.43	95.52	17.01	4.48	58.11	96.91	1.85	3.09
	2018	261.74	96.26	10.16	3.74	39.18	98.00	0.80	2.00
	2019	249.80	94.47	14.63	5.53	38.87	96.52	1.40	3.48
	2020	227.57	96.14	9.13	3.86	39.16	97.97	0.81	2.03
	平均	256.40	96.00	10.69	4.00	42.03	97.65	1.01	2.35

中稻及一晚，化学农药亩商品用量排序：长江中下游江北＞长江中下游江南＞东北＞黄河流域＞西北＞西南；生物农药亩商品用量排序：长江中下游江南＞长江中下游江北＞西南＞黄河流域＞东北＞西北；化学农药亩成本排序：长江中下游江北＞长江中下游江南＞西北＞黄河流域＞东北＞西南；生物农药亩成本排序：长江中下游江南＞长江中下游江北＞西南＞黄河流域＞东北＞西北。

第四节　中稻及一晚主要农药种类及使用情况分析

根据农户用药调查中的农药使用数据，对 2016—2020 年中稻及一晚主要农药种类的使用情况进行了调查，并对 2016—2020 年各区域中稻及一晚主要农药种类数量进行了比较分析，结果见表 6-14。

表6-14　中稻及一晚主要农药有效成分使用数量汇总表

区域	总数（个）	除草剂		杀虫剂		杀菌剂		植物生长调节剂	
		数量/个	占比/%	数量/个	占比/%	数量/个	占比/%	数量/个	占比/%
全国	419	119	28.40	142	33.89	136	32.46	22	5.25
西南地区	228	32	14.04	97	42.54	84	36.84	15	6.58
长江中下游江南	222	61	27.48	87	39.19	65	29.28	9	4.05
长江中下游江北	360	100	27.78	121	33.61	120	33.33	19	5.28
黄河流域	89	23	25.84	29	32.58	36	40.45	1	1.12
东北地区	183	58	31.69	56	30.60	58	31.69	11	6.01
西北地区	78	28	35.90	15	19.23	33	42.31	2	2.56

从表6-14可以看出，全国范围2016—2020年中稻及一晚共使用了419种农药有效成分，主要以杀虫剂、杀菌剂、除草剂为主。其中，杀虫剂最多，有142种，占农药总数的33.89%；杀菌剂136种，占32.46%；除草剂119种，占28.40%；植物生长调节剂最少，有22种，占5.25%。

西南地区中稻及一晚共使用了228种农药有效成分，主要以杀虫剂、杀菌剂为主。其中，杀虫剂最多，有97种，占农药总数的42.54%；杀菌剂84种，占36.84%；除草剂32种，占14.04%；植物生长调节剂最少，有15种，占6.58%。

长江中下游江南中稻及一晚共使用了222种农药有效成分，主要以杀虫剂、杀菌剂、除草剂为主。其中，杀虫剂最多，有87种，占农药总数的39.19%；杀菌剂65种，占29.28%；除草剂61种，占27.48%；植物生长调节剂最少，有9种，占4.05%。

长江中下游江北中稻及一晚共使用了360种农药有效成分，主要以杀虫剂、杀菌剂、除草剂为主。其中，杀虫剂最多，有121种，占农药总数的33.61%；杀菌剂120种，占33.33%；除草剂100种，占27.78%；植物生长调节剂最少，有19种，占5.28%。

黄河流域共使用了89种农药有效成分，主要以杀菌剂、杀虫剂、除草剂为主。其中，杀菌剂最多，有36种，占农药总数的40.45%；杀虫剂29种，占32.58%；除草剂23种，占25.84%；植物生长调节剂最少，有1种，占1.12%。

东北地区共使用了183种农药有效成分，主要以除草剂、杀菌剂、杀虫剂、为主。其中，除草剂和杀菌剂最多，各有58种，均占31.69%；杀虫剂56种，占农药总数的30.60%；植物生长调节剂最少，有11种，占6.01%。

西北地区共使用了78种农药有效成分，主要以杀菌剂和除草剂为主。其中，杀菌剂最多，有33种，占农药总数的42.31%；除草剂28种，占35.90%；杀虫剂15种，占19.23%；植物生长调节剂最少，有2种，占2.56%。

第五节　中稻及一晚主要农药有效成分使用
频率分布及年度趋势分析

　　统计中稻及一晚某种农药的使用次数，采用使用频率（％）这一指标进行分析。这是由于不同年份的调查县数、调查的农户数量不一样（逐年在增加），采用使用频率直接比较，不同年份间缺乏可比性。因此，将每年农户用药的频次换算为使用频率（％）进行统计分析。

　　表 6-15 是经计算整理得到的 2016—2020 年各种农药成分使用的相对频率，表中仅列出相对频率累计前 75％ 的农药种类。采用变异系数分析不同种类农药使用频率在年度间变化趋势。同时，用回归分析方法检验某种农药使用频率在年度间是否有上升或下降的趋势，将统计学上差异显著（显著性检验 P 值小于 0.05）的农药种类在年变化趋势栏内进行标记。如果是上升趋势，则标记"↗"；如果是下降趋势，则标记"↘"。

表 6-15　2016—2020 年全国中稻及一晚各农药有效成分使用频率（％）

序号	农药种类	平均值	最小值（年份）	最大值（年份）	标准差	变异系数	年变化趋势	累计频率
1	甲氨基阿维菌素苯甲酸盐	2.80	2.63（2016）	2.98（2020）	0.150 0	5.360 2	2.95	2.799 0
2	苄嘧磺隆	2.53	2.35（2019）	2.69（2017）	0.134 1	5.309 0	−2.63	5.325 5
3	阿维菌素	2.42	2.22（2019）	2.59（2016）	0.152 7	6.304 6	−3.24	7.748 1
4	三环唑	2.41	2.24（2020）	2.63（2016）	0.175 3	7.279 6	−4.32 ↘	10.155 9
5	吡蚜酮	2.14	1.95（2019）	2.43（2016）	0.175 5	8.215 1	−3.82	12.291 8
6	稻瘟灵	2.03	1.83（2020）	2.43（2016）	0.253 3	12.500 7	−7.08 ↘	14.317 7
7	毒死蜱	1.92	1.46（2020）	2.30（2016）	0.383 3	19.973 7	−12.27 ↘	16.236 7
8	戊唑醇	1.87	1.80（2017）	1.95（2020）	0.068 2	3.642 0	1.38	18.108 0
9	苯醚甲环唑	1.84	1.77（2020）	2.01（2016）	0.096 6	5.257 9	−2.63	19.945 6
10	氯虫苯甲酰胺	1.82	1.52（2018）	2.04（2019）	0.224 9	12.353 7	4.10	21.765 9
11	丙环唑	1.80	1.67（2019）	2.04（2016）	0.125 7	6.973 4	−4.05 ↘	23.568 4
12	丁草胺	1.79	1.59（2016）	1.94（2020）	0.130 8	7.294 7	3.33	25.361 2
13	吡虫啉	1.77	1.56（2020）	2.10（2017）	0.219 1	12.392 0	−6.19	27.129 0
14	井冈霉素	1.74	1.63（2019）	1.88（2016）	0.110 5	6.343 9	−3.41	28.870 6
15	氰氟草酯	1.74	1.59（2016）	1.88（2020）	0.105 9	6.098 7	3.57 ↗	30.607 7
16	烯啶虫胺	1.70	1.47（2017）	1.84（2016）	0.153 5	9.029 4	0.63	32.307 8
17	丙草胺	1.69	1.38（2016）	1.84（2020）	0.183 7	10.891 3	5.91	33.994 8
18	噻虫嗪	1.64	1.56（2018）	1.81（2019）	0.100 6	6.143 9	1.65	35.632 6

（续）

序号	农药种类	平均值	最小值（年份）	最大值（年份）	标准差	变异系数	年变化趋势	累计频率
19	吡嘧磺隆	1.60	1.51（2016）	1.69（2018）	0.073 4	4.596 7	1.25	37.228 7
20	五氟磺草胺	1.54	1.41（2017）	1.64（2020）	0.086 6	5.637 0	2.87	38.764 8
21	嘧菌酯	1.47	1.34（2017）	1.61（2020）	0.100 3	6.805 4	3.55	40.238 1
22	咪鲜胺	1.47	1.28（2020）	1.80（2017）	0.203 9	13.844 5	−2.73	41.711 0
23	噻呋酰胺	1.46	1.28（2017）	1.59（2016）	0.131 0	8.973 5	−0.99	43.170 6
24	己唑醇	1.44	1.27（2020）	1.63（2019）	0.132 3	9.191 0	−0.86	44.609 7
25	二氯喹啉酸	1.30	1.18（2017）	1.59（2016）	0.166 5	12.819 6	−4.61	45.908 1
26	苯噻酰草胺	1.25	1.12（2019）	1.41（2018）	0.106 3	8.506 2	−1.13	47.157 2
27	噻嗪酮	1.21	1.02（2019）	1.38（2016）	0.169 0	13.971 7	−8.27 ↘	48.366 7
28	茚虫威	1.19	0.92（2017）	1.39（2019）	0.247 3	20.799 9	11.38	49.555 7
29	乙草胺	1.11	0.86（2020）	1.34（2016）	0.177 5	16.038 3	−10.01 ↘	50.662 5
30	肟菌酯	1.07	0.79（2017）	1.43（2020）	0.258 3	24.239 9	13.68 ↗	51.728 3
31	杀虫单	1.01	0.87（2020）	1.25（2016）	0.151 1	14.922 6	−8.71 ↘	52.740 9
32	春雷霉素	0.95	0.72（2018）	1.25（2020）	0.243 4	25.498 2	13.37	53.695 3
33	草甘膦	0.92	0.77（2020）	1.13（2016）	0.174 6	19.064 1	−11.10 ↘	54.611 0
34	灭草松	0.92	0.63（2016）	1.13（2020）	0.205 4	22.432 6	13.30 ↗	55.526 5
35	异丙威	0.90	0.64（2019）	1.05（2016）	0.163 2	18.030 8	−8.08	56.431 4
36	氟环唑	0.90	0.75（2017）	0.96（2020）	0.085 5	9.455 2	2.92	57.335 8
37	噁草酮	0.86	0.50（2016）	1.06（2020）	0.211 7	24.508 7	12.27	58.199 5
38	苏云金杆菌	0.85	0.63（2020）	1.30（2016）	0.270 3	31.838 6	−18.46 ↘	59.048 6
39	蜡质芽孢杆菌	0.84	0.73（2020）	0.92（2016）	0.081 0	9.634 7	−5.74 ↘	59.889 5
40	三唑磷	0.82	0.56（2020）	1.00（2016）	0.165 8	20.147 2	−12.20 ↘	60.712 4
41	辛硫磷	0.79	0.51（2020）	1.09（2016）	0.230 2	29.151 8	−18.32 ↘	61.502 2
42	甲氧虫酰肼	0.75	0.50（2016）	0.95（2016）	0.187 6	24.965 3	11.93	62.253 6
43	多菌灵	0.71	0.43（2020）	0.92（2016）	0.176 2	24.792 0	−13.75	62.964 4
44	2 甲 4 氯钠盐	0.67	0.50（2016）	0.75（2017）	0.103 2	15.485 3	4.10	63.630 9
45	杀虫双	0.66	0.52（2017）	0.86（2020）	0.141 5	21.450 6	12.91 ↗	64.290 5
46	2 甲 4 氯	0.65	0.42（2020）	0.93（2016）	0.222 9	34.202 7	20.78 ↗	64.942 2
47	啶虫脒	0.64	0.43（2020）	0.82（2017）	0.163 0	25.423 1	−14.96 ↘	65.583 4
48	稻瘟酰胺	0.63	0.39（2017）	0.83（2020）	0.195 5	31.066 0	17.39 ↗	66.212 9
49	甲基硫菌灵	0.59	0.44（2020）	0.69（2019）	0.101 5	17.337 0	−6.13	66.798 2
50	双草醚	0.58	0.46（2019）	0.75（2016）	0.120 5	20.665 2	−12.41 ↘	67.381 4
51	四氯虫酰胺	0.57	0.30（2018）	0.81（2020）	0.206 6	36.095 2	9.01	67.953 8
52	呋虫胺	0.53	0.16（2017）	1.13（2020）	0.378 7	70.922 2	40.52 ↗	68.487 8
53	吡唑醚菌酯	0.52	0.21（2016）	0.96（2020）	0.327 0	62.667 1	38.63 ↗	69.009 6

（续）

序号	农药种类	平均值	最小值（年份）	最大值（年份）	标准差	变异系数	年变化趋势	累计频率
54	敌敌畏	0.51	0.37（2019）	0.63（2016）	0.101 5	19.756 1	−6.04	69.523 2
55	噁唑酰草胺	0.48	0.33（2016）	0.59（2020）	0.093 3	19.432 3	11.18 ↗	70.003 4
56	甲霜灵	0.47	0.25（2016）	0.56（2017）	0.125 8	26.931 0	11.35	70.470 7
57	井冈霉素 A	0.44	0.25（2016）	0.59（2020）	0.167 4	38.234 1	21.68 ↗	70.908 5
58	扑草净	0.41	0.25（2016）	0.51（2020）	0.103 6	25.427 6	15.17 ↗	71.316 1
59	氯氟吡氧乙酸	0.41	0.25（2016）	0.52（2019）	0.108 6	26.693 8	15.18 ↗	71.722 9
60	咯菌腈	0.40	0.21（2016）	0.62（2020）	0.174 8	43.305 8	27.10 ↗	72.126 6

从表 6-15 可以看出，中稻及一晚主要农药品种的使用，以变异系数为指标，年度间波动非常大（变异系数大于等于 50%）的农药种类有：呋虫胺、吡唑醚菌酯。年度间波动幅度较大（变异系数在 25%～49.9%）的农药种类有：咯菌腈、井冈霉素 A、四氯虫酰胺、2 甲 4 氯、苏云金杆菌、稻瘟酰胺、辛硫磷、甲霜灵、氯氟吡氧乙酸、春雷霉素、扑草净、啶虫脒。年度间有波动（变异系数在 10.0%～24.9% 之间）的农药种类有：甲氧虫酰肼、多菌灵、噁草酮、肟菌酯、灭草松、杀虫双、茚虫威、双草醚、三唑磷、毒死蜱、敌敌畏、噁唑酰草胺、草甘膦、氯氰菊酯、异丙威、甲基硫菌灵、乙草胺、2 甲 4 氯钠盐、杀虫单、噻嗪酮、咪鲜胺、二氯喹啉酸、稻瘟灵、吡虫啉、氯虫苯甲酰胺、丙草胺。

年度间变化比较平稳（变异系数小于 10%）的农药种类有：蜡质芽孢杆菌、氟环唑、己唑醇、烯啶虫胺、噻呋酰胺、苯噻酰草胺、吡蚜酮、高效氯氰菊酯、丁草胺、三环唑、丙环唑、嘧菌酯、井冈霉素、阿维菌素、噻虫嗪、氰氟草酯、五氟磺草胺、甲氨基阿维菌素苯甲酸盐、苄嘧磺隆、苯醚甲环唑、吡嘧磺隆、戊唑醇。

对表 6-15 各年用药频率进行线性回归分析，探索年度间是否有上升或下降趋势。经统计检验达显著水平（$P < 0.05$），年度间中稻及一晚有上升趋势的农药种类有：氰氟草酯、肟菌酯、灭草松、杀虫双、2 甲 4 氯、稻瘟酰胺、呋虫胺、吡唑醚菌酯、噁唑酰草胺、井冈霉素 A、扑草净、氯氟吡氧乙酸、咯菌腈；年度间有下降趋势的农药种类有：三环唑、稻瘟灵、毒死蜱、丙环唑、噻嗪酮、乙草胺、杀虫单、草甘膦、苏云金杆菌、蜡质芽孢杆菌、三唑磷、辛硫磷、啶虫脒、双草醚。统计检验临界值的概率水平为 0.05 时，没有表现出年度间上升或下降趋势的农药种类有：甲氨基阿维菌素苯甲酸盐、苄嘧磺隆、阿维菌素、吡蚜酮、戊唑醇、苯醚甲环唑、氯虫苯甲酰胺、丁草胺、吡虫啉、井冈霉素、烯啶虫胺、丙草胺、噻虫嗪、吡嘧磺隆、五氟磺草胺、嘧菌酯、咪鲜胺、噻呋酰胺、己唑醇、二氯喹啉酸、苯噻酰草胺、茚虫威、春雷霉素、异丙威、氟环唑、噁草酮、甲氧虫酰肼、多菌灵、2 甲 4 氯钠盐、甲基硫菌灵、四氯虫酰胺、敌敌畏、甲霜灵。

中稻及一晚各农药成分使用频次占总频次的比例（%）和年度增减趋势（%）关系，采用散点图进行分析，散点图如图 6-1 所示。

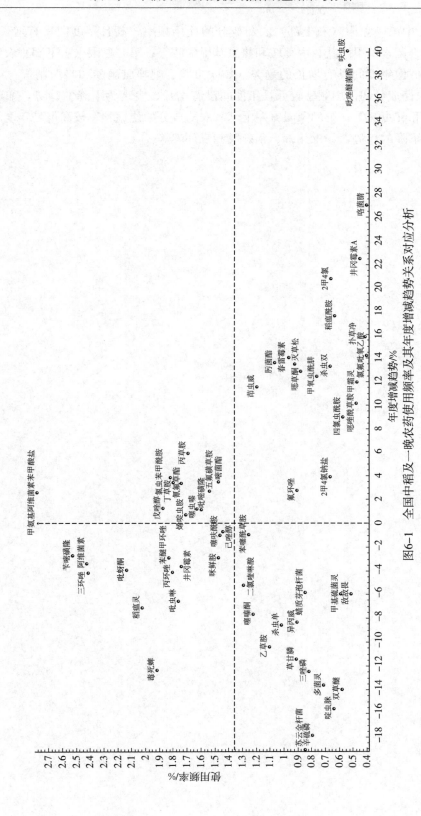

图6-1　全国中稻及一晚农药使用频率及其年度增减趋势关系对应分析

图 6-1 中第一象限（右上部）农药成分的使用频率较高且年度间具有增长的趋势，如甲氨基阿维菌素苯甲酸盐、丙草胺和氯虫苯甲酰胺等；第二象限（右下部）农药成分的使用频率较低但年度间具有增长的趋势，如呋虫胺、吡唑醚菌酯和咯菌腈等；第三象限（左下部）农药成分的使用频率较低且年度间没有增长、表现为下降的趋势，如苏云金杆菌、辛硫磷和啶虫脒等；第四象限（左上部）农药成分的使用频率较高但是年度间没有增长、表现为下降的趋势，如毒死蜱、稻瘟灵和三环唑等。

第七章　连作晚稻农药使用抽样
调查结果与分析

按不同地域特征和作物种植结构，将我国分为华南、长江中下游江南 2 个主要农业生态区域。2016—2020 年，在各个区域各省范围内，选择了 7 个省份的 41 个县进行抽样调查。其中，华南区域：广东 5 个县、广西 6 个县、海南 1 个县；长江中下游江南区域：浙江 8 个县、福建 3 个县、江西 6 个县、湖南 11 个县。

第一节　连作晚稻农药使用基本情况

2016—2020 年开展连作晚稻上农户用药抽样调查，每年调查县数分别为 21 个、20 个、17 个、22 个、23 个，以亩商品用量、亩折百用量、亩农药成本、亩桶混次数、用量指数作为指标进行作物用药水平评价。抽样调查结果见表 7-1。

表 7-1　农药用量基本情况统计表

年份	样本数	亩商品用量/克（毫升）	亩折百用量/克（毫升）	亩农药成本/元	亩桶混次数	用药指数
2016	21	495.80	107.57	55.20	6.81	107.51
2017	20	417.42	93.53	57.87	7.33	115.63
2018	17	445.89	93.97	53.75	7.11	132.59
2019	22	376.28	76.98	56.40	6.77	144.86
2020	23	360.90	79.20	59.74	7.44	146.79
平均		419.26	90.25	56.59	7.09	129.47

从表 7-1 可以看出，亩商品用量 5 年平均值为 419.26 克（毫升），最小值为 2020 年的 360.90 克（毫升），最大值为 2016 年的 495.80 克（毫升）。亩折百用量 5 年平均值为 90.25 克（毫升），最小值为 2019 年的 76.98 克（毫升），最大值为 2016 年的 107.58 克（毫升）。亩农药成本 5 年平均值为 56.59 元，最小值为 2018 年的 53.75 元，最大值为 2020 年的 59.74 元。亩桶混次数 5 年平均值为 7.09 次，最小值为 2019 年的 6.77 次，最大值为 2020 年的 7.44 次。用药指数 5 年平均值为 129.47，最小值为 2016 年的 107.51，最大值为 2020 年的 146.79。各项指标历年数据虽有波动，但没有明显上升或下降趋势。

按主要农业生态区域，对各个生态区域农药用量指标分区汇总，得到 2 个区域农药使用基本情况，见表 7-2。

表 7-2 各生态区域农药用量基本情况表

生态区	年份	样本数	亩商品用量/克（毫升）	亩折百用量/克（毫升）	亩农药成本/元	亩桶混次数	用量指数
华南	2016	9	642.82	148.26	65.76	7.65	123.90
	2017	7	489.56	108.43	62.44	7.03	111.59
	2018	6	513.70	111.59	50.92	6.44	102.97
	2019	7	419.19	92.84	59.68	6.37	104.82
	2020	3	290.86	73.46	41.69	4.92	99.14
	平均		471.22	106.91	56.10	6.47	108.48
长江中下游江南	2016	11	410.60	82.08	49.84	6.53	101.20
	2017	12	398.27	90.63	57.75	7.81	123.73
	2018	10	430.15	86.61	56.16	7.70	156.93
	2019	14	372.92	72.80	57.32	7.29	172.89
	2020	20	371.41	80.07	62.46	7.83	153.93
	平均		396.67	82.44	56.70	7.43	141.74

连作晚稻上，亩商品用量、亩折百用量：华南＞长江中下游江南；亩桶混次数、用量指数、亩成本：长江中下游江南＞华南。

为直观反映各个生态区域中不同农药用量指标大小，将各个指标在各个生态区域的量按大小排序，根据大小排序得到的序数，整理列于表 7-3。

表 7-3 各生态区域农药用量指标排序表

生态区	亩商品用量	亩折百用量	亩农药成本	亩桶混次数	用量指数	秩数合计
华南	1	1	2	2	2	8
长江中下游江南	2	2	1	1	1	7

表 7-3 中的各个顺序指标，亩商品用量、亩折百用量、亩农药成本、亩桶混次数、用量指数，可以直观反映各个生态区域农药使用水平。每个生态区域的指标之和，为该生态区域农药用量水平的综合排序得分（得分越小则用量水平越高）。采用 Kendall 协同系数检验，对各个指标在各地区的序列等级进行了检验。检验结果为，Kendall 协同系数 $W=0.94$，卡方值为 14.04，显著性检验 $P=0.0029$。在 $P<0.01$ 的显著水平下，这几个指标用于农药用量的评价具有较好的一致性。

第二节 连作晚稻不同类型农药使用情况

2016—2020 年开展连作晚稻农药商品用量抽样调查，每年调查县数分别为 21 个、20 个、17 个、22 个、23 个，杀虫剂、杀菌剂、除草剂、植物生长调节剂等类型农药抽样调查结果见表 7-4。

表7-4 各类型农药使用（商品用量）调查表

年份	调查县数	杀虫剂		杀菌剂		除草剂		植物生长调节剂	
		亩商品用量/克（毫升）	占比/%	亩商品用量/克（毫升）	占比/%	亩商品用量/克（毫升）	占比/%	亩商品用量/克（毫升）	占比/%
2016	21	287.97	58.08	149.24	30.11	54.95	11.08	3.64	0.73
2017	20	237.36	56.86	138.12	33.09	40.08	9.60	1.86	0.45
2018	17	269.56	60.45	120.49	27.03	55.30	12.40	0.54	0.12
2019	22	236.10	62.75	85.04	22.60	53.92	14.33	1.22	0.32
2020	23	213.54	59.17	86.45	23.95	60.55	16.78	0.36	0.10
平均		248.91	59.37	115.87	27.64	52.96	12.63	1.52	0.36

从表7-4可以看出，5年平均，杀虫剂的用量最大，亩商品用量为248.91克（毫升），占总量的59.37%；其次是杀菌剂，亩商品用量为115.87克（毫升），占总量的27.64%；然后是除草剂，亩商品用量为52.96克（毫升），占总量的12.63%；最后是植物生长调节剂，亩商品用量为1.52克（毫升），占总量的0.36%。

按我国主要农业生态区域，对各个生态区域不同类型农药的商品用量分区汇总，得到2个区域不同类型农药商品用量情况，见表7-5。

表7-5 各生态区域农药商品用量统计表

生态区	年份	杀虫剂		杀菌剂		除草剂		植物生长调节剂	
		亩商品用量/克（毫升）	占比/%	亩商品用量/克（毫升）	占比/%	亩商品用量/克（毫升）	占比/%	亩商品用量/克（毫升）	占比/%
华南	2016	367.01	57.09	206.82	32.17	64.65	10.06	4.34	0.68
	2017	276.40	56.46	175.71	35.89	33.11	6.76	4.34	0.89
	2018	256.94	50.02	192.07	37.39	64.58	12.57	0.11	0.02
	2019	237.47	56.65	144.20	34.40	35.65	8.50	1.87	0.45
	2020	107.98	37.12	125.76	43.24	57.12	19.64	0.00	0.00
	平均	249.16	52.88	168.91	35.84	51.02	10.83	2.13	0.45
长江中下游江南	2016	241.14	58.73	115.22	28.06	50.85	12.38	3.39	0.83
	2017	223.51	56.12	126.71	31.82	47.48	11.92	0.57	0.14
	2018	291.78	67.83	82.42	19.16	55.10	12.81	0.85	0.20
	2019	243.79	65.37	61.24	16.42	66.90	17.94	0.99	0.27
	2020	229.37	61.76	80.55	21.69	61.07	16.44	0.42	0.11
	平均	245.92	62.00	93.23	23.50	56.28	14.19	1.24	0.31

连作晚稻上，商品用量杀虫剂、杀菌剂、除草剂：华南＞长江中下游江南；植物生长调节剂：长江中下游江南＞华南。

2016—2020 年开展连作晚稻农药折百用量抽样调查，每年调查县数分别为 21 个、20 个、17 个、22 个、23 个，杀虫剂、杀菌剂、除草剂、植物生长调节剂等类型农药抽样调查结果见表 7-6。

表 7-6　各类型农药使用（折百用量）调查表

年份	调查县数	杀虫剂		杀菌剂		除草剂		植物生长调节剂	
		亩折百用量/克（毫升）	占比/%	亩折百用量/克（毫升）	占比/%	亩折百用量/克（毫升）	占比/%	亩折百用量/克（毫升）	占比/%
2016	21	59.02	54.87	30.09	27.96	18.11	16.84	0.35	0.33
2017	20	47.08	50.34	32.54	34.79	13.43	14.36	0.48	0.51
2018	17	47.64	50.70	28.34	30.16	17.92	19.07	0.07	0.07
2019	22	39.22	50.95	22.02	28.61	15.49	20.12	0.25	0.32
2020	23	35.71	45.09	24.26	30.63	19.19	24.23	0.04	0.05
平均		45.73	50.67	27.45	30.41	16.83	18.65	0.24	0.27

从表 7-6 可以看出，5 年平均，杀虫剂的用量最大，亩折百用量为 45.73 克（毫升），占总量的 50.67%；其次是杀菌剂，亩折百用量为 27.45 克（毫升），占总量的 30.41%；然后是除草剂，亩折百用量为 16.83 克（毫升），占总量的 18.65%；最后是植物生长调节剂，亩折百用量为 0.24 克（毫升），占总量的 0.27%。

按主要农业生态区域，对各个生态区域各个类型农药的折百用量分区汇总，得到 2 个区域各个类型农药折百用量情况，见表 7-7。

表 7-7　各生态区域农药折百用量统计表

生态区	年份	杀虫剂		杀菌剂		除草剂		植物生长调节剂	
		亩折百用量/克（毫升）	占比/%	亩折百用量/克（毫升）	占比/%	亩折百用量/克（毫升）	占比/%	亩折百用量/克（毫升）	占比/%
华南	2016	77.21	52.08	48.53	32.73	22.06	14.88	0.46	0.31
	2017	56.02	51.66	38.76	35.75	12.39	11.43	1.26	1.16
	2018	45.48	40.76	44.62	39.98	21.47	19.24	0.02	0.02
	2019	43.54	46.90	35.64	38.39	12.99	13.99	0.67	0.72
	2020	17.87	24.33	36.45	49.62	19.14	26.05	0.00	0.00
	平均	48.02	44.92	40.80	38.16	17.61	16.47	0.48	0.45
长江中下游江南	2016	47.96	58.43	17.56	21.40	16.27	19.82	0.29	0.35
	2017	44.09	48.65	31.33	34.56	15.15	16.72	0.06	0.07
	2018	49.77	57.46	19.20	22.17	17.54	20.25	0.10	0.12
	2019	38.18	52.45	16.71	22.95	17.85	24.52	0.06	0.08
	2020	38.39	47.95	22.43	28.01	19.20	23.98	0.05	0.06
	平均	43.68	52.98	21.45	26.03	17.20	20.86	0.11	0.13

连作晚稻上，亩折百用量，杀虫剂、杀菌剂、除草剂、植物生长调节剂：华南＞长江中下游江南。

2016—2020 年开展连作晚稻农药成本抽样调查，每年调查县数分别为 21 个、20 个、17 个、22 个、23 个，杀虫剂、杀菌剂、除草剂、植物生长调节剂抽样调查结果见表 7-8。

表 7-8　各类型农药使用成本调查表

| 年份 | 调查县数 | 杀虫剂 | | 杀菌剂 | | 除草剂 | | 植物生长调节剂 | |
		亩农药成本/元	占比/%	亩农药成本/元	占比/%	亩农药成本/元	占比/%	亩农药成本/元	占比/%
2016	21	35.62	64.53	14.11	25.56	3.98	7.21	1.49	2.70
2017	20	38.52	66.56	15.89	27.46	3.10	5.36	0.36	0.62
2018	17	36.37	67.67	12.88	23.96	4.42	8.22	0.08	0.15
2019	22	37.86	67.13	12.65	22.43	5.72	10.14	0.17	0.30
2020	23	37.08	62.07	14.77	24.72	7.82	13.09	0.07	0.12
平均		37.09	65.54	14.06	24.85	5.01	8.85	0.43	0.76

从表 7-8 可以看出，5 年平均，杀虫剂的用药成本最高，亩农药成本为 37.09 元，占总量的 65.54%；其次是杀菌剂，亩农药成本为 14.06 元，占总量的 24.85%；然后是除草剂，亩农药成本为 5.01 元，占总量的 8.85%；最后是植物生长调节剂，亩农药成本为 0.43 元，占总量的 0.76%。

按我国主要农业生态区域，对各个生态区域各个类型农药的亩农药成本分区汇总，得到 2 个区域各个类型农药成本情况，见表 7-9。

表 7-9　各生态区域农药成本统计表

| 生态区 | 年份 | 杀虫剂 | | 杀菌剂 | | 除草剂 | | 植物生长调节剂 | |
		亩农药成本/元	占比/%	亩农药成本/元	占比/%	亩农药成本/元	占比/%	亩农药成本/元	占比/%
华南	2016	39.29	59.75	19.39	29.48	4.82	7.33	2.26	3.44
	2017	39.96	64.00	18.64	29.85	2.93	4.69	0.91	1.46
	2018	31.14	61.15	15.97	31.37	3.75	7.36	0.06	0.12
	2019	40.40	67.69	16.18	27.12	2.76	4.62	0.34	0.57
	2020	21.54	51.67	16.93	40.61	3.22	7.72	0.00	0.00
	平均	34.47	61.44	17.42	31.05	3.50	6.24	0.71	1.27
长江中下游江南	2016	34.43	69.08	10.83	21.73	3.59	7.20	0.99	1.99
	2017	38.93	67.41	15.30	26.50	3.46	5.99	0.06	0.10
	2018	39.95	71.14	10.88	19.37	5.24	9.33	0.09	0.16
	2019	37.89	66.10	11.73	20.46	7.61	13.28	0.09	0.16
	2020	39.41	63.10	14.45	23.14	8.51	13.62	0.10	0.14
	平均	38.12	67.23	12.64	22.29	5.68	10.02	0.26	0.46

连作晚稻上，亩农药成本，杀虫剂、除草剂：长江中下游江南＞华南；杀菌剂、植物生长调节剂：华南＞长江中下游江南。

2016—2020 年开展连作晚稻农药桶混次数抽样调查，每年调查县数分别为 21 个、20 个、17 个、22 个、23 个，杀虫剂、杀菌剂、除草剂、植物生长调节剂等类型农药抽样调查结果见表 7-10。

表 7-10　各类型农药使用（桶混次数）情况表

年份	调查县数	杀虫剂		杀菌剂		除草剂		植物生长调节剂	
		亩桶混次数	占比/%	亩桶混次数	占比/%	亩桶混次数	占比/%	亩桶混次数	占比/%
2016	21	3.88	56.98	2.04	29.95	0.68	9.99	0.21	3.08
2017	20	4.27	58.25	2.36	32.20	0.62	8.46	0.08	1.09
2018	17	4.24	59.63	2.13	29.96	0.72	10.13	0.02	0.28
2019	22	4.06	59.97	1.97	29.09	0.72	10.64	0.02	0.30
2020	23	4.41	59.27	2.18	29.31	0.82	11.02	0.03	0.40
平均		4.17	58.82	2.14	30.18	0.71	10.01	0.07	0.99

从表 7-10 可以看出，5 年平均，杀虫剂的亩桶混次数最多，为 4.17 次，占总量的 58.82%；其次是杀菌剂，为 2.14 次，占总量的 30.18%；再次是除草剂，为 0.71 次，占总量的 10.01%；最后是植物生长调节剂，为 0.07 次，占总量的 0.99%。

按主要农业生态区域，对各类型农药的桶混次数分区汇总，得到 2 个区域桶混次数情况，见表 7-11。

表 7-11　各生态区域农药桶混次数统计表

生态区	年份	杀虫剂		杀菌剂		除草剂		植物生长调节剂	
		亩桶混次数	占比/%	亩桶混次数	占比/%	亩桶混次数	占比/%	亩桶混次数	占比/%
华南	2016	3.96	51.76	2.63	34.38	0.77	10.07	0.29	3.79
	2017	3.83	54.48	2.46	34.99	0.61	8.68	0.13	1.85
	2018	3.44	53.42	2.35	36.48	0.64	9.94	0.01	0.16
	2019	3.71	58.24	2.17	34.07	0.45	7.06	0.04	0.63
	2020	2.43	49.39	1.91	38.82	0.58	11.79	0.00	0.00
	平均	3.47	53.63	2.30	35.55	0.61	9.43	0.09	1.39
长江中下游江南	2016	4.01	61.41	1.72	26.34	0.63	9.65	0.17	2.60
	2017	4.63	59.28	2.44	31.24	0.68	8.71	0.06	0.77
	2018	4.78	62.08	2.04	26.49	0.84	10.91	0.04	0.52
	2019	4.37	59.95	2.00	27.43	0.90	12.35	0.02	0.27
	2020	4.71	60.15	2.22	28.36	0.86	10.98	0.04	0.51
	平均	4.50	60.57	2.08	27.99	0.78	10.50	0.07	0.94

连作晚稻全生育期亩桶混次数，杀虫剂、除草剂：长江中下游江南＞华南；杀菌剂、植物生长调节剂：华南＞长江中下游江南。

第三节　连作晚稻化学农药、生物农药使用情况比较

2016—2020 年开展连作晚稻农药商品用量抽样调查，每年调查县数分别为 16 个、21 个、20 个、17 个、22 个、23 个，化学农药、生物农药抽样调查结果见表 7 - 12。

表 7 - 12　化学农药、生物农药商品用量与农药成本统计表

年份	调查县数	化学农药		生物农药		化学农药		生物农药	
		亩商品用量/克（毫升）	占比/%	亩商品用量/克（毫升）	占比/%	亩农药成本/元	占比/%	亩农药成本/元	占比/%
2016	21	295.85	59.67	199.95	40.33	40.70	73.73	14.50	26.27
2017	20	269.78	64.63	147.64	35.37	43.51	75.19	14.36	24.81
2018	17	247.00	55.39	198.89	44.61	35.00	65.12	18.75	34.88
2019	22	221.17	58.78	155.11	41.22	41.24	73.12	15.16	26.88
2020	23	222.52	61.66	138.38	38.34	43.17	72.26	16.57	27.74
平均		251.27	59.93	167.99	40.07	40.72	71.96	15.87	28.04

从表 7 - 12 可以看出，几年平均，化学农药依然是防治连作晚稻病虫害的主体，亩商品用量为 251.27 克（毫升），占总商品用量的 59.93%；生物农药为 167.99 克（毫升），占总商品用量的 40.07%。从农药成本看，化学农药每亩 40.72 元，占总农药成本的71.96%；生物农药每亩 15.87 元，占总农药成本的 28.04%。

按主要农业生态区域，对化学农药、生物农药的商品用量和农药成本分区汇总，得到2 个区域的商品用量和农药成本情况，见表 7 - 13。

表 7 - 13　各生态区域化学农药、生物农药商品用量与农药成本统计表

生态区	年份	化学农药		生物农药		化学农药		生物农药	
		亩商品用量/克（毫升）	占比/%	亩商品用量/克（毫升）	占比/%	亩农药成本/元	占比/%	亩农药成本/元	占比/%
华南	2016	395.14	61.47	247.68	38.53	49.55	75.35	16.21	24.65
	2017	316.59	64.67	172.97	35.33	47.96	76.81	14.48	23.19
	2018	311.14	60.57	202.56	39.43	36.46	71.6	14.46	28.4
	2019	271.58	64.79	147.61	35.21	47.65	79.84	12.03	20.16
	2020	198.84	68.36	92.02	31.64	32.09	76.97	9.6	23.03
	平均	298.65	63.38	172.57	36.62	42.74	76.19	13.36	23.81

（续）

生态区	年份	化学农药		生物农药		化学农药		生物农药	
		亩商品用量/克（毫升）	占比/%	亩商品用量/克（毫升）	占比/%	亩农药成本/元	占比/%	亩农药成本/元	占比/%
长江中下游江南	2016	235.73	57.41	174.87	42.59	36.24	72.71	13.6	27.29
	2017	258.92	65.01	139.35	34.99	43.23	74.86	14.52	25.14
	2018	217.32	50.52	212.83	49.48	33.5	59.65	22.66	40.35
	2019	207.82	55.73	165.1	44.27	40.04	69.85	17.28	30.15
	2020	226.08	60.87	145.33	39.13	44.84	71.79	17.62	28.21
	平均	229.17	57.77	167.50	42.23	39.56	69.77	17.14	30.23

连作晚稻上，各生态区域间，化学农药、生物农药亩商品用量：华南＞长江中下游江南。化学农药、生物农药亩农药成本：华南＞长江中下游江南。

第四节　连作晚稻主要农药种类及使用情况分析

根据农户用药调查中的农药使用数据可知，2016—2020 年共使用了 249 种农药成分。其中，杀虫剂 95 种，杀菌剂 78 种，除草剂 64 种，植物生长调节剂 12 种。

5 年平均，农药使用种类数量最多的是杀虫剂，占整个农药使用种类的 38.15%；其次是杀菌剂，占整个农药使用种类的 31.33%；再次是除草剂，占整个农药使用种类的 25.70%；使用种类最少的是植物生长调节剂，占整个农药使用种类的 4.82%，见表 7-14。各生态区农药使用种类占比规律与此相同。

这里的各种类型农药成分使用频次与根据几年使用的农药成分出现的频次之和计算的频率略有差异。

表 7-14　连作晚稻上农药使用的成分数量汇总表

年份	农药成分总数/个	杀虫剂		杀菌剂		除草剂		植物生长调节剂	
		数量/个	占比/%	数量/个	占比/%	数量/个	占比/%	数量/个	占比/%
2016	137	55	40.15	48	35.04	26	18.97	8	5.84
2017	150	62	41.33	53	35.33	28	18.67	7	4.67
2018	130	59	45.38	41	31.54	26	20.00	4	3.08
2019	172	66	38.37	52	30.23	46	26.75	8	4.65
2020	141	55	39.01	46	32.62	37	26.24	3	2.13
2016—2020	249	95	38.15	78	31.33	64	25.70	12	4.82

第五节　连作晚稻主要农药有效成分使用频率分布及年度趋势分析

统计某种农药的次数，采用使用频率（％）这一指标进行分析。这是由于不同年份的调查县数、调查的农户数量不一样（逐年在增加），用使用频次直接比较，在不同年份间缺乏可比性。因此，将每年农户用药的使用频次换算为使用频率进行统计分析。

表 7-15 是经计算得到的 2016—2020 年连作晚稻主要农药使用的相对频率，列出相对频率累计前 75％的农药种类。采用变异系数分析不同种类农药使用频率在年度间变化趋势。同时，用回归分析方法检验某种农药使用频率在年度间上升或下降的趋势，将统计学上差异显著（显著性检验 P 值小于 0.05）的农药种类在年变化趋势栏内进行标记。如果是上升趋势，则标记"↗"；如果是下降趋势，则标记"↘"。

以变异系数为指标，农药使用品种年度间波动非常大（变异系数≥50％）的农药种类有：噻嗪酮、敌敌畏、杀虫双、氟虫双酰胺、氰氟草酯。

对各年用药频率进行线性回归分析，探索年度间是否有上升或下降趋势。经统计检验达显著水平（$P<0.05$），年度间有上升趋势的农药种类有：咪鲜胺、吡嘧磺隆、肟菌酯、呋虫胺、茚虫威、五氟磺草胺。

经统计检验达显著水平（$P<0.05$），年度间有下降趋势的农药种类有：戊唑醇苏云金杆菌和春雷霉素。

统计检验临界值的概率水平为 0.05 时，没有表现年度间上升或下降趋势的农药种类有：阿维菌素、苄嘧磺隆、噻虫嗪、烯啶虫胺、丁草胺、丙环唑、苯醚甲环唑、井冈霉素、咪鲜胺、毒死蜱、甲氨基阿维菌素苯甲酸盐、二氯喹啉酸、稻瘟灵、嘧菌酯、双草醚、己唑醇、吡虫啉、噻呋酰胺、水胺硫磷、吡嘧磺隆、乙草胺、氰氟草酯、草甘膦、三环唑、氟虫双酰胺、棉铃虫核型多角体病毒、杀虫双、杀虫单、敌敌畏、噻嗪酮、氟苯虫酰胺。

表 7-15　2016—2020 年连作晚稻上各农药成分使用频率（％）

序号	农药种类	平均值	最小值（年份）	最大值（年份）	标准差	变异系数	年变化趋势	累计频率
1	吡蚜酮	3.37	3.05 (2016)	3.61 (2018)	0.235 6	6.995 9	2.92	3.368 0
2	阿维菌素	3.35	3.05 (2016)	3.61 (2018)	0.254 4	7.603 7	1.24	6.713 7
3	烯啶虫胺	2.87	2.50 (2017)	3.41 (2018)	0.416 3	14.521 5	4.96	9.580 3
4	苯醚甲环唑	2.86	2.60 (2020)	3.01 (2018)	0.170 3	5.958 6	-2.82	12.438 1
5	氯虫苯甲酰胺	2.78	2.61 (2018)	3.10 (2020)	0.190 8	6.869 1	3.03	15.216 0
6	丙环唑	2.69	2.11 (2020)	2.89 (2016)	0.326 2	12.147 8	-6.07	17.901 2
7	三环唑	2.65	1.98 (2020)	3.21 (2018)	0.455 1	17.195 9	-7.05	20.547 9

（续）

序号	农药种类	平均值	最小值（年份）	最大值（年份）	标准差	变异系数	年变化趋势	累计频率
8	甲氨基阿维菌素苯甲酸盐	2.58	2.32 (2019)	3.21 (2018)	0.364 1	14.096 7	−0.80	23.130 4
9	苄嘧磺隆	2.31	1.98 (2020)	2.81 (2018)	0.364 5	15.794 3	−5.81	25.438 4
10	毒死蜱	2.00	0.87 (2020)	2.41 (2016)	0.655 2	32.744 3	−13.86	27.439 5
11	井冈霉素	1.97	1.12 (2020)	2.61 (2018)	0.670 7	34.008 0	−17.95	29.411 6
12	吡虫啉	1.90	1.39 (2019)	2.67 (2017)	0.469 6	24.732 0	−5.79	31.310 2
13	己唑醇	1.88	1.61 (2016)	2.16 (2019)	0.207 9	11.067 8	5.73	33.189 0
14	噻虫嗪	1.81	1.45 (2016)	2.17 (2017)	0.323 8	17.844 7	3.83	35.003 6
15	嘧菌酯	1.75	1.45 (2016)	2.20 (2018)	0.304 5	17.410 6	5.31	36.752 3
16	丁草胺	1.74	0.99 (2020)	2.40 (2018)	0.582 6	33.500 7	−14.24	38.491 3
17	噻呋酰胺	1.63	1.24 (2019)	1.98 (2020)	0.285 5	17.552 5	2.97	40.117 9
18	戊唑醇	1.59	1.17 (2017)	1.98 (2020)	0.316 2	19.890 1	9.11	41.707 4
19	苏云金杆菌	1.51	0.74 (2020)	2.17 (2017)	0.653 5	43.365 4	−26.12 ↘	43.214 3
20	咪鲜胺	1.44	1.13 (2016)	1.86 (2020)	0.319 9	22.144 3	12.68 ↗	44.658 7
21	氰氟草酯	1.42	0.83 (2017)	2.85 (2020)	0.817 9	57.695 3	29.43	46.076 4
22	稻瘟灵	1.36	0.99 (2020)	1.80 (2018)	0.291 4	21.403 8	−3.92	47.437 9
23	春雷霉素	1.33	1.08 (2019)	1.77 (2016)	0.294 1	22.041 9	−12.95 ↘	48.772 0
24	二氯喹啉酸	1.19	0.93 (2019)	1.60 (2018)	0.269 2	22.688 1	−3.51	49.958 8
25	三唑磷	1.16	0.62 (2020)	1.80 (2018)	0.422 4	36.418 5	−9.47	51.118 6
26	吡嘧磺隆	1.15	0.64 (2016)	1.49 (2020)	0.384 7	33.400 2	19.48 ↗	52.270 3
27	丙草胺	1.15	0.80 (2016)	1.61 (2020)	0.353 6	30.832 8	16.23	53.417 2
28	噻嗪酮	1.10	0.40 (2018)	1.84 (2017)	0.601 2	54.498 7	−23.91	54.520 3
29	肟菌酯	1.08	0.64 (2016)	1.86 (2020)	0.499 5	46.176 3	27.74 ↗	55.601 8
30	乙草胺	1.04	0.46 (2019)	1.24 (2020)	0.324 8	31.236 7	−4.59	56.641 8
31	杀虫单	1.03	0.80 (2018)	1.29 (2016)	0.184 6	17.986 4	−4.05	57.668 2
32	敌敌畏	0.89	0.25 (2020)	1.67 (2017)	0.537 8	60.258 9	−31.44	58.560 7
33	呋虫胺	0.89	0.16 (2016)	1.73 (2020)	0.578 7	65.066 6	40.05 ↗	59.450 1
34	茚虫威	0.87	0.16 (2016)	1.55 (2019)	0.638 8	73.780 7	44.63 ↗	60.315 8
35	甲氨基阿维菌素	0.85	0.20 (2018)	1.50 (2017)	0.467 9	54.777 7	−4.15	61.170 0
36	五氟磺草胺	0.85	0.50 (2017)	1.24 (2020)	0.305 1	35.749 7	20.78 ↗	62.023 3

（续）

序号	农药种类	平均值	最小值（年份）	最大值（年份）	标准差	变异系数	年变化趋势	累计频率
37	异丙威	0.83	0.50（2020）	1.34（2017）	0.332 1	39.816 0	−17.99	62.857 3
38	水胺硫磷	0.82	0.46（2019）	1.20（2018）	0.294 4	35.976 1	−11.08	63.675 5
39	草甘膦	0.82	0.50（2017）	1.24（2019）	0.337 9	41.368 0	−3.38	64.492 2
40	吡唑醚菌酯	0.81	0.40（2018）	1.24（2020）	0.365 2	45.211 8	21.80	66.114 3
41	蜡质芽孢杆菌	0.79	0.25（2020）	1.45（2016）	0.462 1	58.198 2	−26.78	67.702 7
42	双草醚	0.79	0.50（2017）	1.24（2020）	0.277 2	35.022 4	18.50	68.494 2
43	氟虫双酰胺	0.78	0.25（2020）	1.50（2017）	0.635 5	81.326 7	−45.96 ↘	69.275 7
44	啶虫脒	0.72	0.25（2020）	1.00（2017）	0.302 6	42.245 1	−16.56	69.992 1
45	氟环唑	0.70	0.46（2019）	0.83（2017）	0.149 5	21.441 2	−2.44	70.689 4
46	辛硫磷	0.66	0.31（2019）	1.00（2017）	0.301 5	45.852 0	−23.67	71.347 0
47	杀虫双	0.63	0.20（2018）	1.00（2017）	0.354 1	56.084 4	−24.86	71.978 3
48	苯噻酰草胺	0.63	0.31（2019）	1.20（2018）	0.341 1	54.130 6	−7.72	72.608 5
49	苦参碱	0.59	0.31（2019）	0.83（2017）	0.241 9	40.851 4	−18.04	73.795 4
50	多菌灵	0.57	0.46（2019）	0.67（2017）	0.090 3	15.723 6	−8.69	74.369 7
51	噻唑锌	0.55	0.32（2016）	1.24（2020）	0.388 4	70.392 5	35.61	74.921 5
52	甲基硫菌灵	0.53	0.17（2017）	0.87（2020）	0.330 6	62.207 9	10.88	75.452 8

连作晚稻上各种农药成分使用频次占总频次的比例（%）和年度增减趋势（%）关系，采用散点图进行分析，如图7-1所示。

图7-1第一象限（右上部）农药成分的使用频率较高且年度间具有增长趋势，如吡蚜酮、阿维菌素和烯啶虫胺等；第二象限（右下部）农药成分的使用频率较低但年度间具有增长趋势，如茚虫威、呋虫胺和噻唑锌等；第三象限（左下部）农药成分的使用频率较低且年度间表现为下降趋势，如氟虫双酰胺、敌敌畏和蜡质芽孢杆菌等；第四象限（左上部）农药成分的使用频率较高但年度间表现为下降的趋势，如井冈霉素、丁草胺和毒死蜱等。

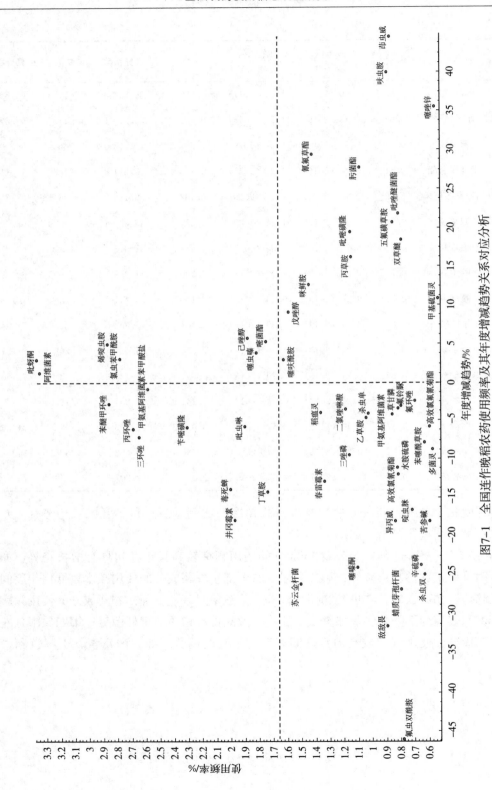

图7-1 全国连作晚稻农药使用频率及其年度增减趋势关系对应分析

第八章　小麦农药使用抽样调查结果与分析

按不同地域特征和作物种植结构，将我国小麦种植区分为西南、长江中下游江南、长江中下游江北、黄河流域、西北5个主要农业生态区域。2015—2020年，在各个区域范围内，选择15个省份的176个县进行抽样调查。其中，西南地区四川5个县、云南9个县；长江中下游江南地区浙江4个县；长江中下游江北地区江苏76个县、安徽20个县、湖北7个县；黄河流域地区天津3个县、河北8个县、山西4个县、山东11个县、河南10个县、陕西6个县；西北地区甘肃1个县、宁夏7个县、新疆5个县。

第一节　小麦农药使用基本情况

2016—2020年开展小麦农户用药抽样调查，每年调查县数分别为63个、62个、102个、120个、138个，以亩商品用量、亩折百用量、亩农药成本、亩桶混次数、用量指数作为指标进行作物用药水平评价。抽样调查结果见表8-1。

表8-1　农药使用基本情况表

年份	样本数	亩商品用量/克（毫升）	亩折百用量/克（毫升）	亩农药成本/元	亩桶混次数	用量指数
2016	63	251.54	71.79	21.24	4.40	57.39
2017	62	272.84	73.91	22.57	4.74	64.15
2018	102	257.02	75.19	24.99	4.68	68.25
2019	120	245.13	68.53	28.63	4.73	66.44
2020	138	237.91	70.25	29.45	4.85	69.22
平均		252.89	71.94	25.37	4.68	65.09

从表8-1可以看出，亩商品用量多年平均值为252.89克（毫升），最小值为2020年的237.91克（毫升），最大值为2017年的272.84克（毫升）。亩折百用量多年平均值为71.94克（毫升），最小值为2019年的68.53克（毫升），最大值为2018年的75.19克（毫升）。亩农药成本多年平均值为25.37元，最小值为2016年的21.24元，最大值为2020年的29.45元。桶混次数多年平均值为4.68次，最小值为2016年的4.40次，最大值为2020年的4.85次。用药指数多年平均值为65.09，最小值为2016年的57.39，最大值为2020年的69.22。各项指标历年数据虽有波动，但没有明显的上升或下降的趋势。

按主要农业生态区域，对各个生态区域农药使用指标分区汇总，得到 5 个区域农药使用基本情况，见表 8-2。

表 8-2　各生态区域农药使用基本情况表

生态区	年份	样本数	亩商品用量/克（毫升）	亩折百用量/克（毫升）	亩农药成本/元	亩桶混次数	用量指数
西南	2016	3	138.39	38.67	22.96	3.39	41.10
	2017	3	165.09	36.25	18.77	3.15	42.89
	2018	6	142.40	37.55	15.91	2.65	36.51
	2019	9	138.30	30.76	15.36	2.93	31.69
	2020	9	172.38	45.52	20.16	2.70	51.81
	平均	30	151.32	37.75	18.62	2.96	40.80
长江中下游江南	2016	1	313.86	117.12	29.47	4.35	46.46
	2017	1	289.59	113.05	25.24	4.71	49.89
	2018	1	244.28	95.97	26.55	4.38	42.07
	2019	1	204.77	80.95	27.61	4.39	43.45
	2020	4	219.71	87.56	30.35	3.81	43.84
	平均	8	254.43	98.93	27.84	4.33	45.14
长江中下游江北	2016	36	324.27	96.63	25.55	5.03	68.25
	2017	32	371.10	111.61	29.19	5.91	85.26
	2018	67	307.17	95.12	29.44	5.32	78.48
	2019	80	293.82	86.78	34.18	5.38	78.30
	2020	86	288.54	88.03	35.60	5.66	80.53
	平均	301	316.98	95.63	30.79	5.46	78.17
黄河流域	2016	17	161.13	33.01	16.75	3.85	44.13
	2017	18	171.07	29.28	18.33	4.09	48.91
	2018	20	194.07	39.91	21.28	4.37	65.29
	2019	24	151.28	30.37	21.40	4.12	51.83
	2020	30	160.65	35.60	22.24	4.37	62.44
	平均	109	167.64	33.64	20.00	4.16	54.52
西北	2016	6	117.67	41.60	5.93	2.72	39.72
	2017	8	147.11	32.80	6.81	2.10	23.73
	2018	8	81.94	22.09	3.76	1.62	17.08
	2019	6	138.26	32.63	3.60	1.25	22.81
	2020	9	85.44	32.89	3.57	1.35	12.43
	平均	37	114.09	32.41	4.74	1.81	23.15

小麦上，亩商品用量排序：长江中下游江北＞长江中下游江南＞黄河流域＞西南＞西北；亩折百用量排序：长江中下游江南＞长江中下游江北＞西南＞黄河流域＞西北；亩成本、桶混次数排序：长江中下游江北＞长江中下游江南＞黄河流域＞西南＞西北；用量指数排序：长江中下游江北＞黄河流域＞长江中下游江南＞西南＞西北。

为直观反映各生态区域中农药使用情况的差异，对每种指标在各生态区域的量按大小进行排序，得到的次序数整理列于表 8-3。

表 8-3　各生态区域农药使用指标排序表

生态区	亩商品用量	亩折百用量	亩农药成本	亩桶混次数	用量指数	秩数合计
西南	4	3	4	4	4	19
长江中下游江南	2	1	2	2	3	10
长江中下游江北	1	2	1	1	1	6
黄河流域	3	4	3	3	2	15
西北	5	5	5	5	5	25

表 8-3 中的各个顺序指标，亩商品用量、亩折百用量、亩农药成本、亩桶混次数、用量指数，可以直观反映各个生态区域农药用量水平的高低。每个生态区域的指标之和为该生态区域农药用量水平的综合排序得分（得分越小用量水平越高）。采用 Kendall 协同系数检验，对各个指标在各个地区的序列等级进行了检验。检验结果为，Kendall 协同系数 $W=0.89$，卡方值为 17.76，显著性检验 $P=0.0014$。在 $P<0.01$ 的显著水平下，这几个指标用于农药用量的评价具有较好的一致性。

第二节　小麦不同类型农药使用情况

2016—2020 年开展小麦农药商品用量抽样调查，每年调查县数分别为 63 个、62 个、102 个、120 个、138 个，杀虫剂、杀菌剂、除草剂、植物生长调节剂等类型抽样调查结果见表 8-4。

表 8-4　各类型农药使用（商品用量）调查表

年份	调查县数	杀虫剂		杀菌剂		除草剂		植物生长调节剂	
		亩商品用量/克（毫升）	占比/%	亩商品用量/克（毫升）	占比/%	亩商品用量/克（毫升）	占比/%	亩商品用量/克（毫升）	占比/%
2016	63	67.00	26.64	118.11	46.95	65.08	25.87	1.35	0.54
2017	62	75.85	27.80	117.87	43.20	76.04	27.87	3.08	1.13
2018	102	59.77	23.25	104.13	40.52	91.82	35.72	1.30	0.51
2019	120	55.79	22.76	95.58	38.99	92.79	37.85	0.97	0.40
2020	138	51.19	21.52	88.34	37.13	96.54	40.58	1.84	0.77
平均		61.92	24.48	104.81	41.45	84.45	33.39	1.71	0.68

从表 8-4 可以看出，几年平均，杀菌剂的用量最大，亩商品用量为 104.81 克（毫升），占总量的 41.45%；其次是除草剂，亩商品用量为 84.45 克（毫升），占总量的 33.39%；再次是杀虫剂，亩商品用量为 61.92 克（毫升），占总量的 24.48%；植物生长调节剂最小，为 1.71 克（毫升），占总量的 0.68%。

按主要农业生态区域，对各类型农药的商品用量分区汇总，得到 5 个区域农药商品用量情况，见表 8-5。

表 8-5　各生态区域农药商品用量统计表

生态区	年份	杀虫剂		杀菌剂		除草剂		植物生长调节剂	
		亩商品用量/克（毫升）	占比/%	亩商品用量/克（毫升）	占比/%	亩商品用量/克（毫升）	占比/%	亩商品用量/克（毫升）	占比/%
西南	2016	45.38	32.79	62.14	44.90	28.02	20.25	2.85	2.06
	2017	56.79	34.40	99.21	60.10	7.80	4.72	1.29	0.78
	2018	34.50	24.23	73.66	51.72	33.25	23.35	0.99	0.70
	2019	43.23	31.26	68.73	49.69	26.23	18.97	0.11	0.08
	2020	49.40	28.66	100.04	58.04	22.40	12.99	0.54	0.31
	平均	45.86	30.31	80.76	53.36	23.54	15.56	1.16	0.77
长江中下游江南	2016	32.46	10.34	135.81	43.27	145.59	46.39	0.00	0.00
	2017	34.85	12.03	133.83	46.22	120.91	41.75	0.00	0.00
	2018	27.42	11.22	113.55	46.49	103.31	42.29	0.00	0.00
	2019	25.04	12.23	86.96	42.47	92.77	45.30	0.00	0.00
	2020	12.74	5.80	58.82	26.78	147.59	67.17	0.56	0.25
	平均	26.50	10.42	105.79	41.58	122.03	47.96	0.11	0.04
长江中下游江北	2016	61.56	18.98	176.76	54.52	85.03	26.22	0.92	0.28
	2017	74.81	20.16	174.81	47.11	119.99	32.33	1.49	0.40
	2018	53.79	17.51	132.51	43.14	120.48	39.22	0.39	0.13
	2019	51.24	17.44	123.59	42.07	118.39	40.29	0.60	0.20
	2020	45.85	15.89	114.13	39.55	127.21	44.09	1.35	0.47
	平均	57.45	18.12	144.36	45.55	114.22	36.03	0.95	0.30
黄河流域	2016	89.64	55.63	35.20	21.84	33.88	21.03	2.41	1.50
	2017	97.93	57.25	36.86	21.54	29.33	17.15	6.95	4.06
	2018	105.51	54.37	47.84	24.64	35.70	18.40	5.02	2.59
	2019	75.95	50.20	33.55	22.17	38.97	25.76	2.81	1.86
	2020	77.12	48.00	38.36	23.88	40.80	25.40	4.37	2.72
	平均	89.23	53.23	38.36	22.88	35.74	21.32	4.31	2.57

（续）

生态区	年份	杀虫剂		杀菌剂		除草剂		植物生长调节剂	
		亩商品用量/克（毫升）	占比/%	亩商品用量/克（毫升）	占比/%	亩商品用量/克（毫升）	占比/%	亩商品用量/克（毫升）	占比/%
西北	2016	52.06	44.24	26.22	22.29	38.95	33.10	0.44	0.37
	2017	42.61	28.96	77.37	52.60	25.31	17.20	1.82	1.24
	2018	18.56	22.65	28.80	35.15	34.55	42.16	0.03	0.04
	2019	59.83	43.27	11.99	8.68	66.44	48.05	0	0.00
	2020	34.72	40.64	9.98	11.68	40.74	47.68	0	0.00
	平均	41.56	36.43	30.87	27.06	41.20	36.11	0.46	0.40

小麦上，亩商品用量，杀虫剂排序：黄河流域＞长江中下游江北＞西南＞西北＞长江中下游江南；杀菌剂排序：长江中下游江北＞长江中下游江南＞西南＞黄河流域＞西北；除草剂排序：长江中下游江南＞西北＞长江中下游江北＞黄河流域＞西南；植物生长调节剂排序：黄河流域＞西南＞长江中下游江北＞西北＞长江中下游江南。

2016—2020 年开展小麦农药亩折百用量抽样调查，每年调查县数分别为 63 个、62 个、102 个、120 个、138 个，杀虫剂、杀菌剂、除草剂、植物生长调节剂等类型抽样调查结果见表 8-6。

表 8-6 各类型农药使用（折百用量）调查表

年份	调查县数	杀虫剂		杀菌剂		除草剂		植物生长调节剂	
		亩折百用量/克（毫升）	占比/%	亩折百用量/克（毫升）	占比/%	亩折百用量/克（毫升）	占比/%	亩折百用量/克（毫升）	占比/%
2016	63	12.05	16.79	38.75	53.97	20.84	29.03	0.15	0.21
2017	62	12.03	16.28	34.84	47.14	26.92	36.42	0.12	0.16
2018	102	10.36	13.78	32.60	43.36	31.95	42.49	0.28	0.37
2019	120	8.81	12.86	30.38	44.33	29.18	42.58	0.16	0.23
2020	138	9.28	13.21	28.42	40.45	32.20	45.84	0.35	0.50
平均		10.51	14.61	33.00	45.87	28.22	39.23	0.21	0.29

从表 8-6 可以看出，几年平均，杀菌剂的用量最大，亩折百用量为 33.00 克（毫升），占总量的 45.87%；其次是除草剂，亩折百用量为 28.22 克（毫升），占总量的 39.23%；再次是杀虫剂，亩折百用量为 10.51 克（毫升），占总量的 14.61%；植物生长调节剂用量最少，亩折百用量为 0.21 克（毫升），占总量的 0.29%。

按主要农业生态区域，对各类型农药的亩折百用量分区汇总，得到 5 个区域农药折百用量情况，见表 8-7。

表 8-7 各生态区域农药折百用量统计表

生态区	年份	杀虫剂		杀菌剂		除草剂		植物生长调节剂	
		亩折百用量/克（毫升）	占比/%	亩折百用量/克（毫升）	占比/%	亩折百用量/克（毫升）	占比/%	亩折百用量/克（毫升）	占比/%
西南	2016	11.34	29.33	21.24	54.92	6.09	15.75	0.00	0.00
	2017	6.61	18.23	27.95	77.11	1.69	4.66	0.00	0.00
	2018	8.77	23.36	17.70	47.13	11.08	29.51	0.00	0.00
	2019	5.54	18.01	16.89	54.91	8.32	27.05	0.01	0.03
	2020	11.99	26.34	27.63	60.70	5.85	12.85	0.05	0.11
	平均	8.85	23.44	22.28	59.02	6.61	17.51	0.01	0.03
长江中下游江南	2016	17.32	14.79	45.53	38.87	54.27	46.34	0.00	0.00
	2017	17.35	15.35	42.32	37.43	53.38	47.22	0.00	0.00
	2018	16.39	17.08	37.07	38.62	42.51	44.30	0.00	0.00
	2019	14.19	17.53	28.92	35.73	37.84	46.74	0.00	0.00
	2020	5.25	6.00	23.70	27.06	58.60	66.93	0.01	0.01
	平均	14.10	14.25	35.51	35.90	49.32	49.85	0.00	0.00
长江中下游江北	2016	12.41	12.84	58.95	61.00	25.11	25.99	0.16	0.17
	2017	14.51	13.00	54.54	48.87	42.51	38.09	0.05	0.04
	2018	10.49	11.03	42.56	44.75	41.98	44.13	0.09	0.09
	2019	8.39	9.67	40.10	46.21	38.26	44.09	0.03	0.03
	2020	7.38	8.38	37.66	42.79	42.91	48.74	0.08	0.09
	平均	10.64	11.13	46.76	48.90	38.15	39.89	0.08	0.08
黄河流域	2016	11.26	34.11	9.56	28.96	11.99	36.32	0.20	0.61
	2017	11.11	37.94	9.68	33.06	8.25	28.18	0.24	0.82
	2018	13.18	33.02	12.66	31.72	12.97	32.50	1.10	2.76
	2019	9.29	30.59	9.62	31.68	10.73	35.33	0.73	2.40
	2020	10.70	30.06	10.27	28.85	13.24	37.19	1.39	3.90
	平均	11.11	33.03	10.36	30.79	11.44	34.01	0.73	2.17
西北	2016	11.58	27.84	7.83	18.82	22.14	53.22	0.05	0.12
	2017	5.54	16.89	14.33	43.69	12.75	38.87	0.18	0.55
	2018	2.65	12.00	9.68	43.82	9.76	44.18	0.00	0.00
	2019	16.54	50.69	4.32	13.24	11.77	36.07	0.00	0.00
	2020	21.75	66.13	3.47	10.55	7.67	23.32	0.00	0.00
	平均	11.61	35.82	7.93	24.47	12.82	39.56	0.05	0.15

小麦上，亩折百用量，杀虫剂排序：长江中下游江南＞西北＞黄河流域＞长江中下游江北＞西南；杀菌剂排序：长江中下游江北＞长江中下游江南＞西南＞黄河流域＞西北；除草剂排序：长江中下游江南＞长江中下游江北＞西北＞黄河流域＞西南；植物生长调节

剂排序：黄河流域＞长江中下游江北＞西北＞西南＞长江中下游江南。

2016—2020年开展小麦农药成本抽样调查，每年调查县数分别为63个、62个、102个、120个、138个，杀虫剂、杀菌剂、除草剂、植物生长调节剂等类型抽样调查结果见表8-8。

表8-8 各类型农药亩成本统计表

年份	调查县数	杀虫剂		杀菌剂		除草剂		植物生长调节剂	
		亩农药成本/元	占比/%	亩农药成本/元	占比/%	亩农药成本/元	占比/%	亩农药成本/元	占比/%
2016	63	4.51	21.23	8.44	39.74	8.16	38.42	0.13	0.61
2017	62	4.99	22.11	8.03	35.58	9.40	41.65	0.15	0.66
2018	102	4.70	18.81	8.99	35.97	11.15	44.62	0.15	0.60
2019	120	4.95	17.29	10.42	36.39	13.10	45.76	0.16	0.56
2020	138	5.15	17.49	11.34	38.51	12.70	43.12	0.26	0.88
平均		4.86	19.16	9.44	37.21	10.90	42.96	0.17	0.67

从表8-8可以看出，几年平均，除草剂的亩成本最高，为10.90元，占亩成本的42.96%；其次是杀菌剂，为9.44元，占亩成本的37.21%；再次是杀虫剂，为4.86元，占亩成本的19.16%；植物生长调节剂最低，为0.17元，占亩成本的0.67%。

按主要农业生态区域，对各类型农药的成本分区汇总，得到5个区域农药成本情况，见表8-9。

表8-9 各生态区域农药亩成本情况表

生态区	年份	杀虫剂		杀菌剂		除草剂		植物生长调节剂	
		亩农药成本/元	占比/%	亩农药成本/元	占比/%	亩农药成本/元	占比/%	亩农药成本/元	占比/%
西南	2016	5.35	23.30	9.08	39.55	7.70	33.54	0.83	3.61
	2017	4.03	21.47	12.77	68.04	1.72	9.16	0.25	1.33
	2018	3.76	23.63	6.41	40.30	5.55	34.88	0.19	1.19
	2019	5.10	33.20	6.78	44.14	3.46	22.53	0.02	0.13
	2020	7.08	35.12	9.42	46.72	3.58	17.76	0.08	0.40
	平均	5.06	27.18	8.89	47.74	4.40	23.63	0.27	1.45
长江中下游江南	2016	2.46	8.35	18.34	62.23	8.67	29.42	0.00	0.00
	2017	2.79	11.05	12.94	51.27	9.51	37.68	0.00	0.00
	2018	2.25	8.47	15.18	57.18	9.12	34.35	0.00	0.00
	2019	2.17	7.86	16.25	58.85	9.19	33.29	0.00	0.00
	2020	2.55	8.40	8.56	28.20	18.84	62.08	0.40	1.32
	平均	2.44	8.76	14.25	51.19	11.07	39.76	0.08	0.29

（续）

生态区	年份	杀虫剂		杀菌剂		除草剂		植物生长调节剂	
		亩农药成本/元	占比/%	亩农药成本/元	占比/%	亩农药成本/元	占比/%	亩农药成本/元	占比/%
长江中下游江北	2016	4.28	16.75	11.16	43.68	10.07	39.41	0.04	0.16
	2017	4.90	16.79	10.93	37.44	13.30	45.56	0.06	0.21
	2018	4.07	13.82	10.87	36.92	14.46	49.12	0.04	0.14
	2019	4.46	13.05	12.83	37.53	16.74	48.98	0.15	0.44
	2020	4.62	12.98	14.62	41.06	16.13	45.31	0.23	0.65
	平均	4.47	14.52	12.08	39.24	14.14	45.92	0.10	0.32
黄河流域	2016	5.66	33.79	4.44	26.51	6.40	38.21	0.25	1.49
	2017	6.70	36.55	4.14	22.59	7.18	39.17	0.31	1.69
	2018	8.59	40.37	6.24	29.32	5.86	27.54	0.59	2.77
	2019	7.59	35.47	5.93	27.71	7.58	35.42	0.30	1.40
	2020	7.60	34.17	6.06	27.25	8.12	36.51	0.46	2.07
	平均	7.23	36.15	5.36	26.80	7.03	35.15	0.38	1.90
西北	2016	2.57	43.34	1.50	25.29	1.85	31.20	0.01	0.17
	2017	2.16	31.72	2.79	40.96	1.69	24.82	0.17	2.50
	2018	1.29	34.31	1.35	35.90	1.11	29.52	0.01	0.27
	2019	1.20	33.33	0.75	20.84	1.65	45.83	0.00	0.00
	2020	1.16	32.49	0.77	21.57	1.64	45.94	0.00	0.00
	平均	1.68	35.44	1.43	30.18	1.59	33.54	0.04	0.84

小麦上，亩农药成本，杀虫剂排序：黄河流域＞西南＞长江中下游江北＞长江中下游江南＞西北；杀菌剂排序：长江中下游江南＞长江中下游江北＞西南＞黄河流域＞西北；除草剂排序：长江中下游江北＞长江中下游江南＞黄河流域＞西南＞西北；植物生长调节剂排序：黄河流域＞西南＞西北＞长江中下游江北＞长江中下游江南。

2016—2020 年开展小麦施药次数抽样调查，每年调查县数分别为 63 个、62 个、102 个、120 个、138 个，杀虫剂、杀菌剂、除草剂、植物生长调节剂等类型抽样调查结果见表 8 - 10。

表 8 - 10 各类型农药桶混次数调查表

年份	调查县数	杀虫剂		杀菌剂		除草剂		植物生长调节剂	
		亩桶混次数	占比/%	亩桶混次数	占比/%	亩桶混次数	占比/%	亩桶混次数	占比/%
2016	63	1.43	32.50	1.69	38.41	1.24	28.18	0.04	0.91
2017	62	1.53	32.28	1.79	37.77	1.37	28.90	0.05	1.05

（续）

年份	调查县数	杀虫剂		杀菌剂		除草剂		植物生长调节剂	
		亩桶混次数	占比/%	亩桶混次数	占比/%	亩桶混次数	占比/%	亩桶混次数	占比/%
2018	102	1.30	27.78	1.85	39.53	1.48	31.62	0.05	1.07
2019	120	1.36	28.75	1.73	36.57	1.60	33.83	0.04	0.85
2020	138	1.34	27.63	1.80	37.12	1.64	33.81	0.07	1.44
平均		1.39	29.70	1.77	37.82	1.47	31.41	0.05	1.07

从表8-10可以看出，几年平均，杀菌剂的桶混次数最多，为1.77次，占总量的37.82%；其次是除草剂，为1.47次，占总量的31.41%；再次是杀虫剂，为1.39次，占总量的29.70%；植物生长调节剂最少，为0.05次，占总量的1.07%。

按主要农业生态区域，对各类型农药的桶混次数分区汇总，得到5个区域桶混次数情况，见表8-11。

表8-11　各生态区域农药桶混次数统计表

生态区	年份	杀虫剂		杀菌剂		除草剂		植物生长调节剂	
		亩桶混次数	占比/%	亩桶混次数	占比/%	亩桶混次数	占比/%	亩桶混次数	占比/%
西南	2016	1.10	32.45	1.33	39.23	0.86	25.37	0.10	2.95
	2017	1.05	33.33	1.87	59.37	0.19	6.03	0.04	1.27
	2018	0.76	28.68	1.21	45.66	0.63	23.77	0.05	1.89
	2019	1.10	37.54	1.26	43.01	0.57	19.45	0.00	0.00
	2020	0.97	35.93	1.34	49.63	0.37	13.70	0.02	0.74
	平均	1.00	33.78	1.40	47.30	0.52	17.57	0.04	1.35
长江中下游江南	2016	0.98	22.53	1.93	44.37	1.44	33.10	0.00	0.00
	2017	1.26	26.75	1.99	42.25	1.46	31.00	0.00	0.00
	2018	0.96	21.92	2.07	47.26	1.35	30.82	0.00	0.00
	2019	1.08	24.60	1.70	38.73	1.61	36.67	0.00	0.00
	2020	0.75	19.69	1.08	28.35	1.92	50.39	0.06	1.57
	平均	1.01	23.33	1.75	40.41	1.56	36.03	0.01	0.23
长江中下游江北	2016	1.41	28.03	2.21	43.94	1.39	27.63	0.02	0.40
	2017	1.63	27.58	2.47	41.79	1.79	30.29	0.02	0.34
	2018	1.33	25.00	2.24	42.10	1.73	32.52	0.02	0.38
	2019	1.37	25.46	2.09	38.85	1.89	35.13	0.03	0.56
	2020	1.39	24.56	2.25	39.75	1.96	34.63	0.06	1.06
	平均	1.43	26.19	2.25	41.21	1.75	32.05	0.03	0.55

（续）

| 生态区 | 年份 | 杀虫剂 | | 杀菌剂 | | 除草剂 | | 植物生长调节剂 | |
		亩桶混次数	占比/%	亩桶混次数	占比/%	亩桶混次数	占比/%	亩桶混次数	占比/%
黄河流域	2016	1.65	42.86	1.01	26.23	1.10	28.57	0.09	2.34
	2017	1.74	42.54	1.04	25.43	1.17	28.61	0.14	3.42
	2018	1.70	38.90	1.23	28.15	1.26	28.83	0.18	4.12
	2019	1.68	40.78	1.03	24.99	1.31	31.80	0.10	2.43
	2020	1.65	37.76	1.19	27.23	1.39	31.81	0.14	3.20
	平均	1.68	40.38	1.10	26.44	1.25	30.05	0.13	3.13
西北	2016	1.15	42.28	0.61	22.43	0.93	34.19	0.03	1.10
	2017	0.82	39.05	0.70	33.33	0.57	27.14	0.01	0.48
	2018	0.44	27.16	0.61	37.65	0.56	34.57	0.01	0.62
	2019	0.49	39.20	0.32	25.60	0.44	35.20	0.00	0.00
	2020	0.54	40.00	0.30	22.22	0.51	37.78	0.00	0.00
	平均	0.69	38.12	0.51	28.18	0.60	33.15	0.01	0.55

小麦上，亩桶混次数，杀虫剂排序：黄河流域＞长江中下游江北＞长江中下游江南＞西南＞西北；杀菌剂排序：长江中下游江北＞长江中下游江南＞西南＞黄河流域＞西北；除草剂排序：长江中下游江北＞长江中下游江南＞黄河流域＞西北＞西南；植物生长调节剂排序：黄河流域＞西南＞长江中下游江北＞长江中下游江南、西北。

第三节　小麦化学农药、生物农药使用情况比较

2016—2020 年开展小麦农药商品用量抽样调查，每年调查县数分别为 63 个、62 个、102 个、120 个、138 个，化学农药、生物农药抽样调查结果，见表 8 - 12。

表 8 - 12　化学农药、生物农药商品用量与农药成本统计表

| 年份 | 调查县数 | 化学农药 | | 生物农药 | | 化学农药 | | 生物农药 | |
		亩商品用量/克（毫升）	占比/%	亩商品用量/克（毫升）	占比/%	亩农药成本/元	占比/%	亩农药成本/元	占比/%
2016	63	237.14	94.28	14.40	5.72	20.67	97.32	0.57	2.68
2017	62	257.41	94.34	15.43	5.66	21.79	96.54	0.78	3.46
2018	102	244.27	95.04	12.75	4.96	24.47	97.92	0.52	2.08
2019	120	233.75	95.36	11.38	4.64	28.02	97.87	0.61	2.13
2020	138	228.83	96.18	9.08	3.82	28.90	98.13	0.55	1.87
平均		240.28	95.01	12.61	4.99	24.76	97.60	0.61	2.40

从表8-12可以看出，几年平均，化学农药是防治小麦病虫害的主体，亩商品用量为240.28克（毫升），占总亩商品用量的95.01%，生物农药为12.61克（毫升），占总亩商品用量的4.99%；从农药成本看，化学农药每亩24.76元，占总亩农药成本的97.60%，生物农药每亩0.61元，占总亩农药成本的2.40%。

按主要农业生态区域，对化学农药、生物农药的商品用量分区汇总，得到5个区域的商品用量情况，见表8-13。

表8-13 各生态区域化学农药、生物农药商品用量、农药成本统计表

| 生态区 | 年份 | 化学农药 | | 生物农药 | | 化学农药 | | 生物农药 | |
		亩商品用量/克（毫升）	占比/%	亩商品用量/克（毫升）	占比/%	亩农药成本/元	占比/%	亩农药成本/元	占比/%
西南	2016	134.61	97.27	3.78	2.73	22.42	97.65	0.54	2.35
	2017	160.68	97.33	4.41	2.67	18.46	98.35	0.31	1.65
	2018	140.78	98.86	1.62	1.14	15.69	98.62	0.22	1.38
	2019	136.89	98.98	1.41	1.02	15.18	98.83	0.18	1.17
	2020	168.32	97.64	4.06	2.36	19.85	98.46	0.31	1.54
	平均	148.26	97.98	3.06	2.02	18.31	98.34	0.31	1.66
长江中下游江南	2016	313.86	100.00	0.00	0.00	29.47	100.00	0.00	0.00
	2017	289.59	100.00	0.00	0.00	25.24	100.00	0.00	0.00
	2018	244.28	100.00	0.00	0.00	26.55	100.00	0.00	0.00
	2019	204.77	100.00	0.00	0.00	27.61	100.00	0.00	0.00
	2020	219.46	99.89	0.25	0.11	30.27	99.74	0.08	0.26
	平均	254.38	99.98	0.05	0.02	27.82	99.93	0.02	0.07
长江中下游江北	2016	301.53	92.99	22.74	7.01	24.78	96.99	0.77	3.01
	2017	346.88	93.47	24.22	6.53	28.18	96.54	1.01	3.46
	2018	289.64	94.29	17.53	5.71	28.84	97.96	0.60	2.04
	2019	278.68	94.85	15.14	5.15	33.53	98.10	0.65	1.90
	2020	276.39	95.79	12.15	4.21	34.92	98.09	0.68	1.91
	平均	298.62	94.21	18.36	5.79	30.05	97.60	0.74	2.40
黄河流域	2016	157.84	97.96	3.29	2.04	16.44	98.15	0.31	1.85
	2017	162.96	95.26	8.11	4.74	17.57	95.85	0.76	4.15
	2018	189.85	97.83	4.22	2.17	20.78	97.65	0.50	2.35
	2019	145.87	96.42	5.41	3.58	20.66	96.54	0.74	3.46
	2020	155.29	96.66	5.36	3.34	21.79	97.98	0.45	2.02
	平均	162.36	96.85	5.28	3.15	19.45	97.25	0.55	2.75
西北	2016	114.08	96.95	3.59	3.05	5.74	96.80	0.19	3.20
	2017	144.32	98.10	2.79	1.90	6.64	97.50	0.17	2.50
	2018	77.99	95.18	3.95	4.82	3.55	94.41	0.21	5.59

（续）

生态区	年份	化学农药		生物农药		化学农药		生物农药	
		亩商品用量/克（毫升）	占比/%	亩商品用量/克（毫升）	占比/%	亩农药成本/元	占比/%	亩农药成本/元	占比/%
西北	2019	136.19	98.50	2.07	1.50	3.41	94.72	0.19	5.28
	2020	84.47	98.86	0.97	1.14	3.43	96.08	0.14	3.92
	平均	111.42	97.66	2.67	2.34	4.56	96.20	0.18	3.80

各生态区域间，化学农药亩商品用量排序：长江中下游江北＞长江中下游江南＞黄河流域＞西南＞西北；生物农药亩商品用量排序：长江中下游江北＞黄河流域＞西南＞西北＞长江中下游江南。化学农药亩农药成本排序：长江中下游江北＞长江中下游江南＞黄河流域＞西南＞西北；生物农药亩农药成本排序：长江中下游江北＞黄河流域＞西南＞西北＞长江中下游江南。

第四节　小麦使用农药种类及数量占比情况分析

根据农户用药调查中的农药使用数据，对 2016—2020 年小麦生产上主要农药品种的有效成分进行了分析，并根据农户用药调查中的各个农药品种的使用数据，对 2016—2020 年小麦上农户农药使用的有效成分进行了整理，厘清了各个大类农药有效成分数量占比情况，数据统计分析结果见表 8-14。

表 8-14　小麦使用农药有效成分数量占比汇总表

生态区	年份	占比/%			
		杀虫剂	杀菌剂	除草剂	植物生长调节剂
全国	2016	34.48	32.76	25.29	7.47
	2017	32.97	31.32	27.47	8.24
	2018	31.34	29.95	30.41	8.29
	2019	30.04	30.49	31.39	8.07
	2020	27.63	28.51	35.09	8.77
	平均	31.31	30.70	28.86	8.51
西南	2016	41.30	30.43	23.91	4.35
	2017	42.50	35.00	20.00	2.50
	2018	35.85	26.42	32.08	5.66
	2019	39.53	30.23	30.23	0.00
	2020	35.85	28.30	30.19	5.66
	平均	41.57	25.84	26.97	5.62

（续）

生态区	年份	占比/%			
		杀虫剂	杀菌剂	除草剂	植物生长调节剂
长江中下游江南	2016	27.27	36.36	36.36	0.00
	2017	34.78	34.78	30.43	0.00
	2018	29.41	41.18	29.41	0.00
	2019	25.81	41.94	32.26	0.00
	2020	28.21	33.33	35.90	2.56
	平均	26.92	34.62	36.54	1.92
长江中下游江北	2016	35.07	33.58	29.85	1.49
	2017	30.43	36.23	29.71	3.62
	2018	32.97	31.35	30.81	4.86
	2019	29.95	30.96	32.99	6.09
	2020	26.76	29.11	35.68	8.45
	平均	30.34	30.69	30.34	8.62
黄河流域	2016	33.33	30.39	25.49	10.78
	2017	36.52	28.70	26.09	8.70
	2018	30.56	30.56	25.00	13.89
	2019	31.15	31.97	25.41	11.48
	2020	30.40	30.40	28.80	10.40
	平均	33.00	30.54	25.62	10.84
西北	2016	45.45	18.18	22.73	13.64
	2017	41.67	27.78	22.22	8.33
	2018	28.57	32.14	28.57	10.71
	2019	45.83	25.00	29.17	0.00
	2020	40.91	22.73	36.36	0.00
	平均	40.00	28.33	21.67	10.00

5年平均，全国及各生态区，植物生长调节剂用药成分数量均最少；全国、西南、黄河流域、西北杀虫剂用药成分数量最多；长江中下游江南除草剂用药成分数量最多；长江中下游江北杀虫剂、杀菌剂、除草剂用药成分数量相近，其中杀菌剂最多。

第五节　小麦农药有效成分使用频率分布及年度趋势分析

小麦农药有效成分分析，基本想法是比较作物上施用了哪些农药成分，每种农药有多少农户在使用。对于各个地区农药种类及使用量的指标，直观方法是统计某种农药在各地的使用频率（％）。

表 8-15 是经计算整理得到的 2016—2020 年各种农药有效成分施用的相对频率。表中仅列出相对频率累计前 75％的农药种类。表 8-15 中不同种类农药使用频率在年度间变化趋势，可以采用变异系数进行分析。同时，可应用回归分析方法检验某种农药使用频率在年度间是否有上升或下降的趋势，将统计学上差异显著（显著性检验 P 值小于 0.05）的农药种类在年变化趋势栏内进行标记。如果是上升趋势，则标记"↗"；如果是下降趋势，则标记"↘"。

表 8-15　2016—2020 年小麦各农药有效成分使用频率（％）

序号	农药种类	平均值	最小值（年份）	最大值（年份）	标准差	变异系数	年变化趋势	累计频率
1	戊唑醇	3.55	3.12（2020）	3.88（2016）	0.338 6	9.540 2	−5.66 ↘	3.549 7
2	吡虫啉	3.27	2.73（2020）	3.81（2016）	0.397 5	12.155 5	−7.50 ↘	6.819 7
3	苯磺隆	2.97	2.46（2020）	3.73（2016）	0.538 8	18.162 5	−10.87 ↘	9.786 3
4	三唑酮	2.90	2.03（2020）	3.65（2016）	0.739 0	25.466 3	−15.68 ↘	12.689 3
5	多菌灵	2.82	2.08（2020）	3.65（2016）	0.592 4	20.984 3	−13.13 ↘	15.512 5
6	高效氯氟氰菊酯	2.55	2.20（2018）	2.89（2016）	0.304 7	11.961 8	−5.65	18.060 1
7	氯氟吡氧乙酸	2.53	2.15（2017）	2.97（2016）	0.326 0	12.867 3	−3.64	20.593 7
8	炔草酯	2.50	2.29（2017）	2.71（2019）	0.170 6	6.836 8	3.08	23.088 7
9	咪鲜胺	2.43	2.01（2017）	2.80（2018）	0.286 0	11.759 0	3.00	25.520 6
10	双氟磺草胺	2.42	2.13（2016）	2.70（2020）	0.226 2	9.330 4	5.22 ↗	27.945 3
11	吡蚜酮	2.26	2.13（2016）	2.37（2018）	0.104 5	4.631 7	1.93	30.200 7
12	氰烯菌酯	2.02	1.94（2017）	2.28（2018）	0.149 0	7.380 5	−0.33	32.219 1
13	2 甲 4 氯钠盐	2.02	1.66（2020）	2.36（2017）	0.249 9	12.383 8	−5.53	34.237 1
14	高效氯氰菊酯	1.89	1.59（2018）	2.36（2016）	0.311 1	16.448 4	−7.82	36.128 5
15	甲基二磺隆	1.89	1.53（2017）	2.07（2019）	0.240 4	12.748 8	6.15	38.014 4
16	啶虫脒	1.87	1.61（2020）	2.13（2016）	0.233 8	12.510 0	−6.86	39.883 6
17	阿维菌素	1.82	1.43（2020）	2.22（2017）	0.317 2	17.456 1	−9.97 ↘	41.700 4
18	噻虫嗪	1.75	1.42（2019）	2.26（2020）	0.397 9	22.724 0	12.57	43.451 1
19	苯醚甲环唑	1.74	1.67（2016）	1.85（2019）	0.068 8	3.944 0	0.88	45.194 6
20	异丙隆	1.73	1.07（2016）	2.08（2020）	0.434 4	25.039 7	14.32 ↗	46.929 4
21	己唑醇	1.58	1.45（2016）	1.73（2017）	0.117 1	7.395 9	1.72	48.512 9
22	福美双	1.57	1.39（2017）	1.77（2018）	0.166 1	10.566 6	−0.38	50.084 5
23	唑草酮	1.53	1.29（2018）	1.80（2017）	0.190 8	12.463 6	−3.98	51.615 2
24	丙环唑	1.49	1.14（2016）	1.64（2018）	0.198 5	13.331 0	6.14	53.104 5

（续）

序号	农药种类	平均值	最小值（年份）	最大值（年份）	标准差	变异系数	年变化趋势	累计频率
25	甲基硫菌灵	1.45	1.25（2017）	1.64（2018）	0.159 5	10.971 9	-0.71	54.557 9
26	井冈霉素	1.29	1.12（2019）	1.53（2017）	0.187 4	14.498 8	-6.14	55.850 2
27	辛硫磷	1.27	0.79（2020）	1.66（2017）	0.359 2	28.362 6	-16.65 ↘	57.116 6
28	氯氰菊酯	1.24	0.96（2019）	1.46（2017）	0.247 8	20.010 0	3.48	58.355 1
29	氯氟吡氧乙酸异辛酯	1.21	0.91（2016）	1.53（2019）	0.257 4	21.194 1	11.19	59.569 8
30	精噁唑禾草灵	1.19	0.75（2020）	1.83（2016）	0.440 9	37.048 1	-22.52 ↘	60.759 9
31	氰戊菊酯	1.14	0.69（2020）	1.39（2017）	0.286 6	25.121 7	-14.86 ↘	61.900 8
32	吡唑醚菌酯	1.12	0.23（2016）	2.13（2020）	0.780 3	69.587 1	43.79 ↗	63.022 2
33	毒死蜱	1.10	0.61（2020）	1.46（2017）	0.374 1	33.957 5	-20.79 ↘	64.123 9
34	噻呋酰胺	1.09	0.76（2016）	1.29（2017）	0.202 3	18.574 7	8.58	65.213 3
35	嘧菌酯	1.05	0.91（2016）	1.25（2020）	0.130 7	12.483 9	6.98 ↗	66.260 4
36	氧乐果	1.05	0.43（2020）	1.46（2017）	0.446 2	42.617 6	-24.93 ↘	67.307 4
37	唑啉草酯	1.02	0.61（2020）	1.37（2016）	0.325 5	31.974 5	19.93 ↗	68.325 5
38	苄嘧磺隆	0.90	0.76（2019）	1.08（2018）	0.137 7	15.303 0	-6.50	69.225 1
39	啶磺草胺	0.89	0.76（2017）	1.08（2020）	0.118 0	13.275 7	6.54	70.113 9
40	联苯菊酯	0.84	0.53（2016）	1.08（2020）	0.223 5	26.665 8	14.06	70.952 0
41	醚菌酯	0.75	0.38（2016）	1.05（2020）	0.279 3	37.093 1	21.51 ↗	71.705 1
42	氟环唑	0.73	0.53（2016）	1.12（2020）	0.226 2	31.145 1	16.69	72.431 4
43	氟唑磺隆	0.69	0.35（2017）	1.20（2020）	0.360 8	51.991 4	31.60 ↗	73.125 4

从表 8-15 可以看出，主要农药品种的使用，以变异系数为指标，年度间波动非常大（变异系数大于等于 50%）的农药种类有：吡唑醚菌酯、氟唑磺隆。

年度间波动幅度较大（变异系数在 25%～49.9%）的农药种类有：氧乐果、醚菌酯、精噁唑禾草灵、毒死蜱、唑啉草酯、氟环唑、辛硫磷、联苯菊酯、三唑酮、氰戊菊酯、异丙隆。

年度间有波动（变异系数在 10.0%～24.9%）的农药种类有：氟氯吡啶酯、噻虫嗪、氯氟吡氧乙酸异辛酯、多菌灵、蜡质芽孢杆菌、氯氰菊酯、噻呋酰胺、苯磺隆、阿维菌素、高效氯氰菊酯、苄嘧磺隆、井冈霉素、丙环唑、啶磺草胺、氯氟吡氧乙酸、甲基二磺隆、啶虫脒、嘧菌酯、唑草酮、2 甲 4 氯钠盐、吡虫啉、高效氯氟氰菊酯、咪鲜胺、甲基硫菌灵、福美双。

年度间变化比较平稳（变异系数小于 10%）的农药种类有：戊唑醇、双氟磺草胺、己唑醇、氰烯菌酯、炔草酯、吡蚜酮、苯醚甲环唑。

对表 8-15 各年用药频率进行线性回归分析，探索年度间是否有上升或下降趋势。经统计检验达显著水平（$P<0.05$），年度间有上升趋势的农药种类有：双氟磺草胺、异丙隆、吡唑醚菌酯、嘧菌酯、唑啉草酯、氟氯吡啶酯、醚菌酯、氟唑磺隆。

经统计检验达显著水平（$P<0.05$），年度间有下降趋势的农药种类有：戊唑醇、吡虫啉、苯磺隆、三唑酮、多菌灵、阿维菌素、辛硫磷、精噁唑禾草灵、氰戊菊酯、毒死蜱、氧乐果、蜡质芽孢杆菌。

统计检验临界值的概率水平为 0.05 时，没有表现出年度间上升或下降趋势的农药种类有：高效氯氟氰菊酯、氯氟吡氧乙酸、炔草酯、咪鲜胺、吡蚜酮、氰烯菌酯、2 甲 4 氯钠盐、高效氯氰菊酯、甲基二磺隆、啶虫脒、噻虫嗪、苯醚甲环唑、己唑醇、福美双、唑草酮、丙环唑、甲基硫菌灵、井冈霉素、氯氰菊酯、氯氟吡氧乙酸异辛酯、噻呋酰胺、苄嘧磺隆、啶磺草胺、联苯菊酯、甲氨基阿维菌素苯甲酸盐、氟环唑。

小麦各种农药成分使用频次占总频次的比例（%）和年度增减趋势（%）关系，采用散点图进行分析，如图 8 - 1 所示。

图 8 - 1 中第一象限（右上部）农药成分的使用频率较高且年度间具有增长的趋势，如甲基二磺隆、双氟磺草胺和炔草酯等；第二象限（右下部）农药成分的使用频率较低但年度间具有增长的趋势，如吡唑醚菌酯、氟唑磺隆和醚菌酯等；第三象限（左下部）农药成分的使用频率较低且，年度间没有增长、表现为下降的趋势，如氧乐果、精噁唑禾草灵和毒死蜱等；第四象限（左上部）农药成分的使用频率较高但是年度间没有增长、表现为下降的趋势，如三唑酮、多菌灵和苯磺隆等。

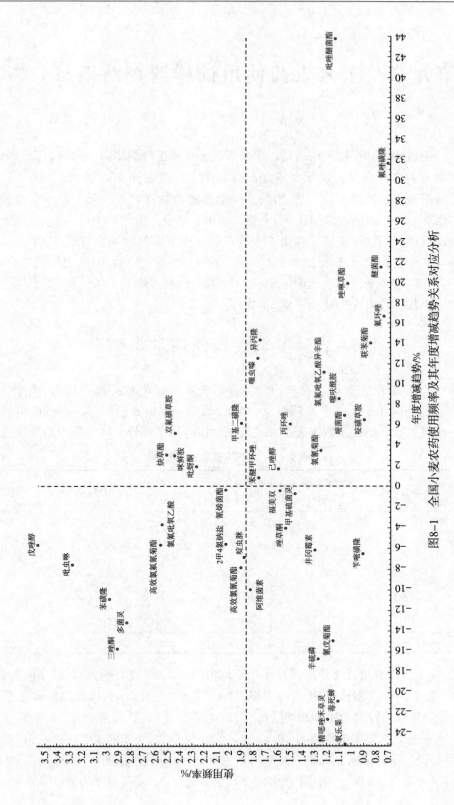

图8-1 全国小麦农药使用频率及其年度增减趋势关系对应分析

第九章　玉米农药使用抽样调查结果与分析

按不同地域特征和作物种植结构，将我国玉米种植区分为华南、西南、长江中下游江南、长江中下游江北、黄河流域、东北、西北7个主要农业生态区域。2016—2020年，在各个区域范围内，选择了23个省份的282个县进行抽样调查。其中，华南地区广东1个县、广西3个县；西南地区重庆17个县、四川9个县、贵州2个县、云南53个县；长江中下游江南地区浙江3个县、湖南6个县；长江中下游江北地区江苏15个县、安徽8个县、湖北2个县；黄河流域天津3个县、河北11个县、山西10个县、山东14个县、河南7个县、陕西4个县；东北地区辽宁21个县、吉林8个县、黑龙江57个县；西北地区内蒙古4个县、甘肃1个县、宁夏23个县。

第一节　玉米农药使用基本情况

2016—2020年开展玉米上农户用药抽样调查，每年调查县数分别为57个、69个、129个、174个、211个，每个县调查30~50个农户，以亩商品用量、亩折百用量、亩农药成本、桶混次数、用量指数作为指标进行作物用药水平评价。抽样调查结果如表9-1。

表9-1　农药用量基本情况表

年份	调查县数	亩商品用量/克（毫升）	亩折百用量/克（毫升）	亩农药成本/元	亩桶混次数	用量指数
2016	57	255.88	81.74	15.23	2.22	30.65
2017	69	259.80	83.42	15.48	2.42	41.32
2018	129	234.62	79.91	13.51	1.99	34.40
2019	174	270.15	88.30	18.01	2.35	48.60
2020	211	244.09	79.15	18.36	2.30	47.23
平均		252.91	82.51	16.11	2.25	40.44

从表9-1可以看出，亩商品用量多年平均值为252.91克（毫升），最小值为2018年的234.62克（毫升），最大值为2019年的270.15克（毫升）；亩折百用量多年平均值为82.51克（毫升），最小值为2020年的79.15克（毫升），最大值为2019年的88.30克（毫升）；亩农药成本多年平均值为16.11元，最小值为2018年的13.51元/亩，最大值为2020年的18.36元；亩桶混次数多年平均值为2.25次，最小值为2018年的1.99次，最大值为2017年的2.42次；用药指数多年平均值为40.44，最小值为2016年的30.65，最

大值为 2019 年的 48.60。

按我国主要农业生态区域，对各个生态区域农药用量指标分区汇总，得到 7 个区域农药使用基本情况，见表 9-2。

表 9-2 各生态区域农药用量基本情况表

生态区	年份	调查县数	亩商品用量/克（毫升）	亩折百用量/克（毫升）	亩农药成本/元	亩桶混次数	用量指数
华南	2016	1	233.28	90.15	9.50	1.40	24.92
	2017	1	210.18	68.70	8.27	1.39	82.32
	2018	1	425.33	104.68	43.39	3.32	275.21
	2019	1	384.68	98.49	45.16	3.54	105.02
	2020	2	213.59	52.39	43.03	4.02	37.44
	平均	6	293.41	82.88	29.87	2.73	104.98
西南	2016	6	223.06	74.31	17.42	2.28	36.79
	2017	17	256.79	74.14	16.89	2.24	58.98
	2018	22	273.54	62.46	15.96	1.69	39.76
	2019	43	344.53	79.83	27.29	2.97	83.52
	2020	60	289.18	71.49	26.48	2.72	77.48
	平均	148	277.43	72.45	20.81	2.38	59.30
长江中下游江南	2016	4	350.49	72.02	20.99	2.22	41.16
	2017	4	420.50	105.14	27.03	2.46	56.63
	2018	4	372.51	85.47	26.02	2.52	69.96
	2019	5	308.31	84.65	25.03	2.43	64.48
	2020	9	220.78	54.43	23.44	2.68	54.50
	平均	26	334.51	80.35	24.50	2.46	57.35
长江中下游江北	2016	5	217.88	42.97	17.74	2.80	32.24
	2017	3	191.70	50.06	22.69	2.85	49.80
	2018	12	268.51	78.73	19.42	2.44	42.46
	2019	16	198.51	59.10	16.58	2.09	35.62
	2020	16	227.56	51.51	19.31	2.44	39.35
	平均	52	220.83	56.47	19.14	2.52	39.89
黄河流域	2016	17	254.49	71.16	15.04	2.56	32.51
	2017	16	244.37	66.89	14.42	2.60	31.64
	2018	19	212.97	67.27	14.09	2.18	27.79
	2019	29	206.82	55.29	16.11	2.55	32.70
	2020	33	199.14	53.99	16.23	2.44	32.71
	平均	114	223.56	62.92	15.18	2.47	31.47

（续）

生态区	年份	调查县数	亩商品用量/克（毫升）	亩折百用量/克（毫升）	亩农药成本/元	亩桶混次数	用量指数
东北	2016	5	353.74	165.41	10.18	1.93	30.78
	2017	11	277.32	115.74	9.17	2.04	28.21
	2018	49	216.26	92.58	9.57	1.80	29.85
	2019	60	275.71	122.38	12.32	1.77	38.51
	2020	67	250.72	113.37	11.88	1.72	34.52
	平均	192	274.75	121.89	10.63	1.86	32.37
西北	2016	19	232.99	83.33	14.47	1.86	24.67
	2017	17	243.13	88.99	15.60	2.63	33.77
	2018	22	203.03	78.61	12.47	2.14	23.07
	2019	20	227.46	75.92	15.79	2.54	30.48
	2020	24	196.99	67.31	14.43	2.35	30.41
	平均	102	220.72	78.83	14.54	2.30	28.48

玉米上，亩商品用量由高到低排序：长江中下游江南＞华南＞西南＞东北＞黄河流域＞长江中下游江北＞西北；亩折百用量由高到低排序：东北＞华南＞长江中下游江南＞西北＞西南＞黄河流域＞长江中下游江北；亩成本由高到低排序：华南＞长江中下游江南＞西南＞长江中下游江北＞黄河流域＞西北＞东北；桶混次数由高到低排序：华南＞长江中下游江北＞黄河流域＞长江中下游江南＞西南＞西北＞东北；用量指数由高到低排序：华南＞西南＞长江中下游江南＞长江中下游江北＞东北＞黄河流域＞西北。

为直观反映各生态区域中的各个农药用量指标大小，现将每种指标在各生态区域用量的大小进行排序，得到的次序数整理列于表9-3。

表9-3　各生态区域农药用量指标排序表

生态区	亩商品用量	亩折百用量	亩农药成本	亩桶混次数	用量指数	秩数合计
华南	2	2	1	1	1	7
西南	3	5	3	5	2	18
长江中下游江南	1	3	2	4	3	13
长江中下游江北	6	7	4	2	4	23
黄河流域	5	6	5	3	6	25
东北	4	1	7	7	5	24
西北	7	4	6	6	7	30

表9-3中的各个顺序指标可以直观反映各个生态区域农药用量水平的高低。每个生态区域的指标之和，可作为该生态区域农药用量水平的综合排序得分（得分越小、用量水平越高）。但是，这些指标所表达的含义是否具有一致性，即是否具有共同的趋势，是能

否综合反映农药用量趋势的前提。可采用适当的统计方法进行检验，这里采用 Kendall 协同系数检验，对各个指标在各个地区的序列等级进行了检验。检验结果为，Kendall 协同系数 $W = 0.57$，卡方值为 17.06，显著性检验 $P = 0.009\ 1$，在 $P < 0.01$ 的显著水平下，因此这几个指标用于农药用量的评价具有较好的一致性。

第二节　玉米不同类型农药使用情况

2016—2020 年开展玉米农药商品用量抽样调查，每年调查县数分别为 57 个、69 个、129 个、174 个、211 个，杀虫剂、杀菌剂、除草剂、生长调节剂等类型抽样调查结果见表9-4。

表 9-4　各类型农药商品用量调查表

年份	调查县数	杀虫剂		杀菌剂		除草剂		植物生长调节剂	
		亩商品用量/克（毫升）	占比/%	亩商品用量/克（毫升）	占比/%	亩商品用量/克（毫升）	占比/%	亩商品用量/克（毫升）	占比/%
2016	57	68.67	26.84	8.26	3.23	177.49	69.36	1.46	0.57
2017	69	72.61	27.95	8.31	3.23	177.24	68.22	1.64	0.63
2018	129	53.04	22.61	8.81	3.75	172.33	73.45	0.44	0.19
2019	174	72.98	27.01	8.87	3.37	187.39	69.37	0.91	0.34
2020	211	70.33	28.81	10.00	4.10	162.77	66.68	0.99	0.41
平均		67.53	26.70	8.85	3.50	175.44	69.37	1.09	0.43

从表9-4可以看出，5年平均，除草剂的用量最大，亩商品用量为175.44克（毫升），占总量的69.37%；其次是杀虫剂，亩商品用量为67.53克（毫升），占总量的26.70%；然后是杀菌剂，亩商品用量为8.85克（毫升），占总量的3.50%；植物生长调节剂最小，亩商品用量为1.09克（毫升），占总量的0.43%。

按我国主要农业生态区域，对各个生态区域各个类型农药的商品用量分区汇总，得到7个区域各个类型农药商品用量情况，见表9-5。

表 9-5　各生态区域农药商品用量统计表

生态区	年份	杀虫剂		杀菌剂		除草剂		植物生长调节剂	
		亩商品用量/克（毫升）	占比/%	亩商品用量/克（毫升）	占比/%	亩商品用量/克（毫升）	占比/%	亩商品用量/克（毫升）	占比/%
华南	2016	126.76	54.34	0.00	0.00	106.52	45.66	0.00	0.00
	2017	107.51	51.15	0.00	0.00	102.67	48.85	0.00	0.00
	2018	215.50	50.67	4.83	1.13	205.00	48.20	0.00	0.00
	2019	244.91	63.67	38.76	10.07	101.01	26.26	0.00	0.00
	2020	136.24	63.79	9.00	4.21	68.35	32.00	0.00	0.00
	平均	166.18	56.64	10.52	3.58	116.71	39.78	0.00	0.00

（续）

生态区	年份	杀虫剂		杀菌剂		除草剂		植物生长调节剂	
		亩商品用量/克（毫升）	占比/%	亩商品用量/克（毫升）	占比/%	亩商品用量/克（毫升）	占比/%	亩商品用量/克（毫升）	占比/%
西南	2016	52.21	23.41	10.11	4.52	158.92	71.25	1.82	0.82
	2017	94.40	36.76	12.22	4.76	149.08	58.06	1.09	0.42
	2018	120.98	44.23	20.91	7.64	130.91	47.86	0.74	0.27
	2019	171.13	49.67	16.56	4.81	156.45	45.41	0.39	0.11
	2020	145.41	50.28	17.89	6.19	125.24	43.31	0.64	0.22
	平均	116.83	42.11	15.54	5.60	144.12	51.95	0.94	0.34
长江中下游江南	2016	69.62	19.86	23.69	6.77	256.78	73.26	0.40	0.11
	2017	130.86	31.12	13.28	3.16	272.92	64.90	3.44	0.82
	2018	95.15	25.54	20.30	5.45	256.92	68.97	0.14	0.04
	2019	57.56	18.67	7.03	2.28	243.71	79.05	0.01	0.00
	2020	78.55	35.58	21.77	9.86	119.74	54.23	0.72	0.33
	平均	86.35	25.81	17.21	5.15	230.01	68.76	0.94	0.28
长江中下游江北	2016	94.51	43.38	6.76	3.10	116.30	53.38	0.31	0.14
	2017	30.31	15.81	18.90	9.86	140.78	73.44	1.71	0.89
	2018	85.27	31.76	7.97	2.96	174.25	64.90	1.02	0.38
	2019	38.69	19.49	14.33	7.21	145.46	73.28	0.03	0.02
	2020	95.39	41.92	12.64	5.55	118.44	52.05	1.09	0.48
	平均	68.83	31.17	12.12	5.48	139.05	62.97	0.83	0.38
黄河流域	2016	68.34	26.85	7.09	2.79	176.14	69.21	2.92	1.15
	2017	73.99	30.28	5.95	2.43	162.41	66.46	2.02	0.83
	2018	51.00	23.95	2.78	1.30	158.74	74.54	0.45	0.21
	2019	52.18	25.23	5.90	2.86	146.58	70.87	2.16	1.04
	2020	44.63	22.41	7.28	3.65	144.17	72.40	3.06	1.54
	平均	58.03	25.96	5.80	2.59	157.61	70.50	2.12	0.95
东北	2016	7.23	2.04	3.07	0.87	343.31	97.05	0.13	0.04
	2017	12.92	4.66	5.72	2.06	258.54	93.23	0.14	0.05
	2018	14.77	6.83	7.18	3.32	194.18	89.79	0.13	0.06
	2019	21.78	7.90	5.08	1.84	247.85	89.90	1.00	0.36
	2020	13.14	5.24	2.64	1.05	234.29	93.45	0.65	0.26
	平均	13.97	5.08	4.74	1.73	255.63	93.04	0.41	0.15
西北	2016	80.26	34.45	7.67	3.29	144.05	61.83	1.01	0.43
	2017	79.85	32.84	5.75	2.37	155.07	63.78	2.46	1.01
	2018	39.47	19.44	4.08	2.01	158.90	78.26	0.58	0.29

（续）

生态区	年份	杀虫剂		杀菌剂		除草剂		植物生长调节剂	
		亩商品用量/克（毫升）	占比/%	亩商品用量/克（毫升）	占比/%	亩商品用量/克（毫升）	占比/%	亩商品用量/克（毫升）	占比/%
西北	2019	68.42	30.08	2.62	1.15	155.52	68.37	0.90	0.40
	2020	52.35	26.57	8.51	4.33	136.07	69.07	0.06	0.03
	平均	64.07	28.68	5.73	2.63	149.92	68.26	1.00	0.43

玉米上，亩商品用量由高到低，杀虫剂排序：华南＞西南＞长江中下游江南＞长江中下游江北＞西北＞黄河流域＞东北；杀菌剂排序：长江中下游江南＞西南＞长江中下游江北＞华南＞黄河流域＞西北＞东北；除草剂排序：东北＞长江中下游江南＞黄河流域＞西北＞西南＞长江中下游江北＞华南；植物生长调节剂排序：黄河流域＞西北＞长江中下游江南＞西南＞长江中下游江北＞东北＞华南。

2016—2020 年开展玉米农药折百用量抽样调查，每年调查县数分别为 57 个、69 个、129 个、174 个、211 个，每个县调查 30~50 个农户，杀虫剂、杀菌剂、除草剂、植物生长调节剂等类型抽样调查结果见表 9-6。

表 9-6　各类型农药折百用量调查表

年份	调查县数	杀虫剂		杀菌剂		除草剂		植物生长调节剂	
		亩折百用量/克（毫升）	占比/%	亩折百用量/克（毫升）	占比/%	亩折百用量/克（毫升）	占比/%	亩折百用量/克（毫升）	占比/%
2016	57	13.67	16.72	2.61	3.20	65.15	79.70	0.31	0.38
2017	69	10.51	12.60	3.25	3.90	69.20	82.95	0.46	0.55
2018	129	6.84	8.56	3.41	4.27	69.53	87.01	0.13	0.16
2019	174	9.05	10.10	3.35	3.79	75.66	85.69	0.24	0.27
2020	211	9.87	12.47	3.64	4.60	65.34	82.55	0.30	0.38
平均		9.99	12.11	3.25	3.94	68.98	83.60	0.29	0.35

从表 9-6 可以看出，5 年平均，除草剂的亩折百用量最大，为 68.98 克（毫升），占总量的 83.60%；其次是杀虫剂，为 9.99 克（毫升），占总量的 12.11%；然后是杀菌剂，为 3.25 克（毫升），占总量的 3.94%；植物生长调节剂最小，为 0.29 克（毫升），占总量的 0.35%。

按我国主要农业生态区域，对各个生态区域各个类型农药的折百用量分区汇总，得到 7 个区域各个类型农药折百用量情况，见表 9-7。

表 9-7 各生态区域农药折百用量统计表

生态区	年份	杀虫剂		杀菌剂		除草剂		植物生长调节剂	
		亩折百用量/克（毫升）	占比/%	亩折百用量/克（毫升）	占比/%	亩折百用量/克（毫升）	占比/%	亩折百用量/克（毫升）	占比/%
华南	2016	42.44	47.08	0.00	0.00	47.71	52.92	0.00	0.00
	2017	34.22	49.81	0.00	0.00	34.48	50.19	0.00	0.00
	2018	12.82	12.25	1.45	1.38	90.41	86.37	0.00	0.00
	2019	18.46	18.74	24.02	24.39	56.01	56.87	0.00	0.00
	2020	23.91	45.64	2.70	5.15	25.78	49.21	0.00	0.00
	平均	26.37	31.82	5.63	6.79	50.88	61.39	0.00	0.00
西南	2016	12.71	17.10	2.47	3.33	58.60	78.86	0.53	0.71
	2017	13.60	18.34	4.10	5.54	56.12	75.69	0.32	0.43
	2018	12.48	19.98	8.92	14.28	40.88	65.45	0.18	0.29
	2019	19.01	23.81	7.69	9.63	53.02	66.42	0.11	0.14
	2020	21.88	30.61	6.69	9.35	42.67	59.69	0.25	0.35
	平均	15.94	22.00	5.97	8.24	50.26	69.37	0.28	0.39
长江中下游江南	2016	17.87	24.81	5.53	7.68	48.50	67.34	0.12	0.17
	2017	15.84	15.07	3.57	3.39	85.17	81.01	0.56	0.53
	2018	9.24	10.81	2.86	3.34	73.33	85.80	0.04	0.05
	2019	8.76	10.35	0.60	0.71	75.29	88.94	0.00	0.00
	2020	9.18	16.87	6.57	12.06	38.67	71.05	0.01	0.02
	平均	12.18	15.16	3.83	4.76	64.19	79.89	0.15	0.19
长江中下游江北	2016	9.19	21.39	2.62	6.09	31.13	72.45	0.03	0.07
	2017	4.23	8.45	7.15	14.28	37.18	74.27	1.50	3.00
	2018	9.78	12.42	3.41	4.34	65.01	82.57	0.53	0.67
	2019	4.12	6.97	1.90	3.21	53.07	89.80	0.01	0.02
	2020	12.05	23.39	3.84	7.46	35.31	68.55	0.31	0.60
	平均	7.87	13.94	3.78	6.69	44.34	78.52	0.48	0.85
黄河流域	2016	8.06	11.33	1.79	2.51	60.84	85.50	0.47	0.66
	2017	7.36	11.00	2.29	3.42	56.68	84.74	0.56	0.84
	2018	5.32	7.91	0.75	1.12	61.11	90.84	0.09	0.13
	2019	5.22	9.44	1.31	2.38	48.21	87.19	0.55	0.99
	2020	4.40	8.15	2.24	4.15	46.47	86.07	0.88	1.63
	平均	6.07	9.65	1.68	2.67	54.66	86.87	0.51	0.81
东北	2016	1.71	1.03	1.11	0.68	162.55	98.27	0.04	0.02
	2017	2.64	2.28	1.64	1.42	111.45	96.29	0.01	0.01
	2018	3.60	3.89	3.06	3.31	85.88	92.76	0.04	0.04

（续）

生态区	年份	杀虫剂		杀菌剂		除草剂		植物生长调节剂	
		亩折百用量/克（毫升）	占比/%	亩折百用量/克（毫升）	占比/%	亩折百用量/克（毫升）	占比/%	亩折百用量/克（毫升）	占比/%
东北	2019	4.68	3.82	2.16	1.77	115.22	94.15	0.32	0.26
	2020	2.08	1.83	0.90	0.80	110.17	97.18	0.22	0.19
	平均	2.94	2.41	1.77	1.45	117.05	96.03	0.13	0.11
西北	2016	20.92	25.11	3.29	3.94	58.82	70.59	0.30	0.36
	2017	13.94	15.66	3.77	4.24	70.67	79.41	0.61	0.69
	2018	7.45	9.48	1.18	1.50	69.87	88.88	0.11	0.14
	2019	9.89	13.03	1.32	1.73	64.62	85.12	0.09	0.12
	2020	6.79	10.09	4.39	6.52	56.13	83.39	0.00	0.00
	平均	11.80	14.97	2.79	3.54	64.02	81.21	0.22	0.28

玉米上，亩折百用量由高到低，杀虫剂排序：华南＞西南＞长江中下游江南＞西北＞长江中下游江北＞黄河流域＞东北；杀菌剂排序：西南＞华南＞长江中下游江南＞长江中下游江北＞西北＞东北＞黄河流域；除草剂排序：东北＞长江中下游江南＞西北＞黄河流域＞华南＞西南＞长江中下游江北；植物生长调节剂排序：黄河流域＞长江中下游江北＞西南＞西北＞长江中下游江南＞东北＞华南。

2016—2020 年开展玉米农药成本抽样调查，每年调查县数分别为 57 个、69 个、129 个、174 个、211 个，杀虫剂、杀菌剂、除草剂、生长调节剂等类型抽样调查结果见表9-8。

表 9-8　各类型农药成本调查表

年份	调查县数	杀虫剂		杀菌剂		除草剂		植物生长调节剂	
		亩农药成本/元	占比/%	亩农药成本/元	占比/%	亩农药成本/元	占比/%	亩农药成本/元	占比/%
2016	57	4.81	31.58	0.85	5.59	9.44	61.98	0.13	0.85
2017	69	5.53	35.72	0.80	5.17	8.96	57.88	0.19	1.23
2018	129	3.81	28.20	0.70	5.19	8.94	66.17	0.06	0.44
2019	174	7.08	39.31	1.02	5.67	9.78	54.30	0.13	0.72
2020	211	7.84	42.70	1.54	8.39	8.83	48.09	0.15	0.82
平均		5.81	36.06	0.98	6.08	9.19	57.05	0.13	0.81

从表 9-8 可以看出，几年平均，除草剂的亩成本最高，为 9.19 元，占总成本的 57.05%；其次是杀虫剂，为 5.81 元，占总成本的 36.06%；然后是杀菌剂，为 0.98 元，占总成本的 6.08%；植物生长调节剂最小，为 0.13 元，占总成本的 0.81%。

按我国主要农业生态区域，对各个生态区域各个类型农药的农药成本分区汇总，得到

7 个区域各个类型农药成本情况，见表 9-9。

表 9-9 各生态区域农药成本统计表

| 生态区 | 年份 | 杀虫剂 | | 杀菌剂 | | 除草剂 | | 植物生长调节剂 | |
		亩农药成本/元	占比/%	亩农药成本/元	占比/%	亩农药成本/元	占比/%	亩农药成本/元	占比/%
华南	2016	6.56	69.05	0.00	0.00	2.94	30.95	0.00	0.00
	2017	5.73	69.29	0.00	0.00	2.54	30.71	0.00	0.00
	2018	29.97	69.07	1.45	3.34	11.97	27.59	0.00	0.00
	2019	33.85	74.96	3.63	8.03	7.68	17.01	0.00	0.00
	2020	31.94	74.23	5.12	11.90	5.97	13.87	0.00	0.00
	平均	21.61	72.35	2.04	6.83	6.22	20.82	0.00	0.00
西南	2016	5.35	30.71	0.70	4.02	11.05	63.43	0.32	1.84
	2017	6.35	37.60	1.45	8.58	8.92	52.81	0.17	1.01
	2018	5.08	31.83	1.94	12.16	8.81	55.20	0.13	0.81
	2019	16.27	59.62	2.59	9.49	8.34	30.56	0.09	0.33
	2020	16.46	62.16	3.10	11.71	6.84	25.83	0.08	0.30
	平均	9.90	47.57	1.96	9.42	8.79	42.24	0.16	0.77
长江中下游江南	2016	6.23	29.68	1.27	6.05	13.48	64.22	0.01	0.05
	2017	12.19	45.10	0.51	1.88	14.25	52.72	0.08	0.30
	2018	11.59	44.54	1.46	5.61	12.96	49.81	0.01	0.04
	2019	12.52	50.02	0.41	1.64	12.10	48.34	0.00	0.00
	2020	13.51	57.64	3.25	13.86	6.52	27.82	0.16	0.68
	平均	11.21	45.76	1.38	5.63	11.86	48.41	0.05	0.20
长江中下游江北	2016	8.55	48.20	1.42	8.00	7.74	43.63	0.03	0.17
	2017	9.79	43.15	1.49	6.56	10.67	47.03	0.74	3.26
	2018	8.40	43.25	1.12	5.77	9.78	50.36	0.12	0.62
	2019	6.43	38.78	1.00	6.03	9.15	55.19	0.00	0.00
	2020	9.22	47.75	1.29	6.68	8.58	44.43	0.22	1.14
	平均	8.48	44.31	1.26	6.58	9.18	47.96	0.22	1.15
黄河流域	2016	5.04	33.51	0.80	5.32	8.97	59.64	0.23	1.53
	2017	4.74	32.87	0.76	5.27	8.66	60.06	0.26	1.80
	2018	4.24	30.09	0.38	2.70	9.33	66.22	0.14	0.99
	2019	5.23	32.46	0.86	5.34	9.69	60.15	0.33	2.05
	2020	4.83	29.76	1.56	9.61	9.35	57.61	0.49	3.02
	平均	4.82	31.75	0.87	5.73	9.20	60.61	0.29	1.91

（续）

生态区	年份	杀虫剂		杀菌剂		除草剂		植物生长调节剂	
		亩农药成本/元	占比/%	亩农药成本/元	占比/%	亩农药成本/元	占比/%	亩农药成本/元	占比/%
东北	2016	0.32	3.14	0.11	1.08	9.75	95.78	0.00	0.00
	2017	0.46	5.02	0.35	3.81	8.34	90.95	0.02	0.22
	2018	0.74	7.73	0.29	3.04	8.53	89.13	0.01	0.10
	2019	1.19	9.66	0.22	1.78	10.83	87.91	0.08	0.65
	2020	0.97	8.16	0.22	1.52	10.66	89.73	0.07	0.59
	平均	0.74	6.96	0.23	2.16	9.62	90.50	0.04	0.38
西北	2016	4.25	29.37	0.93	6.43	9.22	63.72	0.07	0.48
	2017	6.42	41.15	0.46	2.95	8.52	54.62	0.20	1.28
	2018	3.91	31.36	0.22	1.76	8.31	66.64	0.03	0.24
	2019	5.49	34.77	0.28	1.78	9.86	62.44	0.16	1.01
	2020	4.59	31.81	0.58	4.02	9.25	64.10	0.01	0.07
	平均	4.93	33.91	0.49	3.37	9.03	62.10	0.09	0.62

　　玉米上，各生态区域间亩农药成本由高到低，杀虫剂排序：华南＞长江中下游江南＞西南＞长江中下游江北＞西北＞黄河流域＞东北；杀菌剂排序：华南＞西南长江中下游江南＞长江中下游江北＞黄河流域＞西北＞东北；除草剂排序：长江中下游江南＞东北＞黄河流域＞长江中下游江北＞西北＞西南＞华南；植物生长调节剂排序：黄河流域＞长江中下游江北＞西南＞西北＞长江中下游江南＞东北＞华南。

　　2016—2020 年开展玉米农药桶混次数抽样调查，每年调查县数分别为 57 个、69 个、129 个、174 个、211 个，杀虫剂、杀菌剂、除草剂、植物生长调节剂等类型抽样调查结果如表 9-10。

表 9-10　各类型农药桶混次数调查表

年份	调查县数	杀虫剂		杀菌剂		除草剂		植物生长调节剂	
		亩桶混次数	占比/%	亩桶混次数	占比/%	亩桶混次数	占比/%	亩桶混次数	占比/%
2016	57	0.96	43.24	0.14	6.31	1.08	48.65	0.04	1.80
2017	69	1.14	47.11	0.14	5.78	1.11	45.87	0.03	1.24
2018	129	0.68	34.17	0.10	5.03	1.20	60.30	0.01	0.50
2019	174	1.08	45.96	0.13	5.53	1.11	47.23	0.03	1.28
2020	211	1.06	46.09	0.19	8.26	1.01	43.91	0.04	1.74
平均		0.98	43.56	0.14	6.22	1.10	48.89	0.03	1.33

　　从表 9-10 可以看出，几年平均，除草剂亩桶混次数最多，为 1.10 次，占总量的48.89%；其次是杀虫剂，为 0.98 次，占总量的 43.56%；然后是杀菌剂，为 0.14 次，

占总量的 6.22%；植物生长调节剂最少，为 0.03 次，占总量的 1.33%。

按我国主要农业生态区域，对各个生态区域各个类型农药的桶混次数分区汇总，得到 7 个区域各个类型农药桶混次数情况，见表 9-11。

表 9-11　各生态区域农药桶混次数统计表

生态区	年份	杀虫剂		杀菌剂		除草剂		植物生长调节剂	
		亩桶混次数	占比/%	亩桶混次数	占比/%	亩桶混次数	占比/%	亩桶混次数	占比/%
华南	2016	0.99	70.71	0.00	0.00	0.41	29.29	0.00	0.00
	2017	1.01	72.66	0.00	0.00	0.38	27.34	0.00	0.00
	2018	2.02	60.84	0.10	3.02	1.20	36.14	0.00	0.00
	2019	2.51	70.90	0.33	9.33	0.70	19.77	0.00	0.00
	2020	2.97	73.88	0.62	15.42	0.43	10.70	0.00	0.00
	平均	1.90	69.60	0.21	7.69	0.62	22.71	0.00	0.00
西南	2016	0.82	35.96	0.14	6.15	1.26	55.26	0.06	2.63
	2017	1.23	54.91	0.19	8.48	0.79	35.27	0.03	1.34
	2018	0.73	43.20	0.22	13.01	0.71	42.01	0.03	1.78
	2019	1.99	67.00	0.26	8.75	0.71	23.91	0.01	0.34
	2020	1.78	65.44	0.31	11.40	0.62	22.79	0.01	0.37
	平均	1.31	55.04	0.25	9.25	0.82	34.45	0.03	1.26
长江中下游江南	2016	0.80	36.04	0.25	11.26	1.17	52.70	0.00	0.00
	2017	1.08	43.90	0.07	2.84	1.30	52.85	0.01	0.41
	2018	1.12	44.44	0.23	9.13	1.17	46.43	0.00	0.00
	2019	1.33	54.73	0.09	3.71	1.01	41.56	0.00	0.00
	2020	1.65	61.57	0.43	16.04	0.56	20.90	0.04	1.49
	平均	1.20	48.78	0.21	8.53	1.04	42.28	0.01	0.41
长江中下游江北	2016	1.66	59.29	0.23	8.21	0.90	32.14	0.01	0.36
	2017	1.30	45.61	0.40	14.04	1.11	38.95	0.04	1.40
	2018	1.29	52.87	0.16	6.56	0.97	39.75	0.02	0.82
	2019	0.98	46.89	0.15	7.18	0.96	45.93	0.00	0.00
	2020	1.29	52.87	0.21	8.60	0.89	36.48	0.05	2.05
	平均	1.30	51.59	0.23	9.13	0.97	38.49	0.02	0.79
黄河流域	2016	1.27	49.61	0.15	5.85	1.05	41.02	0.09	3.52
	2017	1.38	53.08	0.16	6.15	1.00	38.46	0.06	2.31
	2018	1.07	49.08	0.07	3.22	1.00	45.87	0.04	1.83
	2019	1.29	50.59	0.15	5.88	1.01	39.61	0.10	3.92
	2020	1.09	44.67	0.23	9.43	0.97	39.75	0.15	6.15
	平均	1.22	49.39	0.15	6.08	1.01	40.89	0.09	3.64

（续）

生态区	年份	杀虫剂		杀菌剂		除草剂		植物生长调节剂	
		亩桶混次数	占比/%	亩桶混次数	占比/%	亩桶混次数	占比/%	亩桶混次数	占比/%
东北	2016	0.19	9.84	0.03	1.56	1.71	88.60	0.00	0.00
	2017	0.30	14.71	0.10	4.90	1.63	79.90	0.01	0.49
	2018	0.21	11.67	0.06	3.33	1.53	85.00	0.00	0.00
	2019	0.25	14.12	0.05	2.83	1.45	81.92	0.02	1.13
	2020	0.20	11.63	0.04	2.33	1.46	84.88	0.02	1.16
	平均	0.23	12.37	0.06	3.22	1.56	83.87	0.01	0.54
西北	2016	0.77	41.40	0.12	6.45	0.96	51.61	0.01	0.54
	2017	1.35	51.33	0.07	2.66	1.18	44.87	0.03	1.14
	2018	0.85	39.72	0.03	1.40	1.25	58.41	0.01	0.47
	2019	1.20	47.24	0.05	1.98	1.28	50.39	0.01	0.39
	2020	1.09	46.38	0.14	5.96	1.12	47.66	0.00	0.00
	平均	1.05	45.65	0.08	3.49	1.16	50.43	0.01	0.43

玉米全生育期桶混次数由高到低，杀虫剂排序：华南＞西南＞长江中下游江北＞黄河流域＞长江中下游江南＞西北＞东北；杀菌剂排序：长江中下游江北＞西南＞华南、长江中下游江南＞黄河流域＞西北＞东北；除草剂排序：东北＞西北＞长江中下游江南＞黄河流域＞长江中下游江北＞西南＞华南；植物生长调节剂排序：黄河流域＞西南＞长江中下游江北＞长江中下游江南、东北、西北＞华南。

第三节　玉米化学农药、生物农药使用情况比较

2016—2020 年开展玉米农药商品用量抽样调查，每年调查县数分别为 57 个、69 个、129 个、174 个、211 个，化学农药、生物农药抽样调查结果见表 9 - 12。

表 9 - 12　化学农药、生物农药商品用量与农药成本统计表

年份	调查县数	化学农药		生物农药		化学农药		生物农药	
		亩商品用量/克（毫升）	占比/%	亩商品用量/克（毫升）	占比/%	亩农药成本/元	占比/%	亩农药成本/元	占比/%
2016	57	244.69	95.63	11.19	4.37	14.10	92.58	1.13	7.42
2017	69	249.16	95.90	10.64	4.10	14.20	91.73	1.28	8.27
2018	129	226.05	96.35	8.57	3.65	12.55	92.89	0.96	7.11
2019	174	254.47	94.20	15.68	5.80	15.75	87.45	2.26	12.55
2020	211	231.70	94.92	12.39	5.08	16.12	87.80	2.24	12.20
平均		241.22	95.38	11.69	4.62	14.54	90.25	1.57	9.75

从表 9-12 可以看出，几年平均，化学农药依然是防治玉米病虫害的主体，亩商品用量为 241.22 克（毫升），占总亩商品用量的 95.38%；生物农药为 11.69 克（毫升），占总量的 4.62%。从农药成本看，化学农药每亩 14.54 元，占总亩农药成本的 90.25%；生物农药每亩 1.57 元，占总成本的 9.75%。

按我国主要农业生态区域，对各个生态区域化学农药、生物农药的商品用量分区汇总，得到 7 个区域的化学农药、生物农药商品用量情况，见表 9-13。

表 9-13　各生态区域化学农药、生物农药商品用量统计表

生态区	年份	化学农药		生物农药		化学农药		生物农药	
		亩商品用量/克（毫升）	占比/%	亩商品用量/克（毫升）	占比/%	亩农药成本/元	占比/%	亩农药成本/元	占比/%
华南	2016	187.22	80.26	46.06	19.74	5.94	62.53	3.56	37.47
	2017	167.01	79.46	43.17	20.54	4.92	59.49	3.35	40.51
	2018	224.89	52.87	200.44	47.13	17.99	41.46	25.40	58.54
	2019	165.74	43.06	219.13	56.94	18.55	41.07	26.62	58.93
	2020	188.45	88.23	25.14	11.77	35.56	82.64	7.47	17.36
	平均	186.66	63.61	106.79	36.39	16.59	55.54	13.28	44.46
西南	2016	212.11	95.09	10.95	4.91	16.56	95.06	0.86	4.94
	2017	246.44	95.97	10.35	4.03	15.41	91.24	1.48	8.76
	2018	268.66	98.22	4.88	1.78	15.40	96.49	0.56	3.51
	2019	313.00	90.85	31.53	9.15	21.49	78.75	5.80	21.25
	2020	266.32	92.09	22.86	7.91	21.51	81.23	4.97	18.77
	平均	261.32	94.19	16.11	5.81	18.08	86.88	2.73	13.12
长江中下游江南	2016	323.30	92.24	27.19	7.76	17.53	83.52	3.46	16.48
	2017	399.11	94.91	21.39	5.09	24.22	89.60	2.81	10.40
	2018	334.86	89.89	37.65	10.11	21.84	83.94	4.18	16.06
	2019	280.74	91.06	27.57	8.94	21.27	84.98	3.76	15.02
	2020	185.23	83.90	35.55	16.10	18.34	78.24	5.10	21.76
	平均	304.64	91.07	29.87	8.93	20.64	84.24	3.86	15.76
长江中下游江北	2016	185.40	85.09	32.48	14.91	13.57	76.49	4.17	23.51
	2017	176.50	92.07	15.20	7.93	20.26	89.29	2.43	10.71
	2018	244.82	91.18	23.69	8.82	17.15	88.31	2.27	11.69
	2019	177.85	89.59	20.66	10.41	15.17	91.50	1.41	8.50
	2020	210.83	92.65	16.73	7.35	16.35	84.67	2.96	15.33
	平均	199.08	90.15	21.75	9.85	16.49	86.15	2.65	13.85

（续）

生态区	年份	化学农药		生物农药		化学农药		生物农药	
		亩商品用量/克（毫升）	占比/%	亩商品用量/克（毫升）	占比/%	亩农药成本/元	占比/%	亩农药成本/元	占比/%
黄河流域	2016	243.97	95.87	10.52	4.13	14.10	93.75	0.94	6.25
	2017	231.84	94.87	12.53	5.13	13.07	90.64	1.35	9.36
	2018	205.81	96.64	7.16	3.36	13.19	93.61	0.90	6.39
	2019	192.72	93.18	14.10	6.82	14.64	90.88	1.47	9.12
	2020	189.13	94.97	10.01	5.03	15.09	92.98	1.14	7.02
	平均	212.70	95.14	10.86	4.86	14.02	92.36	1.16	7.64
东北	2016	352.57	99.67	1.17	0.33	10.14	99.61	0.04	0.39
	2017	276.49	99.70	0.83	0.30	9.15	99.78	0.02	0.22
	2018	214.13	99.02	2.13	0.98	9.47	98.96	0.10	1.04
	2019	273.99	99.38	1.72	0.62	12.14	98.54	0.18	1.46
	2020	249.51	99.52	1.21	0.48	11.74	98.82	0.14	1.18
	平均	273.34	99.49	1.41	0.51	10.53	99.06	0.10	0.94
西北	2016	229.31	98.42	3.68	1.58	14.22	98.27	0.25	1.73
	2017	232.88	95.78	10.25	4.22	14.45	92.63	1.15	7.37
	2018	197.47	97.26	5.56	2.74	11.55	92.62	0.92	7.38
	2019	218.80	96.19	8.66	3.81	14.67	92.91	1.12	7.09
	2020	187.35	95.11	9.64	4.89	13.58	94.11	0.85	5.89
	平均	213.16	96.57	7.56	3.43	13.68	94.09	0.86	5.91

玉米上，各生态区域间，化学农药亩商品用量由高到低排序：长江中下游江南＞东北＞西南＞西北＞黄河流域＞长江中下游江北＞华南；生物农药亩商品用量由高到低排序：华南＞长江中下游江南＞长江中下游江北＞西南＞黄河流域＞西北＞东北。化学农药亩农药成本由高到低排序：长江中下游江南＞西南＞华南＞长江中下游江北＞黄河流域＞西北＞东北；生物农药亩农药成本由高到低排序：华南＞长江中下游江南＞西南＞长江中下游江北＞黄河流域＞西北＞东北。

第四节 玉米主要农药有效成分及毒性分析

根据农户用药调查中的农药使用数据，对2016—2020年玉米上使用的主要农药种类在数量上进行了比较分析，结果见表9-14。

表 9 - 14　2016—2020 年玉米上主要农药有效成分种类对比分析表

区域	有效成分种类	杀虫剂		杀菌剂		除草剂		植物生长调节剂	
		数量/个	占比/%	数量/个	占比/%	数量/个	占比/%	数量/个	占比/%
全国	143	50	34.97	37	25.87	45	31.47	11	7.69
华南地区	32	17	53.13	4	12.50	11	34.38	0	0.00
西南地区	112	40	35.71	33	29.46	30	26.79	9	8.04
长江中下游江南	63	31	49.21	15	23.81	16	25.40	1	1.59
长江中下游江北	72	29	40.28	18	25.00	21	29.17	4	5.56
黄河流域	102	39	38.24	25	24.51	31	30.39	7	6.86
东北地区	100	35	35.00	20	20.00	38	38.00	7	7.00
西北地区	79	24	30.38	16	20.25	32	40.51	7	8.86

注：各区域相同农药种类在全国范围内进行合并。

从表 9 - 14 可以看出，全国范围 2016—2020 年玉米共使用了 143 种农药有效成分。其中，杀虫剂 50 种，占农药总数的 34.97%；杀菌剂 37 种，占 25.87%；除草剂 45 种，占 31.47%；植物生长调节剂 11 种，占 7.69%。玉米病虫害防治主要农药有效成分数量排序：杀虫剂＞除草剂＞杀菌剂＞植物生长调节剂。

华南地区共使用了 32 种农药有效成分：其中杀虫剂 17 种，占农药总数的 53.13%；杀菌剂 4 种，占 12.50%；除草剂 11 种，占 34.38%。使用数量杀虫剂＞除草剂＞杀菌剂。

西南地区共使用了 112 种农药有效成分：其中杀虫剂 40 种，占农药总数的 35.71%；杀菌剂 33 种，占 29.46%；除草剂 30 种，占 26.79%；植物生长调节剂 9 种，占 8.04%。使用数量杀虫剂＞杀菌剂＞除草剂＞植物生长调节剂。

长江中下游江南地区共使用了 63 种农药有效成分：其中杀虫剂 31 种，占农药总数的 49.21%；杀菌剂 15 种，占 23.81%；除草剂 16 种，占 25.40%；植物生长调节剂 1 种，占 1.59%。使用数量杀虫剂＞除草剂＞杀菌剂＞植物生长调节剂。

长江中下游江北地区共使用了 72 种农药有效成分：其中杀虫剂 29 种，占农药总数的 40.28%；杀菌剂 18 种，占 25.00%；除草剂 21 种，占 29.17%；植物生长调节剂 4 种，占 5.56%。使用数量杀虫剂＞除草剂＞杀菌剂＞植物生长调节剂。

黄河流域共使用了 102 种农药有效成分：其中杀虫剂 39 种，占农药总数的 38.24%；杀菌剂 25 种，占 24.51%；除草剂 31 种，占 30.39%；植物生长调节剂 7 种，占 6.86%。使用数量杀虫剂＞除草剂＞杀菌剂＞植物生长调节剂。

东北地区共使用了 100 种农药有效成分：其中杀虫剂 35 种，占农药总数的 35.00%；杀菌剂 20 种，占 20.00%；除草剂 38 种，占 38.00%；植物生长调节剂 7 种，占 7.00%。使用数量除草剂＞杀虫剂＞杀菌剂＞植物生长调节剂。

西北地区共使用了 79 种农药有效成分：其中杀虫剂 24 种，占农药总数的 30.38%；杀菌剂 16 种，占 20.25%；除草剂 32 种，占 40.51%；植物生长调节剂 7 种，占 8.86%。使用数量除草剂＞杀虫剂＞杀菌剂＞植物生长调节剂。

对 2016—2020 年玉米主要农药有效成分的毒性进行了比较分析，结果见表 9-15。

表 9-15　2016—2020 年玉米上主要农药有效成分毒性对比分析表

区域	农药有效成分种类	微毒		低毒		中毒		高毒	
		数量/个	占比/%	数量/个	占比/%	数量/个	占比/%	数量/个	占比/%
全国	143	6	4.20	101	70.63	33	23.08	3	2.10
华南地区	32	2	6.25	20	62.50	10	31.25	0	0.00
西南地区	112	2	1.79	77	68.75	31	27.68	2	1.79
长江中下游江南	63	3	4.76	39	61.90	20	31.75	1	1.59
长江中下游江北	72	3	4.17	48	66.67	20	27.78	1	1.39
黄河流域	102	5	4.90	68	66.67	27	26.47	2	1.96
东北地区	100	3	3.00	68	68.00	26	26.00	3	3.00
西北地区	79	0	0.00	52	65.82	26	32.91	1	1.27

注：各区域相同农药种类在全国范围内进行合并。

从表 9-15 可以看出，全国范围 2016—2020 年玉米上共使用了 143 种农药有效成分：其中微毒 6 种，占农药总数的 4.20%；低毒 101 种，占 70.63%；中毒 33 种，占 23.08%；高毒 3 种，占 2.10%。玉米上病虫害防治主要农药有效成分低毒的占 70% 以上，使用农药中低毒＞中毒＞微毒＞高毒。

华南地区共使用了 32 种农药有效成分：其中微毒 2 种，占农药总数的 6.25%；低毒 20 种，占 62.50%；中毒 10 种，占 31.25%。使用农药中低毒＞中毒＞微毒。

西南地区共使用了 112 种农药有效成分：其中微毒 2 种，占农药总数的 1.79%；低毒 77 种，占 68.75%；中毒 31 种，占 27.68%；高毒 2 种，占 1.79%。使用农药中低毒＞中毒＞微毒、高毒。

长江中下游江南地区共使用了 63 种农药有效成分：其中微毒 3 种，占农药总数的 4.76%；低毒 39 种，占 61.90%；中毒 20 种，占 31.75%；高毒 1 种，占 1.59%。使用农药中低毒＞中毒＞微毒＞高毒。

长江中下游江北地区共使用了 72 种农药有效成分：其中微毒 3 种，占农药总数的 4.17%；低毒 48 种，占 66.67%；中毒 20 种，占 27.78%；高毒 1 种，占 1.39%。使用农药中低毒＞中毒＞微毒＞高毒。

黄河流域共使用了 102 种农药有效成分：其中微毒 5 种，占农药总数的 4.90%；低毒 68 种，占 66.67%；中毒 27 种，占 26.47%；高毒 2 种，占 1.96%。使用农药中低毒＞中毒＞微毒＞高毒。

东北地区共使用了 100 种农药有效成分：其中微毒 3 种，占农药总数的 3.00％；低毒 68 种，占 68.00％；中毒 26 种，占 26.00％；高毒 3 种，占 3.00％。使用农药中低毒＞中毒＞微毒、高毒。

西北地区共使用了 79 种农药有效成分：其中低毒 52 种，占农药总数的 65.82％；中毒 26 种，占 32.91％；高毒 1 种，占 1.27％。使用农药中低毒＞中毒＞高毒。

第五节 玉米主要农药有效成分使用频率分布及年度趋势分析

农药使用频次可以比较直观地展现一种农药有效成分在不同区域的使用次数。由于不同年份的调查县数、调查的农户数量不一样（逐年在增加），对使用频次数量直接比较，在不同年份间缺乏可比性。因此，采用使用频率（％）这一指标进行分析。

表 9-16 是经计算整理得到的 2016—2020 年各种农药成分施用的相对频率。表中仅列出相对频率累计前 75％的农药种类。表 9-16 中不同种类农药使用频率在年度间的变化趋势，可以采用变异系数进行分析。同时，可应用回归分析方法检验某种农药使用频率在年度间是否有上升或下降的趋势，将统计学上差异显著（显著性检验 P 值小于 0.05）的农药种类在年变化趋势栏内进行标记。如果是上升趋势，则标记"↗"；如果是下降趋势，则标记"↘"。

表 9-16 2016—2020 年玉米上各农药成分使用频率（％）

序号	有效成分	平均值	最小值（年份）	最大值（年份）	标准差	变异系数	年变化趋势	累计频率
1	莠去津	6.68	6.27（2020）	7.46（2018）	0.472 6	7.071 6	−0.75	6.682 4
2	烟嘧磺隆	5.93	5.20（2017）	7.08（2018）	0.699 8	11.799 3	2.01	12.613 2
3	硝磺草酮	4.96	3.87（2016）	5.87（2019）	0.889 8	17.949 0	9.13	17.570 6
4	甲氨基阿维菌素苯甲酸盐	4.71	3.54（2018）	5.57（2019）	0.880 1	18.700 6	5.26	22.276 9
5	高效氯氟氰菊酯	4.10	3.83（2020）	4.68（2017）	0.346 5	8.444 2	−1.52	26.380 6
6	乙草胺	4.08	3.54（2017）	5.21（2018）	0.672 2	16.465 4	3.30	30.463 0
7	阿维菌素	3.19	2.91（2020）	3.47（2016）	0.231 3	7.257 0	−2.99	33.650 5
8	高效氯氰菊酯	2.92	2.54（2016）	3.46（2019）	0.351 2	12.032 4	4.86	36.569 0
9	吡虫啉	2.49	1.99（2018）	2.94（2016）	0.418 0	16.790 7	−7.71	39.058 3
10	毒死蜱	2.25	1.13（2020）	3.43（2017）	0.870 0	38.678 6	−17.49	41.307 7
11	草甘膦	2.08	1.74（2016）	2.81（2017）	0.435 7	20.992 6	−3.69	43.383 0

（续）

序号	有效成分	平均值	最小值（年份）	最大值（年份）	标准差	变异系数	年变化趋势	累计频率
12	异丙草胺	1.86	1.35（2020）	2.67（2016）	0.529 8	28.526 3	−17.23 ↘	45.240 1
13	氯虫苯甲酰胺	1.82	1.09（2018）	2.14（2016）	0.428 3	23.554 4	0.39	47.058 6
14	2，4-滴丁酯	1.79	0.69（2019）	3.02（2018）	0.850 1	47.543 9	−12.18	48.846 6
15	辛硫磷	1.42	1.17（2020）	1.87（2016）	0.274 3	19.297 3	−8.30	50.268 1
16	氯氰菊酯	1.31	1.13（2020）	1.43（2019）	0.108 7	8.318 3	−2.52	51.574 9
17	噻虫嗪	1.23	0.83（2017）	1.47（2016）	0.247 8	20.161 7	2.14	52.803 9
18	甲草胺	1.14	0.82（2020）	1.60（2016）	0.288 1	25.304 2	−14.78 ↘	53.942 4
19	氯氟吡氧乙酸	1.08	0.80（2016）	1.35（2017）	0.238 5	22.184 5	0.07	55.017 5
20	溴氰菊酯	0.98	0.67（2016）	1.17（2020）	0.204 9	20.987 9	10.42	55.994 0
21	戊唑醇	0.90	0.71（2018）	1.04（2017）	0.143 8	16.038 9	3.56	56.890 8
22	2，4-滴异辛酯	0.83	0.21（2017）	1.91（2020）	0.686 3	82.614 3	47.54 ↗	57.721 5
23	多菌灵	0.78	0.58（2018）	1.20（2016）	0.250 7	32.198 0	−12.43	58.500 2
24	苏云金杆菌	0.76	0.57（2020）	1.20（2016）	0.267 9	35.315 3	−14.14	59.258 8
25	丁草胺	0.75	0.53（2020）	0.94（2017）	0.179 4	23.868 7	−14.56 ↘	60.010 5
26	草铵膦	0.70	0.40（2016）	0.97（2018）	0.201 7	28.799 9	7.87	60.710 8
27	吡蚜酮	0.67	0.53（2020）	1.14（2017）	0.266 0	39.685 5	−8.78	61.381 0
28	苯醚甲环唑	0.65	0.32（2018）	0.93（2016）	0.248 9	38.501 2	−1.30	62.027 4
29	乙烯利	0.64	0.45（2018）	0.94（2017）	0.181 7	28.233 2	−7.85	62.671 1
30	辛酰溴苯腈	0.62	0.53（2020）	0.71（2018）	0.072 9	11.777 4	−5.41	63.289 6
31	克百威	0.62	0.45（2018）	0.83（2017）	0.143 4	23.291 8	−7.67	63.905 4
32	马拉硫磷	0.59	0.32（2020）	0.80（2016）	0.185 8	31.280 8	−18.01 ↘	64.499 6
33	百草枯	0.59	0.11（2020）	1.47（2016）	0.544 1	91.614 1	−54.50 ↘	65.093 5
34	福美双	0.58	0.32（2018）	0.73（2019）	0.160 7	27.819 7	6.73	65.671 1
35	吡唑醚菌酯	0.53	0.13（2016）	0.96（2020）	0.302 0	56.688 4	35.18 ↗	66.204 9
36	三唑酮	0.53	0.42（2017）	0.67（2016）	0.098 0	18.594 4	−5.39	66.731 8
37	氰戊菊酯	0.52	0.14（2020）	0.84（2018）	0.281 6	54.449 5	−22.57	67.249 0
38	氟氯氰菊酯	0.51	0.35（2020）	0.73（2017）	0.140 2	27.336 9	−12.79	67.761 7
39	嗪草酮	0.49	0.22（2019）	0.97（2017）	0.303 6	61.534 4	9.54	68.255 1
40	敌敌畏	0.49	0.28（2020）	0.73（2019）	0.170 3	34.635 4	−5.84	68.746 8
41	胺鲜酯	0.44	0.19（2018）	0.62（2017）	0.167 8	37.851 0	3.17	69.190 1

从表 9-16 可以看出，主要农药品种的使用，以变异系数为指标，年度间波动非常大（变异系数大于等于 50%）的农药种类有：百草枯、2，4-滴异辛酯、嗪草酮、吡唑醚菌酯、氰戊菊酯。

年度间波动幅度较大（变异系数在 25%～49.9%）的农药种类有：2，4-滴丁酯、吡蚜酮、毒死蜱、苯醚甲环唑、胺鲜酯、苏云金杆菌、敌敌畏、多菌灵、马拉硫磷、草铵膦、异丙草胺、乙烯利、甲氰菊酯、福美双、氟氯氰菊酯、甲草胺。

年度间有波动（变异系数在 10.0%～24.9%）的农药种类有：丁草胺、氯虫苯甲酰胺、克百威、哒螨灵、氯氟吡氧乙酸、2 甲 4 氯钠盐、草甘膦、溴氰菊酯、噻虫嗪、辛硫磷、甲氨基阿维菌素苯甲酸盐、三唑酮、硝磺草酮、啶虫脒、吡虫啉、乙草胺、戊唑醇、高效氯氰菊酯、烟嘧磺隆、辛酰溴苯腈。

年度间变化比较平稳（变异系数小于 10%）的农药种类有：高效氯氟氰菊酯、氯氰菊酯、阿维菌素、莠去津。

全国范围玉米上各种农药有效成分使用频次占总频次的比例（%）和年度增减趋势（%）关系，采用散点图进行分析，如图 9-1 所示。

图 9-1 中第一象限（右上部）农药成分的使用频率较高且年度间具有增长的趋势，如烟嘧磺隆、硝磺草酮和甲氨基阿维菌素苯甲酸盐等；第二象限（右下部）农药成分的使用频率较低但年度间具有增长的趋势，如 2，4-滴异辛酯、吡唑醚菌酯和嗪草酮等；第三象限（左下部）农药成分的使用频率较低且年度间没有增长，表现为下降的趋势，如百草枯、氰戊菊酯和马拉硫磷等；第四象限（左上部）农药成分的使用频率较高但是年度间没有增长，表现为下降的趋势，如莠去津、高效氯氟氰菊酯和阿维菌素。

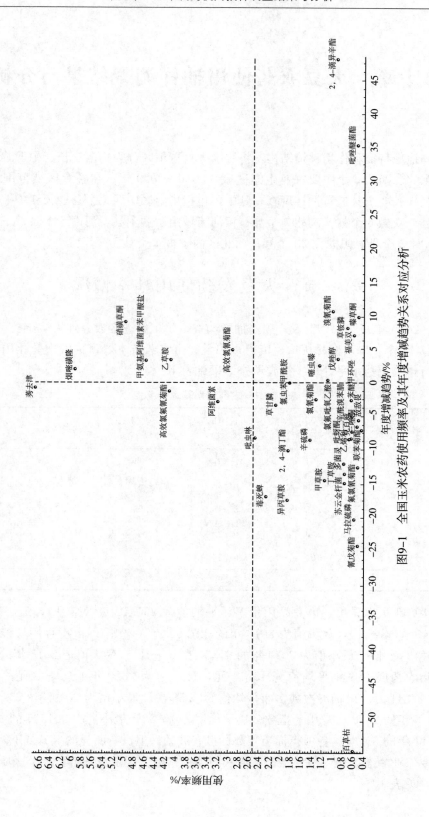

图9-1 全国玉米农药使用频率及其年度增减趋势关系对应分析

第十章 大豆农药使用抽样调查结果与分析

按不同地域特征和作物种植结构，将我国大豆种植区分为华南、长江中下游江北、黄河流域、东北、西北 5 个主要农业生态区域。2016—2020 年，在各个区域范围内，选择了 10 个省份的 63 个县进行抽样调查。其中，包括华南区广西 1 个县；长江中下游江北区江苏 7 个县、安徽 6 个县、湖北 2 个县；黄河流域山东 2 个县、河南 6 个县；东北区辽宁 2 个县、吉林 3 个县、黑龙江 33 个县；西北区内蒙古 1 个县。

第一节 大豆农药使用基本情况

2016—2020 年开展大豆上农户用药抽样调查，每年调查县数分别为 14 个、17 个、38 个、38 个、41 个，以亩商品用量、亩折百用量、亩农药成本、亩桶混次数、用量指数作为指标进行作物用药水平评价。抽样调查结果见表 10-1。

表 10-1 农药使用基本情况表

年份	调查县数	亩商品用量/克（毫升）	亩折百用量/克（毫升）	亩农药成本/元	亩桶混次数	用量指数
2016	14	321.92	78.97	17.41	2.78	35.91
2017	17	298.25	84.34	17.34	2.70	50.90
2018	38	282.08	85.78	14.95	2.62	45.54
2019	38	203.83	64.29	14.66	2.31	41.28
2020	41	194.40	61.56	14.35	2.49	40.44
平均		260.10	74.99	15.74	2.58	42.82

从表 10-1 可以看出，亩商品用量多年平均值为 260.10 克（毫升），最小值为 2020 年的 194.40 克（毫升），最大值为 2016 年的 321.92 克（毫升）。亩折百用量多年平均值为 74.99 克（毫升），最小值为 2020 年的 61.56 克（毫升），最大值为 2018 年的 85.78 克（毫升）。亩农药成本多年平均值为 15.74 元，最小值为 2020 年的 14.35 元，最大值为 2016 年的 17.41 元。亩桶混次数多年平均值为 2.58 次，最小值为 2019 年的 2.31 次，最大值为 2016 年的 2.78 次。用药指数多年平均值为 42.82，最小值为 2016 年的 35.91，最大值为 2017 年的 50.90。各项指标历年数据虽有波动，但没有明显的上升或下降的趋势。

按主要农业生态区域，对各生态区域农药使用指标分区汇总，得到 5 个区域农药使用基本情况，见表 10-2。

表 10-2 各生态区域农药使用基本情况表

生态区	年份	调查县数	亩商品用量/克（毫升）	亩折百用量/克（毫升）	亩农药成本/元	亩桶混次数	用量指数
华南	2016	1	193.93	50.02	10.19	1.58	22.92
	2017	1	209.70	44.41	10.33	1.49	27.52
	2018	0	—	—	—	—	—
	2019	0	—	—	—	—	—
	2020	0	—	—	—	—	—
	平均		201.83	47.22	10.27	1.55	25.22
长江中下游江北	2016	6	441.05	59.00	68.91	3.13	33.71
	2017	7	395.81	91.71	63.49	2.96	53.51
	2018	8	478.02	89.64	63.64	3.11	55.84
	2019	8	214.13	42.42	70.25	3.01	38.78
	2020	8	237.40	36.51	70.32	3.63	54.32
	平均		353.28	63.86	67.32	3.16	47.23
黄河流域	2016	3	222.60	44.17	63.08	2.99	36.72
	2017	3	190.81	35.71	61.38	3.10	48.93
	2018	4	191.64	24.48	54.82	3.48	33.93
	2019	6	127.29	23.11	56.56	3.61	49.16
	2020	6	159.81	23.12	55.56	4.14	50.99
	平均		178.43	30.13	58.28	3.46	43.95
东北	2016	3	224.58	135.66	18.13	2.23	31.50
	2017	5	222.34	87.39	19.90	2.17	50.80
	2018	25	235.20	92.48	20.36	2.28	44.13
	2019	24	219.54	81.88	15.91	1.73	40.15
	2020	27	189.36	77.52	15.06	1.77	33.99
	平均		218.21	94.98	17.87	2.03	40.11
西北	2016	1	325.07	162.03	22.04	2.97	72.92
	2017	1	405.88	203.37	22.16	3.46	62.38
	2018	1	248.24	132.67	17.10	3.63	44.79
	2019	0	—	—	—	—	—
	2020	0	—	—	—	—	—
	平均		326.39	166.03	20.43	3.35	60.03

大豆上，亩商品用量排序：长江中下游江北＞西北＞东北＞华南＞黄河流域；亩折百用量排序：西北＞东北＞长江中下游江北＞华南＞黄河流域；亩成本排序：长江中下游江北＞黄河流域＞西北＞东北＞华南；桶混次数排序：黄河流域＞西北＞长江中下游江北＞

东北＞华南；用量指数排序：西北＞长江中下游江北＞黄河流域＞东北流域＞华南。

为直观反映各生态区域中的农药使用量的差异，现将每种指标在各生态区域用量按大小进行排序，得到的次序数整理列于表 10-3。

表 10-3 各生态区域农药使用指标排序表

生态区	亩商品用量	亩折百用量	亩农药成本	亩桶混次数	用量指数	秩数合计
华南	4	4	5	5	5	23
长江中下游江北	1	3	1	3	2	10
黄河流域	5	5	2	1	3	16
东北	3	2	4	4	4	17
西北	2	1	3	2	1	9

表 10-3 中的各个顺序指标可以直观反映不同生态区域农药使用水平的高低。每个生态区域的指标之和，为该生态区域农药用量水平的综合排序得分（得分越小用量水平越高）。采用 Kendall 协同系数检验，对各个指标在各地区的序列等级进行了检验。检验结果为，Kendall 协同系数 $W=0.52$，卡方值为 10.40，显著性检验 $P=0.003\,42$，在 $P<0.05$ 的显著水平下，这几个指标用于农药用量的评价具有较好的一致性。

第二节　大豆不同类型农药使用情况

2016—2020 年开展大豆农药亩商品用量抽样调查，每年调查县数分别为 14 个、17 个、38 个、38 个、41 个，杀虫剂、杀菌剂、除草剂、植物生长调节剂抽样调查结果见表10-4。

表 10-4 各类型农药使用（亩商品用量）调查表

年份	调查县数	杀虫剂		杀菌剂		除草剂		植物生长调节剂	
		亩商品用量/克（毫升）	占比/%	亩商品用量/克（毫升）	占比/%	亩商品用量/克（毫升）	占比/%	亩商品用量/克（毫升）	占比/%
2016	14	158.46	49.22	9.03	2.81	152.75	47.45	1.68	0.52
2017	17	114.29	38.32	6.65	2.23	176.33	59.12	0.98	0.33
2018	38	81.55	28.91	12.32	4.37	187.83	66.59	0.38	0.13
2019	38	41.22	20.22	7.77	3.81	154.33	75.72	0.51	0.25
2020	41	43.87	22.57	8.33	4.28	141.06	72.56	1.14	0.59
平均		87.88	33.79	8.82	3.39	162.46	62.46	0.94	0.36

从表 10-4 可以看出，几年平均，除草剂的用量最大，亩商品用量为 162.46 克（毫升），占总量的 62.46%；其次是杀虫剂，为 87.88 克（毫升），占总量的 33.79%；然后是杀菌剂，为 8.82 克（毫升），占总量的 3.39%；植物生长调节剂最小，亩商品用量为

0.94 克（毫升），占总量的 0.36%。

按主要农业生态区域，对各类农药的亩商品用量分区汇总，得到 5 个区域农药商品用量情况，见表 10-5。

表 10-5 各生态区域农药亩商品用量统计表

生态区	年份	杀虫剂		杀菌剂		除草剂		植物生长调节剂	
		亩商品用量/克（毫升）	占比/%	亩商品用量/克（毫升）	占比/%	亩商品用量/克（毫升）	占比/%	亩商品用量/克（毫升）	占比/%
华南	2016	109.11	56.26	0.00	0.00	84.82	43.74	0.00	0.00
	2017	95.65	45.61	0.19	0.10	113.85	54.29	0.01	0.00
	2018	—	—	—	—	—	—	—	—
	2019	—	—	—	—	—	—	—	—
	2020	—	—	—	—	—	—	—	—
	平均	102.38	50.73	0.10	0.05	99.34	49.22	0.01	0.00
长江中下游江北	2016	273.09	61.92	5.50	1.24	162.16	36.77	0.30	0.07
	2017	199.79	50.48	4.69	1.19	189.49	47.87	1.84	0.46
	2018	260.11	54.41	9.64	2.02	207.64	43.44	0.63	0.13
	2019	106.51	49.74	1.15	0.54	106.14	49.57	0.33	0.15
	2020	143.39	60.40	8.20	3.45	82.54	34.77	3.27	1.38
	平均	196.58	55.64	5.84	1.66	149.59	42.34	1.27	0.36
黄河流域	2016	112.31	50.45	26.48	11.90	76.77	34.49	7.04	3.16
	2017	122.05	63.96	17.14	8.99	50.47	26.45	1.15	0.60
	2018	111.03	57.94	12.20	6.36	67.70	35.33	0.71	0.37
	2019	55.16	43.33	17.47	13.73	53.56	42.08	1.10	0.86
	2020	67.70	42.36	19.00	11.89	70.52	44.13	2.59	1.62
	平均	93.65	52.49	18.46	10.34	63.80	35.76	2.52	1.41
东北	2016	33.88	15.09	4.67	2.08	185.82	82.74	0.21	0.09
	2017	11.40	5.13	5.50	2.47	205.37	92.37	0.07	0.03
	2018	22.33	9.49	13.68	5.82	198.93	84.58	0.26	0.11
	2019	15.98	7.28	7.55	3.44	195.59	89.09	0.42	0.19
	2020	9.09	4.80	6.00	3.17	174.08	91.93	0.19	0.10
	平均	18.54	8.50	7.48	3.42	191.96	87.97	0.23	0.11
西北	2016	32.15	9.89	0.00	0.00	292.92	90.11	0.00	0.00
	2017	25.59	6.30	1.19	0.30	379.07	93.39	0.03	0.01
	2018	15.55	6.26	0.38	0.16	232.30	93.58	0.01	0.00
	2019	—	—	—	—	—	—	—	—
	2020	—	—	—	—	—	—	—	—
	平均	24.43	7.48	0.52	0.17	301.43	92.35	0.01	0.00

大豆上，亩商品用量杀虫剂排序：长江中下游江北＞华南＞黄河流域＞西北＞东北；

杀菌剂排序：黄河流域＞东北＞长江中下游江北＞西北＞华南；除草剂排序：西北＞东北＞长江中下游江北＞华南＞黄河流域；植物生长调节剂排序：黄河流域＞长江中下游江北＞东北＞西北、华南。

2016—2020 年开展大豆农药亩折百用量抽样调查，每年调查县数分别为 14 个、17 个、38 个、38 个、41 个，杀虫剂、杀菌剂、除草剂、植物生长调节剂抽样调查结果见表 10 - 6。

表 10 - 6　各类型农药使用（亩折百用量）统计表

年份	调查县数	杀虫剂		杀菌剂		除草剂		植物生长调节剂	
		亩折百用量/克（毫升）	占比/%	亩折百用量/克（毫升）	占比/%	亩折百用量/克（毫升）	占比/%	亩折百用量/克（毫升）	占比/%
2016	14	18.89	23.92	2.98	3.77	56.89	72.04	0.21	0.27
2017	17	15.83	18.77	2.79	3.31	65.60	77.78	0.12	0.14
2018	38	9.55	11.13	4.31	5.03	71.85	83.76	0.07	0.08
2019	38	4.70	7.31	2.66	4.14	56.87	88.46	0.06	0.09
2020	41	4.02	6.53	2.64	4.29	54.75	88.94	0.15	0.24
平均		10.60	14.14	3.08	4.10	61.19	81.60	0.12	0.16

从表 10 - 6 可以看出，几年平均，除草剂用量最大，亩折百用量为 61.19 克（毫升），占总量的 81.60%；其次是杀虫剂，为 10.60 克（毫升），占总量的 14.14%；然后是杀菌剂，为 3.08 克（毫升），占总量的 4.10%；植物生长调节剂用量最小，亩折百用量为 0.12 克（毫升），占总量的 0.16%。

按主要农业生态区域，对各类农药的亩折百用量分区汇总，得到 5 个区域农药亩折百用量情况，见表 10 - 7。

表 10 - 7　各生态区域农药亩折百用量统计表

生态区	年份	杀虫剂		杀菌剂		除草剂		植物生长调节剂	
		亩折百用量/克（毫升）	占比/%	亩折百用量/克（毫升）	占比/%	亩折百用量/克（毫升）	占比/%	亩折百用量/克（毫升）	占比/%
华南	2016	22.03	44.04	0.00	0.00	27.99	55.96	0.00	0.00
	2017	13.36	30.08	0.06	0.14	30.99	69.78	0.00	0.00
	2018	—	—	—	—	—	—	—	—
	2019	—	—	—	—	—	—	—	—
	2020	—	—	—	—	—	—	—	—
	平均	17.70	37.48	0.03	0.07	29.49	62.45	0.00	0.00

（续）

生态区	年份	杀虫剂		杀菌剂		除草剂		植物生长调节剂	
		亩折百用量/ 克（毫升）	占比/ %	亩折百用量/ 克（毫升）	占比/ %	亩折百用量/ 克（毫升）	占比/ %	亩折百用量/ 克（毫升）	占比/ %
长江中 下游江北	2016	23.15	39.24	2.15	3.64	33.64	57.02	0.06	0.10
	2017	25.60	27.91	1.37	1.50	64.53	70.36	0.21	0.23
	2018	26.61	29.69	4.15	4.62	58.80	65.60	0.08	0.09
	2019	9.32	21.97	0.52	1.23	32.55	76.73	0.03	0.07
	2020	11.95	32.73	3.12	8.55	20.88	57.19	0.56	1.53
	平均	19.33	30.27	2.26	3.54	42.08	65.89	0.19	0.30
黄河流域	2016	13.39	30.31	8.26	18.70	21.73	49.20	0.79	1.79
	2017	15.88	44.47	9.19	25.73	10.47	29.32	0.17	0.48
	2018	7.92	32.35	4.36	17.82	12.15	49.63	0.05	0.20
	2019	6.48	28.04	5.43	23.50	11.19	48.42	0.01	0.04
	2020	5.03	21.76	6.04	26.12	11.89	51.43	0.16	0.69
	平均	9.74	32.33	6.66	22.10	13.49	44.77	0.24	0.80
东北	2016	15.18	11.19	1.37	1.01	119.05	87.76	0.06	0.04
	2017	3.02	3.46	1.97	2.25	82.38	94.27	0.02	0.02
	2018	4.40	4.76	4.52	4.88	83.48	90.27	0.08	0.09
	2019	2.72	3.32	2.69	3.28	76.39	93.30	0.08	0.10
	2020	1.44	1.86	1.74	2.24	74.31	95.86	0.03	0.04
	平均	5.35	5.63	2.46	2.60	87.12	91.72	0.05	0.05
西北	2016	17.71	10.93	0.00	0.00	144.32	89.07	0.00	0.00
	2017	13.79	6.78	0.36	0.18	189.21	93.04	0.01	0.00
	2018	8.48	6.39	0.11	0.08	124.08	93.53	0.00	0.00
	2019	—		—		—		—	
	2020	—		—		—		—	
	平均	13.33	8.03	0.16	0.10	152.54	91.87	0.00	0.00

大豆上，亩折百用量杀虫剂排序：长江中下游江北＞华南＞西北＞黄河流域＞东北；杀菌剂排序：黄河流域＞东北＞长江中下游江北＞西北＞华南；除草剂排序：西北＞东北＞长江中下游江北＞华南＞黄河流域；植物生长调节剂排序：黄河流域＞长江中下游江北＞东北＞西北、华南。

2016—2020 年开展大豆农药成本抽样调查，每年调查县数分别为 14 个、17 个、38 个、38 个、41 个，杀虫剂、杀菌剂、除草剂、植物生长调节剂抽样调查结果见表10-8。

表 10-8　各类型农药使用（亩成本）统计表

年份	调查县数	杀虫剂		杀菌剂		除草剂		植物生长调节剂	
		亩农药成本/元	占比/%	亩农药成本/元	占比/%	亩农药成本/元	占比/%	亩农药成本/元	占比/%
2016	14	8.69	49.91	0.73	4.19	7.86	45.15	0.13	0.75
2017	17	7.17	41.35	0.63	3.63	9.45	54.50	0.09	0.52
2018	38	3.95	26.42	0.77	5.15	10.20	68.23	0.03	0.20
2019	38	4.52	30.83	0.97	6.62	9.11	62.14	0.06	0.41
2020	41	4.18	29.13	0.70	4.87	9.35	65.16	0.12	0.84
平均		5.70	36.21	0.76	4.83	9.19	58.39	0.09	0.57

从表 10-8 可以看出，几年平均，除草剂的亩成本最高，为 9.19 元，占总量的 58.39%；其次是杀虫剂，为 5.70 元，占总量的 36.21%；然后是杀菌剂，为 0.76 元，占总量的 4.83%；植物生长调节剂最低，亩成本为 0.09 元，占总量的 0.57%。

按主要农业生态区域，对各类农药的亩成本分区汇总，得到 5 个区域农药成本情况，见表 10-9。

表 10-9　各生态区域农药亩成本统计表

生态区	年份	杀虫剂		杀菌剂		除草剂		植物生长调节剂	
		亩农药成本/元	占比/%	亩农药成本/元	占比/%	亩农药成本/元	占比/%	亩农药成本/元	占比/%
华南	2016	8.10	79.49	0.00	0.00	2.09	20.51	0.00	0.00
	2017	7.93	76.77	0.02	0.19	2.38	23.04	0.00	0.00
	2018	—	—	—	—	—	—	—	—
	2019	—	—	—	—	—	—	—	—
	2020	—	—	—	—	—	—	—	—
	平均	8.02	78.09	0.01	0.10	2.24	21.81	0.00	0.00
长江中下游江北	2016	60.65	88.01	0.83	1.21	7.39	10.72	0.04	0.06
	2017	54.27	85.48	0.36	0.57	8.68	13.67	0.18	0.28
	2018	53.61	84.24	0.47	0.74	9.51	14.94	0.05	0.08
	2019	62.48	88.94	0.24	0.34	7.48	10.65	0.05	0.07
	2020	61.92	88.05	0.47	0.67	7.70	10.95	0.23	0.33
	平均	58.59	87.03	0.47	0.70	8.15	12.11	0.11	0.16

（续）

生态区	年份	杀虫剂		杀菌剂		除草剂		植物生长调节剂	
		亩农药成本/元	占比/%	亩农药成本/元	占比/%	亩农药成本/元	占比/%	亩农药成本/元	占比/%
黄河流域	2016	53.43	84.70	1.53	2.43	7.59	12.03	0.53	0.84
	2017	51.64	84.13	2.13	3.48	7.54	12.28	0.07	0.11
	2018	46.40	84.64	1.90	3.46	6.38	11.64	0.14	0.26
	2019	45.93	81.21	4.33	7.66	6.06	10.71	0.24	0.42
	2020	45.89	82.60	2.70	4.86	6.59	11.86	0.38	0.68
	平均	48.66	83.49	2.52	4.33	6.83	11.72	0.27	0.46
东北	2016	8.30	45.78	0.21	1.15	9.61	53.01	0.01	0.06
	2017	7.90	39.70	0.35	1.76	11.64	58.49	0.01	0.05
	2018	8.67	42.58	0.72	3.54	10.96	53.83	0.01	0.05
	2019	5.09	31.99	0.38	2.39	10.41	65.43	0.03	0.19
	2020	4.25	28.22	0.33	2.19	10.45	69.39	0.03	0.20
	平均	6.84	38.28	0.40	2.24	10.61	59.37	0.02	0.11
西北	2016	10.06	45.64	0.00	0.00	11.98	54.36	0.00	0.00
	2017	5.43	24.50	0.06	0.27	16.67	75.23	0.00	0.00
	2018	4.92	28.77	0.02	0.12	12.16	71.11	0.00	0.00
	2019	—	—	—	—	—	—	—	—
	2020	—	—	—	—	—	—	—	—
	平均	6.80	33.28	0.03	0.15	13.60	66.57	0.00	0.00

大豆上，亩成本杀虫剂排序：长江中下游江北＞黄河流域＞华南＞东北＞西北；杀菌剂排序：黄河流域＞长江中下游江北＞东北＞西北＞华南；除草剂排序：西北＞东北＞长江中下游江北＞黄河流域＞华南；植物生长调节剂排序：黄河流域＞长江中下游江北＞东北＞华南、西北。

2016—2020 年开展大豆农药桶混次数抽样调查，每年调查县数分别为 14 个、17 个、38 个、38 个、41 个，杀虫剂、杀菌剂、除草剂、植物生长调节剂抽样调查结果见表 10-10。

表 10-10 各类型农药使用（桶混次数）统计表

年份	调查县数	杀虫剂		杀菌剂		除草剂		植物生长调节剂	
		亩桶混次数	占比/%	亩桶混次数	占比/%	亩桶混次数	占比/%	亩桶混次数	占比/%
2016	14	1.28	46.04	0.10	3.60	1.36	48.92	0.04	1.44
2017	17	1.17	43.33	0.11	4.08	1.40	51.85	0.02	0.74
2018	38	0.74	28.24	0.20	7.64	1.67	63.74	0.01	0.38
2019	38	0.70	30.30	0.14	6.06	1.44	62.34	0.03	1.30

（续）

年份	调查县数	杀虫剂		杀菌剂		除草剂		植物生长调节剂	
		亩桶混次数	占比/%	亩桶混次数	占比/%	亩桶混次数	占比/%	亩桶混次数	占比/%
2020	41	0.78	31.33	0.18	7.22	1.49	59.84	0.04	1.61
平均		0.93	36.05	0.15	5.81	1.47	56.98	0.03	1.16

从表 10-10 可以看出，几年平均，除草剂的亩桶混次数最多，为 1.47 次，占总量的 56.98%；其次是杀虫剂，为 0.93 次，占总量的 36.05%；然后是杀菌剂，为 0.15 次，占总量的 5.81%；植物生长调节剂最少，为 0.03 次，占总量的 1.16%。

按主要农业生态区域，对各类农药的桶混次数分区汇总，得到 5 个区域桶混次数情况，见表 10-11。

表 10-11　各生态区域农药桶混次数统计表

生态区	年份	杀虫剂		杀菌剂		除草剂		植物生长调节剂	
		亩桶混次数	占比/%	亩桶混次数	占比/%	亩桶混次数	占比/%	亩桶混次数	占比/%
华南	2016	1.24	78.48	0.00	0.00	0.34	21.52	0.00	0.00
	2017	1.09	73.15	0.01	0.68	0.39	26.17	0.00	0.00
	2018	—	—	—	—	—	—	—	—
	2019	—	—	—	—	—	—	—	—
	2020	—	—	—	—	—	—	—	—
	平均	1.17	75.48	0.01	0.65	0.37	23.87	0.00	0.00
长江中下游江北	2016	1.74	55.59	0.10	3.20	1.28	40.89	0.01	0.32
	2017	1.70	57.43	0.04	1.36	1.19	40.20	0.03	1.01
	2018	1.56	50.16	0.07	2.25	1.46	46.95	0.02	0.64
	2019	1.50	49.83	0.05	1.67	1.44	47.84	0.02	0.66
	2020	1.88	51.79	0.06	1.65	1.60	44.08	0.09	2.48
	平均	1.68	53.16	0.06	1.90	1.39	43.99	0.03	0.95
黄河流域	2016	1.65	55.18	0.23	7.70	0.95	31.77	0.16	5.35
	2017	1.86	60.00	0.38	12.26	0.83	26.77	0.03	0.97
	2018	1.76	50.57	0.37	10.64	1.31	37.64	0.04	1.15
	2019	1.75	48.48	0.49	13.57	1.24	34.35	0.13	3.60
	2020	2.04	49.28	0.75	18.11	1.23	29.71	0.12	2.90
	平均	1.81	52.31	0.44	12.72	1.11	32.08	0.10	2.89
东北	2016	0.39	17.49	0.04	1.79	1.80	80.72	0.00	0.00
	2017	0.23	10.60	0.08	3.69	1.86	85.71	0.00	0.00
	2018	0.34	14.91	0.22	9.65	1.72	75.44	0.00	0.00

（续）

| 生态区 | 年份 | 杀虫剂 | | 杀菌剂 | | 除草剂 | | 植物生长调节剂 | |
		亩桶混次数	占比/%	亩桶混次数	占比/%	亩桶混次数	占比/%	亩桶混次数	占比/%
东北	2019	0.17	9.83	0.08	4.62	1.48	85.55	0.00	0.00
	2020	0.18	10.17	0.08	4.52	1.51	85.31	0.00	0.00
	平均	0.26	12.81	0.10	4.92	1.67	82.27	0.00	0.00
西北	2016	0.17	5.72	0.00	0.00	2.80	94.28	0.00	0.00
	2017	0.14	4.05	0.01	0.29	3.31	95.66	0.00	0.00
	2018	0.12	3.31	0.01	0.27	3.50	96.42	0.00	0.00
	2019	—	—	—	—	—	—	—	—
	2020	—	—	—	—	—	—	—	—
	平均	0.14	4.18	0.01	0.30	3.20	95.52	0.00	0.00

大豆上，亩桶混次数杀虫剂排序：黄河流域＞长江中下游江北＞华南＞东北＞西北；杀菌剂排序：黄河流域＞东北＞长江中下游江北＞西北、华南；除草剂排序：西北＞东北＞长江中下游江北＞黄河流域＞华南；植物生长调节剂排序：黄河流域＞长江中下游江北＞东北、华南、西北。

第三节　大豆化学农药、生物农药使用情况比较

2016—2020 年开展大豆农药商品用量抽样调查，每年调查县数分别为 14 个、17 个、38 个、38 个、41 个，化学农药、生物农药抽样调查结果见表 10-12。

表 10-12　化学农药、生物农药亩商品用量与亩成本统计表

| 年份 | 调查县数 | 亩商品用量 | | | | 亩农药成本 | | | |
		化学农药/克（毫升）	占比/%	生物农药/克（毫升）	占比/%	化学农药/元	占比/%	生物农药/元	占比/%
2016	14	290.22	90.15	31.70	9.85	13.17	75.65	4.24	24.35
2017	17	271.29	90.96	26.96	9.04	14.53	83.79	2.81	16.21
2018	38	269.39	95.50	12.69	4.50	13.58	90.84	1.37	9.16
2019	38	191.94	94.17	11.89	5.83	12.80	87.31	1.86	12.69
2020	41	181.25	93.24	13.15	6.76	12.85	89.55	1.50	10.45
平均		240.82	92.59	19.28	7.41	13.38	85.01	2.36	14.99

从表 10-12 可以看出，几年平均，化学农药依然是防治大豆病虫害的主体，亩商品用量为 240.82 克（毫升），占总亩商品用量的 92.59%；生物农药每亩为 19.28 克（毫升），占总亩商品用量的 7.41%。从亩农药成本看，化学农药每亩 13.38 元，占总农药成

本的 85.01%；生物农药每亩 2.36 元，占总农药成本的 14.99%。

按主要农业生态区域，对化学农药、生物农药的商品用量与农药成本分区汇总，得到 5 个区域的化学农药、生物农药亩商品用量与亩农药成本情况，见表 10 - 13。

表 10 - 13　各生态区域化学农药、生物农药亩商品用量与亩农药成本统计表

生态区	年份	亩商品用量				亩农药成本			
		化学农药/克（毫升）	占比/%	生物农药/克（毫升）	占比/%	化学农药/元	占比/%	生物农药/元	占比/%
华南	2016	150.77	77.74	43.16	22.26	6.14	60.26	4.05	39.74
	2017	160.17	76.38	49.53	23.62	4.85	46.95	5.48	53.05
	2018	—	—	—	—	—	—	—	—
	2019	—	—	—	—	—	—	—	—
	2020	—	—	—	—	—	—	—	—
	平均	155.48	77.04	46.35	22.96	5.50	53.55	4.77	46.45
长江中下游江北	2016	403.63	91.52	37.42	8.48	62.80	91.13	6.11	8.87
	2017	353.53	89.32	42.28	10.68	58.63	92.35	4.86	7.65
	2018	448.00	93.72	30.02	6.28	59.18	92.99	4.46	7.01
	2019	181.92	84.96	32.21	15.04	64.09	91.23	6.16	8.77
	2020	197.66	83.26	39.74	16.74	65.19	92.70	5.13	7.30
	平均	316.95	89.72	36.33	10.28	61.98	92.07	5.34	7.93
黄河流域	2016	166.87	74.96	55.73	25.04	56.98	90.33	6.10	9.67
	2017	156.95	82.25	33.86	17.75	58.93	96.01	2.45	3.99
	2018	158.27	82.59	33.37	17.41	52.20	95.22	2.62	4.78
	2019	105.97	83.25	21.32	16.75	53.52	94.63	3.04	5.37
	2020	127.62	79.86	32.19	20.14	52.46	94.42	3.10	5.58
	平均	143.14	80.22	35.29	19.78	54.82	94.06	3.46	5.94
东北	2016	221.58	98.66	3.00	1.34	17.99	99.23	0.14	0.77
	2017	220.19	99.03	2.15	0.97	19.72	99.10	0.18	0.90
	2018	230.85	98.15	4.35	1.85	20.13	98.87	0.23	1.13
	2019	216.78	98.74	2.76	1.26	15.78	99.18	0.13	0.82
	2020	188.31	99.45	1.05	0.55	14.99	99.54	0.07	0.46
	平均	215.55	98.78	2.66	1.22	17.72	99.16	0.15	0.84
西北	2016	325.07	100.00	0.00	0.00	22.04	100.00	0.00	0.00
	2017	405.41	99.88	0.47	0.12	22.14	99.91	0.02	0.09
	2018	248.11	99.95	0.13	0.05	17.09	99.94	0.01	0.06
	2019	—	—	—	—	—	—	—	—
	2020	—	—	—	—	—	—	—	—
	平均	326.19	99.94	0.20	0.06	20.42	99.95	0.01	0.05

大豆上，化学农药亩商品用量排序：西北＞长江中下游江北＞东北＞华南＞黄河流域；生物农药亩商品用量排序：华南＞长江中下游江北＞黄河流域＞东北＞西北。化学农药亩成本排序：长江中下游江北＞黄河流域＞西北＞东北＞华南；生物农药亩成本排序：长江中下游江北＞华南＞黄河流域＞东北＞西北。

第四节 大豆主要农药种类及使用情况分析

根据农户用药调查中农药使用数据，对 2016—2020 年大豆上主要农药种类在数量上进行了比较分析，结果见表 10 - 14。

表 10 - 14 大豆上主要农药有效成分使用数量汇总表

区域	总数/个	除草剂		杀虫剂		杀菌剂		植物生长调节剂	
		数量/个	占比/%	数量/个	占比/%	数量/个	占比/%	数量/个	占比/%
全国	71	30	42.25	18	25.35	13	18.32	10	14.08
华南地区	9	2	22.22	7	77.78	0	0.00	0	0.00
长江中下游江北	47	18	38.30	14	29.79	10	21.27	5	10.64
黄河流域	42	11	26.19	16	38.10	8	19.04	7	16.67
东北地区	58	29	50.00	16	27.59	10	17.24	3	5.17
西北地区	14	12	85.71	2	14.29	0	0.00	0	0.00

注：各区域相同农药种类在全国范围内进行合并。

从表 10 - 14 可以看出，全国范围 2016—2020 年大豆上共使用了 71 种农药有效成分。其中，除草剂最多，有 30 种，占农药总数的 42.25%；杀虫剂 18 种，占 25.35%；杀菌剂 13 种，占 18.32%；植物生长调节剂最少，有 10 种，占 14.08%。

华南地区大豆上共使用了 9 种农药有效成分，主要以杀虫剂为主。其中，杀虫剂 7 种，占农药总数的 77.78%；除草剂 2 种，占 22.22%。

长江中下游江北地区大豆上共使用了 47 种农药有效成分。其中，除草剂最多，有 18 种，占农药总数的 38.30%；杀虫剂 14 种，占 29.79%；杀菌剂 10 种，占 21.27%；植物生长调节剂最少，有 5 种，占 10.64%。

黄河流域共使用了 42 种农药有效成分。其中，杀虫剂最多，有 16 种，占农药总数的 38.10%；除草剂 11 种，占 26.19%；杀菌剂 8 种，占 19.04%；植物生长调节剂最少，有 7 种，占 16.67%。

东北地区共使用了 58 种农药有效成分。其中，除草剂最多，有 29 种，占农药总数的 50.00%；杀虫剂 16 种，占 27.59%；杀菌剂 10 种，占 17.24%；植物生长调节剂最少，有 3 种，占 5.17%。

西北地区共使用了 14 种农药有效成分，主要以除草剂为主。其中，除草剂 12 种，占农药总数的 85.71％；杀虫剂 2 种，占 14.29％。

第五节　大豆主要农药有效成分使用频率
分布及年度趋势分析

统计大豆上某种农药的次数，采用使用频率（％）这一指标进行分析。表 10-15 是经计算整理得到的 2016—2020 年各种农药成分使用的相对频率，表中仅列出相对频率累计前 75％的农药种类。采用变异系数分析不同种类农药使用频率在年度间变化趋势。同时，用回归分析方法检验某种农药使用频率在年度间是否有上升或下降的趋势，将统计学上差异显著（显著性检验 P 值小于 0.05）的农药种类在年变化趋势栏内进行标记。如果是上升趋势，则标记"↗"；如果是下降趋势，则标记"↘"。

表 10-15　2016—2020 年全国大豆上各农药有效成分使用频率（％）

序号	农药种类	平均值	最小值（年份）	最大值（年份）	标准差	变异系数	年变化趋势	累计频率
1	精喹禾灵	6.57	5.91 (2016)	7.49 (2020)	0.663 7	10.104 0	6.04 ↗	6.569 1
2	氟磺胺草醚	6.15	5.14 (2017)	6.88 (2020)	0.809 2	13.157 6	7.36 ↗	12.719 0
3	甲氨基阿维菌素苯甲酸盐	5.15	3.29 (2018)	6.90 (2016)	1.678 0	32.567 7	−15.54	17.871 5
4	乙草胺	4.21	2.77 (2017)	5.13 (2018)	0.928 4	22.053 9	8.11	22.080 9
5	异噁草松	3.50	1.48 (2016)	5.26 (2020)	1.452 0	41.448 9	24.26 ↗	25.584 1
6	阿维菌素	3.26	2.39 (2019)	4.43 (2016)	0.913 0	28.028 1	−17.10 ↘	28.841 4
7	高效氯氟氰菊酯	3.08	2.05 (2018)	3.48 (2019)	0.587 4	19.094 6	−0.33	31.917 5
8	灭草松	2.96	2.37 (2017)	3.70 (2018)	0.588 4	19.879 5	8.15	34.877 2
9	烯草酮	2.88	0.99 (2016)	5.06 (2020)	1.571 0	54.596 5	34.30 ↗	37.754 6
10	吡虫啉	2.40	1.74 (2019)	4.43 (2016)	1.140 8	47.437 6	−22.71	40.159 5
11	高效氯氰菊酯	2.34	1.58 (2017)	3.45 (2016)	0.717 3	30.614 3	−7.77	42.502 6
12	噻吩磺隆	2.06	1.48 (2016)	2.87 (2018)	0.644 6	31.275 9	11.96	44.563 5
13	毒死蜱	1.92	0.81 (2020)	3.56 (2017)	1.100 0	57.389 9	−27.87	46.480 2
14	2,4-滴丁酯	1.87	0.87 (2019)	3.04 (2020)	1.029 2	55.056 0	18.14	48.349 6
15	异丙甲草胺	1.69	1.48 (2016)	2.02 (2020)	0.235 5	13.932 9	6.11	50.040 2
16	高效氟吡甲禾灵	1.65	0.82 (2018)	2.43 (2020)	0.596 2	36.066 6	13.78	51.693 4

（续）

序号	农药种类	平均值	最小值（年份）	最大值（年份）	标准差	变异系数	年变化趋势	累计频率
17	嗪草酮	1.58	0.49（2016）	2.87（2018）	0.876 9	55.525 4	18.96	53.272 7
18	苏云金杆菌	1.49	0.20（2020）	2.96（2016）	1.138 3	76.641 7	−47.19 ↘	54.757 9
19	多菌灵	1.23	0.65（2019）	1.64（2018）	0.465 1	37.734 4	−18.38	55.990 6
20	氯氰菊酯	1.14	0.41（2018）	2.37（2017）	0.792 1	69.216 2	−26.70	57.135 0
21	氯虫苯甲酰胺	0.83	0.40（2017）	1.48（2016）	0.406 2	48.684 2	−15.18	57.969 3
22	马拉硫磷	0.82	0.22（2019）	1.48（2016）	0.504 1	61.412 9	−33.01	58.790 1
23	扑草净	0.78	0.40（2017）	1.21（2020）	0.361 7	46.666 9	12.04	59.565 2
24	多效唑	0.77	0.62（2018）	0.99（2016）	0.146 6	19.014 7	−6.35	60.335 9
25	苯醚甲环唑	0.69	0.40（2017）	1.52（2019）	0.475 0	69.286 7	19.78	61.021 4
26	福美双	0.65	0.00（2016）	1.44（2018）	0.564 5	86.720 1	16.07	61.672 4
27	氰戊菊酯	0.64	0.22（2019）	0.99（2016）	0.283 7	44.107 1	−20.66	62.315 7
28	乙羧氟草醚	0.64	0.40（2017）	1.23（2016）	0.450 2	70.642 0	20.18	62.953 0
29	辛硫磷	0.62	0.00（2020）	1.48（2016）	0.553 9	88.950 3	−53.17 ↘	63.575 8
30	克百威	0.57	0.00（2016）	1.23（2018）	0.484 1	85.018 2	11.26	64.145 2

从表 10-15 可以看出，主要农药品种的使用，以变异系数为指标，年度间波动非常大（变异系数大于等于 50%）的农药种类有：辛硫磷、福美双、克百威、苏云金杆菌、乙羧氟草醚、苯醚甲环唑、氯氰菊酯、马拉硫磷、毒死蜱、嗪草酮、2，4-滴丁酯、烯草酮。年度间波动幅度较大（变异系数在 25%～49.9%）的农药种类有：氯虫苯甲酰胺、吡虫啉、扑草净、氰戊菊酯、异噁草松、多菌灵、高效氟吡甲禾灵、甲氨基阿维菌素苯甲酸盐、噻吩磺隆、高效氯氰菊酯、阿维菌素。年度间有波动（变异系数在 10.0%～24.9%）的农药种类有：乙草胺、灭草松、高效氯氟氰菊酯、多效唑、异丙甲草胺、氟磺胺草醚、精喹禾灵。

对表 10-15 各年用药频率进行线性回归分析，探索年度间是否有上升或下降趋势。经统计检验达显著水平（$P < 0.05$），年度间有上升趋势的农药种类有：精喹禾灵、氟磺胺草醚、异噁草松、烯草酮；年度间有下降趋势的农药种类有：阿维菌素、苏云金杆菌、辛硫磷。统计检验临界值的概率水平为 0.05 时，没有表现出年度间上升或下降趋势的农药种类有：甲氨基阿维菌素苯甲酸盐、乙草胺、高效氯氟氰菊酯、灭草松、吡虫啉、高效氯氰菊酯、噻吩磺隆、毒死蜱、2，4-滴丁酯、异丙甲草胺、高效氟吡甲禾灵、嗪草酮、多菌灵、氯氰菊酯、氯虫苯甲酰胺、马拉硫磷、扑草净、多效唑、苯醚甲环唑、福美双、氰戊菊酯、乙羧氟草醚、克百威。

大豆上各农药成分使用频次占总频次的比例（%）和年度增减趋势（%）关系，采用散点图进行分析，散点图如图 10-1 所示。

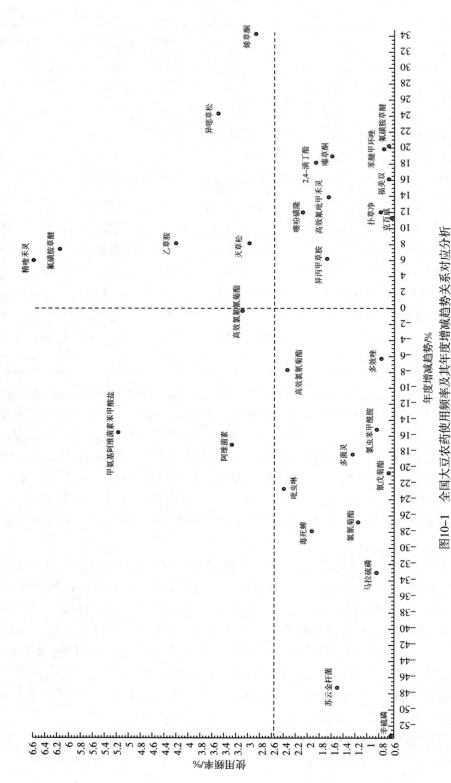

图10-1 全国大豆农药使用频率及其年度增减趋势关系对应分析

　　图 10-1 中第一象限（右上部）农药成分的使用频率较高且年度间具有增长的趋势，如烯草酮、异噁草松和精喹禾灵等；第二象限（右下部）农药成分的使用频率较低但年度间具有增长的趋势，如乙羧氟草醚、苯醚甲环唑和嗪草酮等；第三象限（左下部）农药成分的使用频率较低且年度间没有增长，表现为下降的趋势，如辛硫磷、苏云金杆菌和马拉硫磷等；第四象限（左上部）农药成分的使用频率较高但是年度间没有增长，表现为下降的趋势，如甲氨基阿维菌素苯甲酸盐、阿维菌素和高效氯氟氰菊酯。

第十一章　马铃薯农药使用抽样调查结果与分析

按不同地域特征和作物种植结构，将我国马铃薯种植区分为西南、长江中下游江北、黄河流域、东北、西北、青藏区6个主要农业生态区域。2016—2020年，在各个区域范围内，选择了14个省份48个县开展农药使用抽样调查。其中，西南：重庆7个县，四川1个县，贵州1个县，云南10个县；长江中下游江北：湖北2个县；黄河流域：河北3个县，山西4个县，陕西4个县；东北：辽宁2个县，黑龙江4个县；西北：内蒙古1个县，甘肃3个县，宁夏4个县；青藏区：青海2个县。

第一节　马铃薯农药使用基本情况

2016—2020年开展马铃薯上农户用药抽样调查，每年调查县数分别为10个、16个、23个、26个、30个，以亩商品用量、亩折百用量、亩农药成本、亩桶混次数、用量指数作为指标进行作物用药水平评价。抽样调查结果见表11-1。

表 11-1　农药用量基本情况表

年份	调查县数	亩商品用量/克（毫升）	亩折百用量/克（毫升）	亩农药成本/元	亩桶混次数	用量指数
2016	10	400.02	169.10	33.20	4.49	78.73
2017	16	354.90	166.69	43.76	4.50	80.66
2018	23	355.29	176.28	37.42	3.99	81.98
2019	26	416.28	148.47	37.80	3.39	58.57
2020	30	342.90	139.56	43.37	3.75	76.63
平均		373.88	160.03	39.11	4.02	75.32

从表11-1可以看出，亩商品用量多年平均值为373.88克（毫升），最小值为2020年的342.90克（毫升），最大值为2019年的416.28克（毫升）。亩折百用量多年平均值为160.03克（毫升），最小值为2020年的139.56克（毫升），最大值为2018年的176.28克（毫升）。亩农药成本多年平均值为39.11元，最小值为2016年的33.20元，最大值为2017年的43.76元。亩桶混次数多年平均值为4.02次，最小值为2019年的3.39次，最大值为2017年的4.50次。用药指数多年平均值为75.32，最小值为2019年的58.57，最大值为2018年的81.98，各项指标历年数据虽有波动，但没有明显的上升或下降的趋势。

　　按主要农业生态区域，对各个生态区域农药使用指标分区汇总，得到 6 个区域农药使用基本情况，见表 11 - 2。

表 11 - 2　各生态区域农药使用基本情况统计表

生态区	年份	调查县数	亩商品用量/克（毫升）	亩折百用量/克（毫升）	亩农药成本/元	亩桶混次数	用量指数
西南	2016	3	853.38	301.87	73.25	9.30	132.07
	2017	5	520.43	223.07	76.76	6.52	68.83
	2018	7	516.25	243.99	64.35	5.29	107.88
	2019	10	533.01	228.00	64.62	4.84	93.00
	2020	16	414.14	177.83	58.66	4.70	84.09
	平均		567.45	234.96	67.52	6.13	97.17
长江中下游江北	2016	0	—	—	—	—	—
	2017	0	—	—	—	—	—
	2018	0	—	—	—	—	—
	2019	2	130.54	78.72	39.36	2.31	34.99
	2020	2	156.06	117.44	32.81	1.62	19.38
	平均		143.31	98.08	36.09	1.97	27.18
黄河流域	2016	4	265.38	144.78	19.60	2.91	38.92
	2017	4	308.11	158.52	34.96	4.01	51.73
	2018	8	333.49	171.30	24.20	3.43	77.30
	2019	6	694.31	150.81	24.36	3.24	48.55
	2020	4	532.85	121.49	35.53	3.85	77.43
	平均		426.83	149.39	27.73	3.50	58.79
东北	2016	0	—	—	—	—	—
	2017	2	480.84	243.83	53.52	5.97	144.35
	2018	1	232.94	103.86	16.49	1.90	80.72
	2019	2	140.35	65.17	19.93	2.87	21.92
	2020	3	240.18	125.74	34.80	3.18	144.13
	平均		273.58	134.66	31.19	3.50	97.78
西北	2016	3	126.15	68.74	11.29	1.78	78.48
	2017	5	176.39	85.98	13.93	2.30	90.17
	2018	6	233.94	123.67	29.94	3.60	45.04
	2019	4	91.24	52.96	9.61	1.52	17.18
	2020	5	99.27	48.69	10.16	1.80	34.52
	平均		145.39	76.01	14.98	2.21	53.08

（续）

生态区	年份	调查县数	亩商品用量/ 克（毫升）	亩折百用量/ 克（毫升）	亩农药 成本/元	亩桶混次数	用量指数
	2016	0	—	—	—	—	—
	2017	0	—	—	—	—	—
青藏区	2018	1	253.36	130.15	20.36	3.75	161.12
	2019	2	210.38	87.72	16.72	1.98	59.44
	2020	0	—	—	—	—	—
	平均		231.87	108.94	18.55	2.87	110.28

为直观反映各个生态区域中不同农药用量指标的差异，对各指标按其在各个生态区域用量的大小进行排序，得到的次序数整理列于表 11-3。

表 11-3　各生态区域农药用量指标排序表

生态区	亩商品用量	亩折百用量	亩农药成本	亩桶混次数	用量指数	秩数合计
西南	1	1	1	1	3	7
长江中下游江北	6	5	2	6	6	25
黄河流域	2	2	4	2	4	14
东北	3	3	3	3	2	14
西北	5	6	6	5	5	27
青藏区	4	4	5	4	1	18

表 11-3 中的各个顺序指标，亩商品用量、亩折百用量、亩农药成本、亩桶混次数、用量指数，可以直观反映各个生态区域农药使用水平的高低。每个生态区域的指标之和，为该生态区域农药用量水平的综合排序得分（得分越小用量水平越高）。采用 Kendall 协同系数检验，对各个指标在各个地区的序列等级进行了检验。检验结果为，Kendall 协同系数 $W=0.64$，卡方值为 16.09，显著性检验 $P=0.006\ 6$，在 $P<0.01$ 的显著水平下，这几个指标用于评价农药用量水平具有较好的一致性。

第二节　马铃薯不同类型农药使用情况

2016—2020 年开展马铃薯农药商品用量抽样调查，每年调查县数分别为 10 个、16 个、23 个、26 个、30 个，杀虫剂、杀菌剂、除草剂、植物生长调节剂抽样调查结果见表 11-4。

表 11-4　各类型农药商品用量统计表

年份	调查县数	杀虫剂		杀菌剂		除草剂		植物生长调节剂	
		亩商品用量/克（毫升）	占比/%	亩商品用量/克（毫升）	占比/%	亩商品用量/克（毫升）	占比/%	亩商品用量/克（毫升）	占比/%
2016	10	153.14	38.28	196.54	49.14	38.66	9.66	11.68	2.92
2017	16	109.24	30.78	214.92	60.56	30.23	8.52	0.51	0.14
2018	23	92.84	26.13	223.62	62.94	37.45	10.54	1.38	0.39
2019	26	200.22	48.10	180.24	43.30	33.53	8.05	2.29	0.55
2020	30	125.51	36.60	185.79	54.19	31.08	9.06	0.52	0.15
平均		136.19	36.43	200.22	53.55	34.19	9.14	3.28	0.88

从表 11-4 可以看出，几年平均，杀菌剂的用量最大，亩商品用量为 200.22 克（毫升），占总量的 53.55%；其次是杀虫剂，亩商品用量为 136.19 克（毫升），占总量的 36.43%；再次是除草剂，亩商品用量为 34.19 克（毫升），占总量的 9.14%。植物生长调节剂用量最少，为 3.28 克（毫升），占总量的 0.88%。

按我国主要农业生态区域，对各个生态区域各类型农药的商品用量分区汇总，得到 6 个区域各个类型农药商品用量情况，见表 11-5。

表 11-5　各生态区域农药商品用量统计表

生态区	年份	杀虫剂		杀菌剂		除草剂		植物生长调节剂	
		亩商品用量/克（毫升）	占比/%	亩商品用量/克（毫升）	占比/%	亩商品用量/克（毫升）	占比/%	亩商品用量/克（毫升）	占比/%
西南	2016	415.47	48.69	316.58	37.09	117.82	13.81	3.51	0.41
	2017	187.27	35.98	291.77	56.07	40.29	7.74	1.10	0.21
	2018	143.16	27.73	335.57	65.00	35.94	6.96	1.58	0.31
	2019	206.94	38.82	280.35	52.60	44.98	8.44	0.74	0.14
	2020	132.41	31.97	247.68	59.86	33.40	8.06	0.45	0.11
	平均	217.05	38.25	294.43	51.89	54.49	9.60	1.48	0.26
长江中下游江北	2016	—	—	—	—	—	—	—	—
	2017	—	—	—	—	—	—	—	—
	2018	—	—	—	—	—	—	—	—
	2019	0.00	0.00	125.47	96.12	5.07	3.88	0.00	0.00
	2020	0.00	0.00	156.06	100.00	0.00	0.00	0.00	0.00
	平均	0.00	0.00	140.77	98.23	2.54	1.77	0.00	0.00
黄河流域	2016	60.34	22.74	170.24	64.15	8.24	3.10	26.56	10.01
	2017	127.87	41.50	173.44	56.29	6.35	2.06	0.45	0.15
	2018	114.50	34.33	188.70	56.59	27.78	8.33	2.51	0.75

（续）

生态区	年份	杀虫剂		杀菌剂		除草剂		植物生长调节剂	
		亩商品用量/克（毫升）	占比/%	亩商品用量/克（毫升）	占比/%	亩商品用量/克（毫升）	占比/%	亩商品用量/克（毫升）	占比/%
黄河流域	2019	511.38	73.65	143.24	20.63	31.24	4.50	8.45	1.22
	2020	360.00	67.56	116.01	21.78	56.61	10.62	0.23	0.04
	平均	234.82	55.01	158.33	37.10	26.04	6.10	7.64	1.79
东北	2016	—	—	—	—	—	—	—	—
	2017	85.74	17.83	283.71	59.01	111.38	23.16	0.01	0.00
	2018	79.06	33.94	103.35	44.37	50.16	21.53	0.37	0.16
	2019	24.12	17.19	97.25	69.28	18.48	13.17	0.50	0.36
	2020	35.54	14.80	154.86	64.47	47.33	19.71	2.45	1.02
	平均	56.12	20.51	159.79	58.41	56.84	20.78	0.83	0.30
西北	2016	14.53	11.52	111.55	88.42	0.06	0.05	0.01	0.01
	2017	25.69	14.56	143.73	81.48	6.80	3.86	0.17	0.10
	2018	23.02	9.84	164.74	70.42	46.16	19.73	0.02	0.01
	2019	0.55	0.60	88.93	97.47	1.75	1.92	0.01	0.01
	2020	20.01	20.16	73.36	73.90	5.90	5.94	0.00	0.00
	平均	16.76	11.53	116.46	80.10	12.13	8.34	0.04	0.03
青藏区	2016	—	—	—	—	—	—	—	—
	2017	—	—	—	—	—	—	—	—
	2018	0.00	0.00	192.91	76.14	60.45	23.86	0.00	0.00
	2019	8.82	4.19	111.09	52.81	90.25	42.90	0.22	0.10
	2020	—	—	—	—	—	—	—	—
	平均	4.41	1.90	152.00	65.55	75.35	32.50	0.11	0.05

　　马铃薯上，各个农业生态区不同类型农药的商品用量排序，杀虫剂：黄河流域＞西南＞东北＞西北＞青藏区（长江中下游江北地区杀虫剂用量为0）；杀菌剂：西南＞东北＞黄河流域＞青藏区＞长江中下游江北＞西北；除草剂：青藏区＞东北＞西南＞黄河流域＞西北＞长江中下游江北；植物生长调节剂：黄河流域＞西南＞东北＞青藏区＞西北（长江中下游江北地区植物生长调节剂用量为0）。

　　2016—2020年开展马铃薯农药折百用量抽样调查，每年调查县数分别为10个、16个、23个、26个、30个，杀虫剂、杀菌剂、除草剂、植物生长调节剂抽样调查结果见表11-6。

表 11-6　各类型农药折百用量统计表

年份	调查县数	杀虫剂		杀菌剂		除草剂		植物生长调节剂	
		亩折百用量/克（毫升）	占比/%	亩折百用量/克（毫升）	占比/%	亩折百用量/克（毫升）	占比/%	亩折百用量/克（毫升）	占比/%
2016	10	32.83	19.41	126.31	74.70	9.83	5.81	0.13	0.08
2017	16	18.44	11.06	135.66	81.38	12.48	7.49	0.11	0.07
2018	23	20.78	11.79	144.12	81.76	11.22	6.36	0.16	0.09
2019	26	20.04	13.50	116.41	78.40	11.95	8.05	0.07	0.05
2020	30	18.47	13.23	109.28	78.31	11.70	8.38	0.11	0.08
平均		22.11	13.82	126.36	78.96	11.44	7.15	0.12	0.07

从表 11-6 可以看出，几年平均，杀菌剂的用量最大，亩折百用量为 126.36 克（毫升），占总量的 78.96%；其次是杀虫剂，亩折百用量为 22.11 克（毫升），占总量的 13.82%；再次是除草剂，亩折百用量为 11.44 克（毫升），占总量的 7.15%；植物生长调节剂用量最少，亩折百用量为 0.12 克（毫升），仅占总量的 0.07%。

按我国主要农业生态区域，对各类型农药的亩折百用量分区汇总，得到 6 个区域不同类型农药折百用量情况，见表 11-7。

表 11-7　各生态区域农药折百用量统计表

生态区	年份	杀虫剂		杀菌剂		除草剂		植物生长调节剂	
		亩折百用量/克（毫升）	占比/%	亩折百用量/克（毫升）	占比/%	亩折百用量/克（毫升）	占比/%	亩折百用量/克（毫升）	占比/%
西南	2016	74.30	24.61	199.40	66.05	28.03	9.29	0.14	0.05
	2017	12.77	5.72	199.37	89.39	10.83	4.85	0.10	0.04
	2018	19.30	7.91	215.85	88.46	8.63	3.54	0.21	0.09
	2019	27.56	12.09	183.97	80.68	16.34	7.17	0.13	0.06
	2020	20.45	11.50	146.15	82.18	11.16	6.28	0.07	0.04
	平均	30.88	13.14	188.95	80.42	15.00	6.38	0.13	0.06
长江中下游江北	2016	—	—	—	—	—	—	—	—
	2017	—	—	—	—	—	—	—	—
	2018	—	—	—	—	—	—	—	—
	2019	0.00	0.00	74.16	94.21	4.56	5.79	0.00	0.00
	2020	0.00	0.00	117.44	100.00	0.00	0.00	0.00	0.00
	平均	0.00	0.00	95.80	97.68	2.28	2.32	0.00	0.00
黄河流域	2016	24.12	16.66	116.91	80.74	3.54	2.45	0.21	0.15
	2017	41.17	25.97	114.25	72.08	2.86	1.80	0.24	0.15
	2018	34.17	19.95	126.97	74.12	9.89	5.77	0.27	0.16

（续）

生态区	年份	杀虫剂		杀菌剂		除草剂		植物生长调节剂	
		亩折百用量/克（毫升）	占比/%	亩折百用量/克（毫升）	占比/%	亩折百用量/克（毫升）	占比/%	亩折百用量/克（毫升）	占比/%
黄河流域	2019	39.27	26.04	101.26	67.15	10.23	6.78	0.05	0.03
	2020	41.90	34.49	59.42	48.91	20.16	16.59	0.01	0.01
	平均	36.13	24.19	103.76	69.45	9.34	6.25	0.16	0.11
东北	2016	—	—	—	—	—	—	—	—
	2017	22.30	9.15	160.53	65.83	61.00	25.02	0.00	0.00
	2018	35.44	34.12	39.54	38.07	28.87	27.80	0.01	0.01
	2019	2.17	3.33	54.08	82.98	8.87	13.61	0.05	0.08
	2020	14.21	11.30	82.04	65.25	28.76	22.87	0.73	0.58
	平均	18.53	13.76	84.05	62.42	31.88	23.67	0.20	0.15
西北	2016	2.98	4.34	65.74	95.63	0.02	0.03	0.00	0.00
	2017	4.38	5.09	79.12	92.02	2.43	2.83	0.05	0.06
	2018	5.66	4.58	105.82	85.56	12.18	9.85	0.01	0.01
	2019	0.08	0.15	52.48	99.09	0.40	0.76	0.00	0.00
	2020	3.33	6.84	44.27	90.92	1.09	2.24	0.00	0.00
	平均	3.29	4.33	69.49	91.42	3.22	4.24	0.01	0.01
青藏区	2016	—	—	—	—	—	—	—	—
	2017	—	—	—	—	—	—	—	—
	2018	0.00	0.00	113.54	87.24	16.61	12.76	0.00	0.00
	2019	2.50	2.85	56.44	64.34	28.72	32.74	0.06	0.07
	2020	—	—	—	—	—	—	—	—
	平均	1.25	1.15	84.99	78.01	22.67	20.81	0.03	0.03

马铃薯上，各个农业生态区不同类型农药的折百用量排序，杀虫剂：黄河流域＞西南＞东北＞西北＞青藏区（长江中下游江北地区杀虫剂用量为0）；杀菌剂：西南＞黄河流域＞长江中下游江北＞青藏区＞东北＞西北；除草剂：东北＞青藏区＞西南＞黄河流域＞西北＞长江中下游江北；植物生长调节剂：东北＞黄河流域＞西南＞青藏区＞西北（长江中下游江北地区植物生长调剂用量为0）。

2016—2020年开展马铃薯农药成本抽样调查，每年调查县数分别为10个、16个、23个、26个、30个，杀虫剂、杀菌剂、除草剂、植物生长调节剂等类型抽样调查结果见表11-8。

表 11-8　各类型农药亩成本统计表

年份	调查县数	杀虫剂		杀菌剂		除草剂		植物生长调节剂	
		亩农药成本/元	占比/%	亩农药成本/元	占比/%	亩农药成本/元	占比/%	亩农药成本/元	占比/%
2016	10	3.76	11.33	27.55	82.98	1.71	5.15	0.18	0.54
2017	16	3.48	7.95	38.41	87.77	1.81	4.14	0.06	0.14
2018	23	3.61	9.65	31.24	83.49	2.43	6.49	0.14	0.37
2019	26	4.55	12.04	30.81	81.50	2.15	5.69	0.29	0.77
2020	30	4.35	10.03	36.60	84.39	2.35	5.42	0.07	0.16
平均		3.95	10.10	32.92	84.18	2.09	5.34	0.15	0.38

从表 11-8 可以看出，几年平均，杀菌剂的成本最高，为 32.92 元，占总量的 84.18%；其次是杀虫剂，为 3.95 元，占总量的 10.10%；然后是除草剂，为 2.09 元，占总量的 5.34%。

按主要农业生态区域，对各类型农药的成本分区汇总，得到 6 个区域农药成本情况，见表 11-9。

表 11-9　各生态区域农药亩成本统计表

生态区	年份	杀虫剂		杀菌剂		除草剂		植物生长调节剂	
		亩农药成本/元	占比/%	亩农药成本/元	占比/%	亩农药成本/元	占比/%	亩农药成本/元	占比/%
西南	2016	8.67	11.84	59.15	80.75	4.98	6.80	0.45	0.61
	2017	4.47	5.82	70.13	91.37	2.02	2.63	0.14	0.18
	2018	5.84	9.08	56.51	87.81	1.78	2.77	0.22	0.34
	2019	7.82	12.10	54.73	84.70	1.88	2.91	0.19	0.29
	2020	6.32	10.77	50.00	85.24	2.24	3.82	0.10	0.17
	平均	6.62	9.80	58.10	86.05	2.58	3.82	0.22	0.33
长江中下游江北	2016	—							
	2017	—							
	2018	—							
	2019	0.00	0.00	38.28	97.26	1.08	2.74	0.00	0.00
	2020	0.00	0.00	32.81	100.00	0.00	0.00	0.00	0.00
	平均	0.00	0.00	35.55	98.50	0.54	1.50	0.00	0.00
黄河流域	2016	2.30	11.73	16.66	85.01	0.53	2.70	0.11	0.56
	2017	5.01	14.33	29.43	84.18	0.46	1.32	0.06	0.17
	2018	3.57	14.75	18.12	74.87	2.31	9.55	0.20	0.83
	2019	5.79	23.77	14.76	60.59	2.92	11.99	0.89	3.65
	2020	5.32	14.97	23.84	67.11	6.34	17.84	0.03	0.08
	平均	4.40	15.87	20.56	74.14	2.51	9.05	0.26	0.94

（续）

生态区	年份	杀虫剂		杀菌剂		除草剂		植物生长调节剂	
		亩农药成本/元	占比/%	亩农药成本/元	占比/%	亩农药成本/元	占比/%	亩农药成本/元	占比/%
东北	2016	—	—	—	—	—	—	—	—
	2017	3.37	6.30	43.12	80.56	7.03	13.14	0.00	0.00
	2018	2.48	15.04	11.55	70.04	2.42	14.68	0.04	0.24
	2019	2.19	10.99	16.90	84.80	0.74	3.71	0.10	0.50
	2020	1.39	3.99	30.95	88.94	2.33	6.70	0.13	0.37
	平均	2.36	7.57	25.63	82.17	3.13	10.04	0.07	0.22
西北	2016	0.80	7.09	10.48	92.82	0.01	0.09	0.00	0.00
	2017	1.32	9.48	12.00	86.14	0.60	4.31	0.01	0.07
	2018	1.84	6.15	25.30	84.50	2.80	9.35	0.00	0.00
	2019	0.08	0.83	9.43	98.13	0.10	1.04	0.00	0.00
	2020	0.82	8.07	8.86	87.21	0.48	4.72	0.00	0.00
	平均	0.97	6.48	13.21	88.18	0.80	5.34	0.00	0.00
青藏区	2016	—	—	—	—	—	—	—	—
	2017	—	—	—	—	—	—	—	—
	2018	0.00	0.00	14.65	71.95	5.71	28.05	0.00	0.00
	2019	0.42	2.51	8.55	51.14	7.74	46.29	0.01	0.06
	2020	—	—	—	—	—	—	—	—
	平均	0.21	1.13	11.60	62.54	6.73	36.28	0.01	0.05

马铃薯上，各个农业生态区不同类型农药亩成本比较，杀虫剂、杀菌剂均是西南最高，除草剂亩成本青藏区最高，植物生长调节剂亩成本黄河流域最高。

2016—2020 年开展马铃薯农药桶混次数抽样调查，每年调查县数分别为 10 个、16 个、23 个、26 个、30 个，杀虫剂、杀菌剂、除草剂、植物生长调节剂抽样调查结果见表 11-10。

表 11-10　各类型农药桶混次数统计表

年份	调查县数	杀虫剂		杀菌剂		除草剂		植物生长调节剂	
		亩桶混次数	占比/%	亩桶混次数	占比/%	亩桶混次数	占比/%	亩桶混次数	占比/%
2016	10	0.81	18.04	3.29	73.27	0.24	5.35	0.15	3.34
2017	16	0.77	17.11	3.46	76.89	0.26	5.78	0.01	0.22
2018	23	0.66	16.54	2.98	74.69	0.32	8.02	0.03	0.75
2019	26	0.53	15.63	2.52	74.34	0.28	8.26	0.06	1.77
2020	30	0.66	17.60	2.76	73.60	0.31	8.27	0.02	0.53
平均		0.69	17.16	3.00	74.63	0.28	6.97	0.05	1.24

从表 11-10 可以看出，几年平均，杀菌剂的桶混次数最多，为 3.00 次，占总量的 74.63%；其次是杀虫剂，为 0.69 次，占总量的 17.16%；再次是除草剂，为 0.28 次，占总量的 6.97%。

按我国主要农业生态区域，对各类型农药的桶混次数分区汇总，得到 6 个区域不同类型农药桶混次数情况，见表 11-11。

表 11-11 各生态区域农药桶混次数统计表

生态区	年份	杀虫剂		杀菌剂		除草剂		植物生长调节剂	
		亩桶混次数	占比/%	亩桶混次数	占比/%	亩桶混次数	占比/%	亩桶混次数	占比/%
西南	2016	1.72	18.49	6.71	72.15	0.73	7.85	0.14	1.51
	2017	0.72	11.04	5.47	83.90	0.29	4.45	0.04	0.61
	2018	0.67	12.67	4.30	81.29	0.26	4.91	0.06	1.13
	2019	0.71	14.67	3.84	79.34	0.24	4.96	0.05	1.03
	2020	0.72	15.32	3.67	78.08	0.29	6.17	0.02	0.43
	平均	0.91	14.85	4.80	78.30	0.36	5.87	0.06	0.98
长江中下游江北	2016	—	—	—	—	—	—	—	—
	2017	—	—	—	—	—	—	—	—
	2018	—	—	—	—	—	—	—	—
	2019	0.00	0.00	2.19	94.81	0.12	5.19	0.00	0.00
	2020	0.00	0.00	1.62	100.00	0.00	0.00	0.00	0.00
	平均	0.00	0.00	1.91	96.95	0.06	3.05	0.00	0.00
黄河流域	2016	0.30	10.31	2.28	78.35	0.06	2.06	0.27	9.28
	2017	0.82	20.45	3.14	78.30	0.04	1.00	0.01	0.25
	2018	0.92	26.82	2.23	65.02	0.26	7.58	0.02	0.58
	2019	0.86	26.54	1.79	55.25	0.41	12.65	0.18	5.56
	2020	1.08	28.05	2.19	56.88	0.57	14.81	0.01	0.26
	平均	0.80	22.86	2.33	66.57	0.27	7.71	0.10	2.86
东北	2016	—	—	—	—	—	—	—	—
	2017	1.16	19.43	3.72	62.31	1.09	18.26	0.00	0.00
	2018	0.39	20.53	1.08	56.83	0.39	20.53	0.04	2.11
	2019	0.65	22.65	2.08	72.47	0.12	4.18	0.02	0.70
	2020	0.46	14.47	2.10	66.03	0.54	16.98	0.08	2.52
	平均	0.67	19.14	2.25	64.29	0.54	15.43	0.04	1.14
西北	2016	0.57	32.02	1.21	67.98	0.00	0.00	0.00	0.00
	2017	0.64	27.83	1.58	68.69	0.08	3.48	0.00	0.00
	2018	0.46	12.78	2.86	79.44	0.28	7.78	0.00	0.00
	2019	0.01	0.66	1.49	98.02	0.02	1.32	0.00	0.00

（续）

生态区	年份	杀虫剂		杀菌剂		除草剂		植物生长调节剂	
		亩桶混次数	占比/%	亩桶混次数	占比/%	亩桶混次数	占比/%	亩桶混次数	占比/%
西北	2020	0.50	27.78	1.14	63.33	0.16	8.89	0.00	0.00
	平均	0.44	19.91	1.66	75.11	0.11	4.98	0.00	0.00
青藏区	2016	—	—	—	—	—	—	—	—
	2017	—	—	—	—	—	—	—	—
	2018	0.00	0.00	2.40	64.00	1.35	36.00	0.00	0.00
	2019	0.07	3.54	0.94	47.47	0.97	48.99	0.00	0.00
	2020	—	—	—	—	—	—	—	—
	平均	0.04	1.39	1.67	58.19	1.16	40.42	0.00	0.00

马铃薯上，各个农业生态区不同类型农药施药次数排序，杀虫剂：西南＞黄河流域＞东北＞西北＞青藏区（长江中下游江北为0）；杀菌剂：西南＞黄河流域＞东北＞长江中下游江北＞青藏区＞西北；除草剂：青藏区＞东北＞西南＞黄河流域＞西北＞长江中下游江北。

第三节　马铃薯化学农药、生物农药使用情况比较

2016—2020年开展马铃薯化学农药和生物农药商品用量、农药成本抽样调查，每年调查县数分别为10个、16个、23个、26个、30个，化学农药、生物农药抽样调查结果见表11-12。

表 11-12　化学农药、生物农药商品用量与农药成本统计表

年份	调查县数	亩商品用量				亩农药成本			
		化学农药/克（毫升）	占比/%	生物农药/克（毫升）	占比/%	化学农药/元	占比/%	生物农药/元	占比/%
2016	10	394.87	98.71	5.15	1.29	32.40	97.59	0.80	2.41
2017	16	346.37	97.60	8.53	2.40	42.95	98.15	0.81	1.85
2018	23	351.88	99.04	3.41	0.96	36.97	98.80	0.45	1.20
2019	26	413.97	99.45	2.31	0.55	37.49	99.18	0.31	0.82
2020	30	339.13	98.90	3.77	1.10	42.74	98.55	0.63	1.45
平均		369.25	98.76	4.63	1.24	38.51	98.47	0.60	1.53

从表11-12可以看出，几年平均，化学农药依然是防治马铃薯病虫害的主体，亩商品用量为369.25克（毫升），占总商品用量的98.76%；生物农药4.63克（毫升），占总商品用量的1.24%。从农药成本看，化学农药每亩成本38.51元，占总农药成本的

98.47％；生物农药 0.60 元，占总农药成本的 1.53％。

按主要农业生态区域，对化学农药、生物农药的商品用量与农药成本分区汇总，得到 6 个区域的化学农药、生物农药商品用量与农药成本情况，见表 11 - 13。

表 11 - 13　各生态区域化学农药、生物农药商品用量与农药成本统计表

生态区	年份	亩商品用量				亩农药成本			
		化学农药/克（毫升）	占比/%	生物农药/克（毫升）	占比/%	化学农药/元	占比/%	生物农药/元	占比/%
西南	2016	837.50	98.14	15.88	1.86	70.61	96.40	2.64	3.60
	2017	514.53	98.87	5.90	1.13	75.65	98.55	1.11	1.45
	2018	512.34	99.24	3.91	0.76	63.64	98.90	0.71	1.10
	2019	529.65	99.37	3.36	0.63	64.03	99.09	0.59	0.91
	2020	408.18	98.56	5.96	1.44	57.55	98.11	1.11	1.89
	平均	560.45	98.77	7.00	1.23	66.29	98.18	1.23	1.82
长江中下游江北	2016	—	—	—	—	—	—	—	—
	2017	—	—	—	—	—	—	—	—
	2018	—	—	—	—	—	—	—	—
	2019	130.54	100.00	0.00	0.00	39.36	100.00	0.00	0.00
	2020	156.06	100.00	0.00	0.00	32.81	100.00	0.00	0.00
	平均	143.31	100.00	0.00	0.00	36.09	100.00	0.00	0.00
黄河流域	2016	264.45	99.65	0.93	0.35	19.59	99.95	0.01	0.05
	2017	295.61	95.94	12.50	4.06	33.97	97.17	0.99	2.83
	2018	330.44	99.09	3.05	0.91	23.87	98.64	0.33	1.36
	2019	693.98	99.95	0.33	0.05	24.32	99.84	0.04	0.16
	2020	529.89	99.44	2.96	0.56	35.41	99.66	0.12	0.34
	平均	422.88	99.07	3.95	0.93	27.43	98.92	0.30	1.08
东北	2016	—	—	—	—	—	—	—	—
	2017	470.96	97.95	9.88	2.05	52.89	98.82	0.63	1.18
	2018	215.88	92.68	17.06	7.32	15.50	94.00	0.99	6.00
	2019	131.84	93.94	8.51	6.06	19.17	96.19	0.76	3.81
	2020	238.90	99.47	1.28	0.53	34.70	99.71	0.10	0.29
	平均	264.40	96.64	9.18	3.36	30.57	98.01	0.62	1.99
西北	2016	126.09	99.95	0.06	0.05	11.28	99.91	0.01	0.09
	2017	168.95	95.78	7.44	4.22	13.50	96.91	0.43	3.09
	2018	232.33	99.31	1.61	0.69	29.65	99.03	0.29	0.97
	2019	90.99	99.73	0.25	0.27	9.57	99.58	0.04	0.42
	2020	98.83	99.56	0.44	0.44	10.11	99.51	0.05	0.49
	平均	143.43	98.65	1.96	1.35	14.82	98.93	0.16	1.07

（续）

生态区	年份	亩商品用量				亩农药成本			
		化学农药/克（毫升）	占比/%	生物农药/克（毫升）	占比/%	化学农药/元	占比/%	生物农药/元	占比/%
青藏区	2016	—	—	—	—	—	—	—	—
	2017	—	—	—	—	—	—	—	—
	2018	253.36	100.00	0.00	0.00	20.36	100.00	0.00	0.00
	2019	207.17	98.47	3.21	1.53	16.57	99.10	0.15	0.90
	2020	—	—	—	—	—	—	—	—
	平均	230.26	99.31	1.61	0.69	18.47	99.57	0.08	0.43

马铃薯上，各个农业生态区化学农药商品用量：西南＞黄河流域＞东北＞青藏区＞西北＞长江中下游江北；化学农药成本：西南＞长江中下游江北＞东北＞黄河流域＞青藏区＞西北；生物农药商品用量：东北＞西南＞黄河流域＞西北＞青藏区（长江中下游江北为 0）；生物农药成本：西南＞东北＞黄河流域＞西北＞青藏区（长江中下游江北为 0）。

第四节 马铃薯使用农药有效成分汇总分析

根据农户用药调查中各个农药品种的使用数据，对马铃薯上使用的农药有效成分品种数量进行汇总，结果见表 11-14。

表 11-14 马铃薯各生态区域农药有效成分品种数量汇总表

生态区	合计	杀虫剂		杀菌剂		除草剂		植物生长调节剂	
		数量/个	占比/%	数量/个	占比/%	数量/个	占比/%	数量/个	占比/%
全国	212	55	25.94	100	47.17	41	19.34	16	7.55
西南	139	30	21.58	76	54.68	23	16.55	10	7.19
长江中下游江北	9	0	0.00	8	88.89	1	11.11	0	0.00
黄河流域	133	37	27.82	70	52.63	16	12.03	10	7.52
东北	88	22	25.00	47	53.41	15	17.05	4	4.55
西北	63	13	20.63	36	57.14	14	22.22	0	0.00
青藏区	24	1	4.17	12	50.00	11	45.83	0	0.00

从表 11-14 可以看出，全国范围 2016—2020 年马铃薯上共使用了 212 种农药有效成分。其中，杀虫剂 55 种，占农药总数的 25.94%；杀菌剂 100 种，占 47.17%；除草剂 41

种，占 19.34%；植物生长调节剂 16 种，占 7.55%。

西南地区共使用了 139 种农药有效成分。其中，杀虫剂 30 种，占农药总数的 21.58%；杀菌剂 76 种，占 54.68%；除草剂 23 种，占 16.55%；植物生长调节剂 10 种，占 7.19%。

长江中下游江北地区共使用 9 种农药有效成分。其中，杀菌剂 8 种，占农药总数的 88.89%；除草剂 1 种，占 11.11%。

黄河流域共使用了 133 种农药有效成分。其中，杀虫剂 37 种，占农药总数的 27.82%；杀菌剂 70 种，占 52.63%；除草剂 16 种，占 12.03%；植物生长调节剂 10 种，占 7.52%。

东北地区共使用 88 种农药有效成分。其中，杀虫剂 22 种，占农药总数的 25.00%，杀菌剂 47 种，占 53.41%；除草剂 15 种，占 17.05%；植物生长调节剂 4 种，占 4.55%。

西北地区共使用了 63 种农药有效成分。其中，杀虫剂 13 种，占农药总数的 20.63%；杀菌剂 36 种，占 57.14%；除草剂 14 种，占 22.22%。

青藏区共使用 24 种农药有效成分。其中，杀虫剂 1 种，占农药总数的 4.17%；杀菌剂 12 种，占 50.00%；除草剂 11 种，占 45.83%。

第五节　马铃薯农药有效成分使用频率分布及年度趋势分析

分析各个生态区马铃薯农药使用种类及次数，采取的方法是统计某种农药在各地的使用频率（%）。即用某年某种农药使用频次数量占当年作物上所有农药使用的总频次数的百分比作为指标进行分析。

表 11 - 15 是经计算整理得到的 2016—2020 年各种农药成分使用的相对频率。表中仅列出相对频率累计前 75% 的农药种类。表 11 - 15 中不同种类农药使用频率在年度间变化趋势，可以采用变异系数进行分析。同时，可应用回归分析方法检验某种农药使用频率在年度间是否有上升或下降的趋势。将统计学上差异显著（显著性检验 P 值小于 0.05）的农药种类在年变化趋势栏内进行标记。如果是上升趋势，则标记"↗"；如果是下降趋势，则标记"↘"。

表 11 - 15　2016—2020 年全国马铃薯上各农药成分使用频率（%）

序号	农药种类	平均值	最小值（年份）	最大值（年份）	标准差	变异系数	年变化趋势	累计频率
1	代森锰锌	5.03	3.89（2016）	6.53（2020）	1.14	22.76	+14.09 ↗	5.03
2	霜脲氰	3.78	3.24（2018）	4.44（2016）	0.52	13.83	−0.56	8.80
3	霜霉威盐酸盐	3.15	2.65（2018）	4.18（2020）	0.65	20.55	11.01	11.95

（续）

序号	农药种类	平均值	最小值 （年份）	最大值 （年份）	标准差	变异 系数	年变化 趋势	累计 频率
4	氟吡菌胺	3.05	2.65 (2018)	3.66 (2020)	0.45	14.87	7.96	15.00
5	烯酰吗啉	2.98	1.52 (2017)	4.44 (2020)	1.09	36.57	14.84	17.98
6	甲霜灵	2.81	2.09 (2019)	3.54 (2018)	0.62	22.05	−9.28	20.79
7	丙森锌	2.4	1.83 (2020)	2.78 (2016)	0.41	16.88	−5.87	23.19
8	嘧菌酯	2.17	1.52 (2017)	2.78 (2016)	0.50	22.83	−4.91	25.36
9	高效氯氟氰菊酯	2.11	1.77 (2018)	2.35 (2020)	0.22	10.22	1.05	27.47
10	吡虫啉	2.08	1.57 (2020)	2.78 (2016)	0.51	24.46	−14.56 ↘	29.55
11	吡唑醚菌酯	1.89	1.57 (2019)	2.61 (2020)	0.42	22.00	8.66	31.43
12	氟啶胺	1.82	0.88 (2018)	2.35 (2020)	0.57	31.48	1.45	33.26
13	辛硫磷	1.81	1.22 (2017)	2.87 (2020)	0.64	35.05	16.7	35.07
14	苯醚甲环唑	1.74	1.11 (2016)	2.36 (2018)	0.52	30.17	3.79	36.81
15	阿维菌素	1.61	1.47 (2018)	1.83 (2020)	0.14	8.69	2.31	38.42
16	精甲霜灵	1.61	1.18 (2018)	2.35 (2020)	0.46	28.45	7.2	40.02
17	氟噻唑吡乙酮	1.54	0.00 (2016)	2.61 (2020)	1.00	64.61	+37.79 ↗	41.57
18	毒死蜱	1.51	0.78 (2020)	2.06 (2018)	0.51	33.89	−7.6	43.08
19	百菌清	1.51	1.18 (2018)	1.82 (2017)	0.26	17.45	−6.46	44.59
20	氰霜唑	1.34	1.04 (2020)	1.67 (2016)	0.25	18.71	−10.83 ↘	45.94
21	高效氯氰菊酯	1.32	0.56 (2016)	2.09 (2019)	0.56	42.69	21.93	47.26
22	代森联	1.25	0.52 (2019)	1.67 (2016)	0.47	37.37	−17.99	48.50
23	噻虫嗪	1.15	0.61 (2017)	1.67 (2016)	0.45	39.10	2.07	49.66
24	氟吗啉	1.12	0.56 (2016)	1.47 (2018)	0.35	31.42	9.56	50.78
25	二甲戊灵	1.1	0.56 (2016)	1.83 (2019)	0.47	42.40	17.18	51.88
26	甲基硫菌灵	1.05	0.78 (2020)	1.57 (2019)	0.31	29.76	0.03	52.94
27	精喹禾灵	0.96	0.52 (2019)	1.52 (2017)	0.43	44.07	−0.19	53.90
28	砜嘧磺隆	0.96	0.56 (2016)	1.22 (2017)	0.28	29.34	5.72	54.86
29	啶虫脒	0.95	0.56 (2016)	1.31 (2020)	0.31	32.63	11.26	55.81
30	氢氧化铜	0.95	0.61 (2017)	1.18 (2018)	0.24	25.45	0.47	56.75

（续）

序号	农药种类	平均值	最小值（年份）	最大值（年份）	标准差	变异系数	年变化趋势	累计频率
31	戊唑醇	0.93	0.59（2018）	1.57（2020）	0.41	44.18	11.68	57.68
32	克菌丹	0.91	0.26（2020）	1.67（2016）	0.56	61.08	−38.48↘	58.59
33	噁霜灵	0.9	0.56（2016）	1.18（2018）	0.24	26.91	6.6	59.49
34	噁唑菌酮	0.88	0.56（2016）	1.31（2020）	0.31	35.40	+22.03↗	60.37
35	代森锌	0.88	0.59（2018）	1.31（2020）	0.32	36.01	6.43	61.25
36	霜霉威	0.86	0.00（2019）	1.67（2016）	0.63	74.09	−37.39	62.11
37	多菌灵	0.83	0.59（2018）	1.11（2016）	0.24	29.29	−2.61	62.93
38	甲氨基阿维菌素苯甲酸盐	0.78	0.00（2020）	1.31（2019）	0.51	65.36	−23.27	63.72
39	丁子香酚	0.78	0.52（2020）	1.67（2016）	0.50	63.42	−30.35	64.50
40	春雷霉素	0.77	0.56（2016）	1.31（2020）	0.31	40.70	21.82	65.27
41	双炔酰菌胺	0.74	0.26（2019）	1.18（2018）	0.35	47.28	−2.64	66.01
42	草甘膦	0.74	0.00（2016）	1.52（2017）	0.57	78.03	14.85	66.74
43	氯氰菊酯	0.72	0.26（2020）	1.57（2019）	0.50	69.41	5.21	67.46
44	中生菌素	0.68	0.52（2020）	1.22（2017）	0.30	44.03	−11.14	68.14
45	咯菌腈	0.68	0.52（2020）	1.18（2018）	0.28	41.73	−2.23	68.82
46	福美双	0.67	0.52（2020）	0.91（2017）	0.17	24.99	−2.87	69.49
47	丙环唑	0.62	0.52（2020）	0.88（2018）	0.15	24.69	−2.44	70.11
48	氨基寡糖素	0.62	0.26（2019）	1.11（2016）	0.31	49.83	−24.64	70.73
49	王铜	0.56	0.52（2020）	0.61（2017）	0.04	6.90	−2.7	71.29
50	咪鲜胺	0.55	0.00（2018）	0.91（2017）	0.35	63.03	−3.48	71.84
51	乙草胺	0.55	0.00（2016）	1.04（2020）	0.41	74.92	41.47	72.39
52	噁霉灵	0.52	0.00（2020）	0.91（2017）	0.33	63.52	−29.05	72.91
53	嗪草酮	0.51	0.00（2016）	0.91（2017）	0.38	73.74	17.99	73.42
54	芸苔素内酯	0.49	0.00（2017）	1.11（2016）	0.41	83.22	−13.34	73.91
55	波尔多液	0.46	0.00（2020）	0.61（2017）	0.26	56.35	−26.25	74.36
56	莠去津	0.45	0.26（2020）	0.61（2017）	0.16	35.45	−15.01	74.81
57	异菌脲	0.41	0.00（2016）	1.22（2017）	0.47	114.97	−10.62	75.22

　　从表 11-15 可以看出，主要农药品种的使用，年度间波动非常大（变异系数大于等于 50%）的农药种类有：异菌脲、芸苔素内酯、草甘膦、乙草胺、霜霉威、嗪草酮、氯氰菊酯、甲氨基阿维菌素苯甲酸盐、氟噻唑吡乙酮、噁霉灵、丁子香酚、咪鲜胺、克菌丹、波尔多液。

年度间波动幅度较大（变异系数 25%～49.9%）的农药种类有：氨基寡糖素、双炔酰菌胺、戊唑醇、精喹禾灵、中生菌素、高效氯氰菊酯、二甲戊灵、咯菌腈、春雷霉素、噻虫嗪、代森联、烯酰吗啉、代森锌、莠去津、噁唑菌酮、辛硫磷、毒死蜱、啶虫脒、氟啶胺、氟吗啉、苯醚甲环唑、甲基硫菌灵、砜嘧磺隆、多菌灵、精甲霜灵、噁霜灵、氢氧化铜。

年度间有波动（变异系数 10.0%～24.9%）的农药种类有：福美双、丙环唑、吡虫啉、嘧菌酯、代森锰锌、甲霜灵、吡唑醚菌酯、霜霉威盐酸盐、氰霜唑、百菌清、丙森锌、氟吡菌胺、霜脲氰、高效氯氟氰菊酯。

年度间变化比较平稳（变异系数小于 10%）的农药种类有：阿维菌素、王铜。

对各年度用药频率进行线性回归分析，探索年度间是否有上升或下降趋势。经统计检验达显著水平（$P < 0.05$），年度间有上升趋势的农药种类有：代森锰锌、氟噻唑吡乙酮、噁唑菌酮；年度间有下降趋势的农药种类有：吡虫啉、氰霜唑、克菌丹；无显著上升或下降趋势的品种有：霜脲氰、霜霉威盐酸盐、氟吡菌胺、烯酰吗啉、甲霜灵、丙森锌、嘧菌酯、高效氯氟氰菊酯、吡唑醚菌酯、氟啶胺、辛硫磷、苯醚甲环唑、阿维菌素、精甲霜灵、毒死蜱、百菌清、高效氯氰菊酯、代森联、噻虫嗪、氟吗啉、二甲戊灵、甲基硫菌灵、精喹禾灵、砜嘧磺隆、啶虫脒、氢氧化铜、戊唑醇、噁霜灵、代森锌、霜霉威、多菌灵、甲氨基阿维菌素苯甲酸盐、丁子香酚、春雷霉素、双炔酰菌胺、草甘膦、氯氰菊酯、中生菌素、咯菌腈、福美双、丙环唑、氨基寡糖素、王铜、咪鲜胺、乙草胺、噁霉灵、嗪草酮、芸苔素内酯、波尔多液、莠去津、异菌脲。

马铃薯上各种农药成分使用频次占总频次的比例（%）和年度增减趋势（%）关系，采用散点图进行分析，见图 11-1。

图 11-1 中第一象限（右上部）农药成分的使用频率较高且年度间具有增长的趋势，如代森锰锌、烯酰吗啉和霜霉威盐酸盐等；第二象限（右下部）农药成分的使用频率较低但年度间具有增长的趋势，如乙草胺、氟噻唑吡乙酮和噁唑菌酮等；第三象限（左下部）农药成分的使用频率较低且年度间没有增长，表现为下降的趋势，如克菌丹、霜霉威和丁子香酚等；第四象限（左上部）农药成分的使用频率较高但是年度间没有增长，表现为下降的趋势，如吡虫啉、甲霜灵和霜脲氰等。

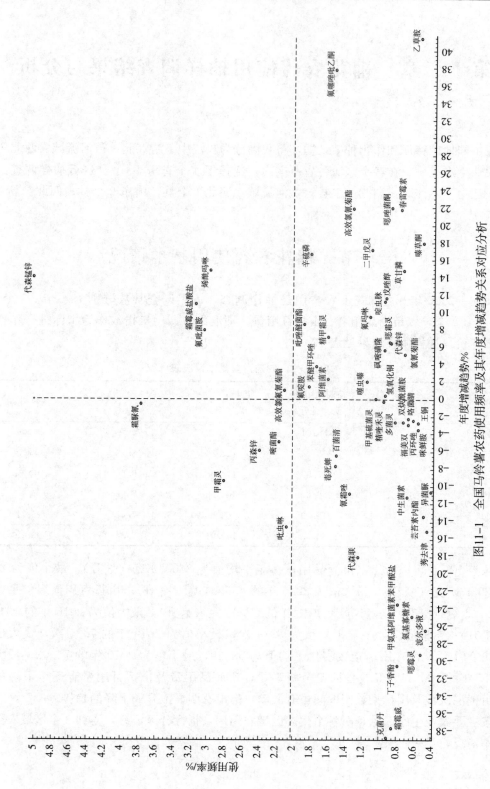

图11-1　全国马铃薯农药使用频率及其年度增减趋势关系对应分析

第十二章　棉花农药使用抽样调查结果与分析

按不同地域特征和作物种植结构，将我国分为长江中下游江北、黄河流域、西北3个主要农业生态区域，在各个区域各省范围内，选择了4个省份10个县进行抽样调查。其中，长江中下游江北：湖北2个县；黄河流域：河北1个县，山东2个县；西北：新疆5个县。

第一节　棉花农药使用基本情况

2016—2020年开展棉花上农户用药抽样调查，每年调查县数分别为4个、3个、5个、6个、8个，以亩商品用量、亩折百用量、桶混次数、用量指数作为指标进行作物用药水平评价。抽样调查结果见表12-1。

表 12-1　农药用量基本情况表

年份	样本数	亩商品用量/克（毫升）	亩折百用量/克（毫升）	亩桶混次数	用量指数
2016	4	436.64	134.82	10.57	94.26
2017	3	373.76	122.26	8.12	100.47
2018	5	377.89	113.08	8.22	100.07
2019	6	298.67	87.03	7.35	75.93
2020	8	316.23	87.89	7.42	95.72
平均		360.63	109.01	8.34	93.29

从表12-1可以看出，亩商品用量多年平均值为360.63克（毫升），最小值为2019年的298.67克（毫升），最大值为2016年的436.64克（毫升）；亩折百用量多年平均值为109.01克（毫升），最小值为2019年的87.03克（毫升），最大值为2016年的134.82克（毫升）；亩桶混次数多年平均值为8.34次，最小值为2019年的7.35次，最大值为2016年的10.57次；用药指数多年平均值为93.29，最小值为2019年的75.93，最大值为2017年的100.47。经线性回归分析显示，亩商品用量及亩折百用量有逐年下降的趋势，亩桶混次数及用量指数年度间虽有波动，但没有明显上升或下降的趋势。

按主要农业生态区域，对各个生态区域农药用量指标分区汇总，得到3个区域农药使用基本情况，见表12-2。

表 12 - 2　各生态区域农药用量基本情况表

生态区	年份	样本数	亩商品用量/克（毫升）	亩折百用量/克（毫升）	亩桶混次数	用量指数
长江中下游江北	2016	0	—	—	—	—
	2017	0	—	—	—	—
	2018	0	—	—	—	—
	2019	1	586.10	129.51	9.03	109.80
	2020	2	397.36	70.40	6.16	80.72
	平均	3	491.74	99.97	7.60	95.26
黄河流域	2016	1	529.94	165.94	15.98	93.69
	2017	1	507.85	199.81	11.95	99.72
	2018	1	893.15	262.31	22.52	221.40
	2019	2	206.38	59.35	5.89	47.95
	2020	3	326.72	99.37	8.07	107.44
	平均	8	492.81	157.36	12.88	114.04
西北	2016	3	405.55	124.44	8.76	94.46
	2017	2	306.70	83.49	6.20	100.84
	2018	4	249.07	75.78	4.64	69.73
	2019	3	264.39	91.34	7.77	83.29
	2020	3	250.70	87.09	7.55	94.01
	平均	15	295.27	92.43	6.99	88.46

　　将每种指标在各生态区域的用量大小进行排序：黄河流域＞长江中下游江北＞西北。

　　为直观反映各个生态区域中不同农药用量指标大小，现将每种指标在各个生态区域用量的大小排序，整理列于表 12-3。

表 12 - 3　各生态区域农药用量指标排序表

生态区	亩商品用量	亩折百用量	亩桶混次数	用量指数	秩数合计
长江中下游江北	2	2	2	2	8
黄河流域	1	1	1	1	4
西北	3	3	3	3	12

　　表 12-3 中的各个顺序指标可以直观反映各个生态区域的农药用量水平。每个生态区域的指标之和，为该生态区域农药用量水平的综合排序得分（得分越小用量水平越高）。采用 Kendall 协同系数检验，对各个指标在各个地区的序列等级进行了检验。检验结果为，Kendall 协同系数 $W=0.84$，卡方值为 8.40，显著性检验 $P=0.015\,0$，在 $P<0.05$ 的显著水平下，这几个指标可用来评价农药用量水平。

第二节　棉花不同类型农药使用情况

2016—2020 年开展棉花农药商品用量抽样调查，每年调查县数分别为 4 个、3 个、5 个、6 个、8 个，每个县调查 30～50 个农户。杀虫剂、杀菌剂、除草剂、植物生长调节剂等类型农药使用商品量抽样调查结果见表 12-4。

表 12-4　各类型农药使用（商品用量）调查表

年份	调查县数	杀虫剂		杀菌剂		除草剂		植物生长调节剂	
		亩商品用量/克（毫升）	占比/%	亩商品用量/克（毫升）	占比/%	亩商品用量/克（毫升）	占比/%	亩商品用量/克（毫升）	占比/%
2016	4	167.27	38.31	15.08	3.45	197.13	45.15	57.16	13.09
2017	3	196.17	52.49	83.53	22.35	47.74	12.77	46.32	12.39
2018	5	176.26	46.64	50.17	13.28	117.37	31.06	34.09	9.02
2019	6	136.18	45.60	5.44	1.82	132.68	44.42	24.37	8.16
2020	8	129.54	40.96	17.08	5.40	123.83	39.16	45.78	14.48
平均		161.08	44.67	34.26	9.50	123.75	34.31	41.54	11.52

从表 12-4 可以看出，几年平均，杀虫剂的用量最大，亩商品用量为 161.08 克（毫升），占总量的 44.67%；其次是除草剂，亩商品用量为 123.75 克（毫升），占总量的 34.31%；然后是植物生长调节剂，亩商品用量为 41.54 克（毫升），占总量的 11.52%，杀菌剂最少，为 34.26 克（毫升），占总量的 9.50%。

按主要农业生态区域，对各个生态区域不同类型农药的商品用量分区汇总，得到 3 个区域农药商品用量情况，见表 12-5。

表 12-5　各生态区域农药商品用量统计表

生态区	年份	杀虫剂		杀菌剂		除草剂		植物生长调节剂	
		亩商品用量/克（毫升）	占比/%	亩商品用量/克（毫升）	占比/%	亩商品用量/克（毫升）	占比/%	亩商品用量/克（毫升）	占比/%
长江中下游江北	2016	—							
	2017								
	2018								
	2019	397.92	67.89	20.90	3.57	167.28	28.54	0.00	0.00
	2020	184.82	46.51	12.85	3.24	199.69	50.25	0.00	0.00
	平均	291.37	59.25	16.88	3.44	183.49	37.31	0.00	0.00

（续）

生态区	年份	杀虫剂		杀菌剂		除草剂		植物生长调节剂	
		亩商品用量/克（毫升）	占比/%	亩商品用量/克（毫升）	占比/%	亩商品用量/克（毫升）	占比/%	亩商品用量/克（毫升）	占比/%
黄河流域	2016	185.51	35.01	24.41	4.60	189.71	35.80	130.31	24.59
	2017	161.29	31.76	184.62	36.35	89.21	17.57	72.73	14.32
	2018	395.67	44.30	232.34	26.01	162.26	18.17	102.88	11.52
	2019	105.52	51.13	0.28	0.14	95.15	46.10	5.43	2.63
	2020	143.91	44.05	15.65	4.78	90.62	27.74	76.54	23.43
	平均	198.38	40.25	91.46	18.57	125.39	25.44	77.58	15.74
西北	2016	161.20	39.75	11.97	2.95	199.60	49.22	32.78	8.08
	2017	213.61	69.65	32.98	10.75	27.00	8.80	33.11	10.80
	2018	121.41	48.75	4.63	1.86	106.14	42.61	16.89	6.78
	2019	69.37	26.24	3.73	1.40	146.17	55.29	45.12	17.07
	2020	78.33	31.24	21.34	8.51	106.46	42.47	44.57	17.78
	平均	128.78	43.61	14.93	5.06	117.07	39.65	34.49	11.68

杀虫剂、除草剂亩商品用量排序：长江中下游江北＞黄河流域＞西北；杀菌剂排序：黄河流域＞长江中下游江北＞西北；植物生长调节剂排序：黄河流域＞西北＞长江中下游江北。

2016—2020 年开展棉花农药折百用量抽样调查，杀虫剂、杀菌剂、除草剂、植物生长调节剂等类型调查结果见表 12 - 6。

表 12 - 6　各类型农药使用（折百用量）调查表

年份	调查县数	杀虫剂		杀菌剂		除草剂		植物生长调节剂	
		亩折百用量/克（毫升）	占比/%	亩折百用量/克（毫升）	占比/%	亩折百用量/克（毫升）	占比/%	亩折百用量/克（毫升）	占比/%
2016	4	25.44	18.87	5.94	4.40	79.00	58.60	24.44	18.13
2017	3	37.61	30.76	43.24	35.37	22.30	18.24	19.11	15.63
2018	5	27.54	24.35	21.50	19.02	45.83	40.53	18.21	16.10
2019	6	19.32	22.20	1.94	2.23	52.55	60.38	13.22	15.19
2020	8	16.28	18.52	6.50	7.40	43.23	49.19	21.88	24.89
平均		25.24	23.15	15.82	14.52	48.58	44.56	19.37	17.77

从表 12 - 6 可以看出，几年平均，除草剂的用量最大，亩折百用量为 48.58 克（毫升），占总量的 44.56%；其次是杀虫剂，亩折百用量为 25.24 克（毫升），占总量的 23.15%；然后是植物生长调节剂，亩折百用量为 19.37 克（毫升），占总量的 17.77%；杀菌剂用量最少，亩折百用量为 15.82 克（毫升），占总量的 14.52%。

按主要农业生态区域，对各类型农药的亩折百量分区汇总，得到 3 个区域亩折百用量情况，见表 12 - 7。

表 12 - 7　各生态区域农药折百用量统计表

生态区	年份	杀虫剂		杀菌剂		除草剂		植物生长调节剂	
		亩折百用量/克（毫升）	占比/%	亩折百用量/克（毫升）	占比/%	亩折百用量/克（毫升）	占比/%	亩折百用量/克（毫升）	占比/%
长江中下游江北	2016	—	—	—	—	—	—	—	—
	2017	—	—	—	—	—	—	—	—
	2018	—	—	—	—	—	—	—	—
	2019	62.04	47.90	5.87	4.54	61.60	47.56	0.00	0.00
	2020	11.91	16.92	6.26	8.89	52.23	74.19	0.00	0.00
	平均	36.98	36.99	6.07	6.07	56.92	56.94	0.00	0.00
黄河流域	2016	18.57	11.19	6.67	4.02	88.64	53.42	52.06	31.37
	2017	19.09	9.55	109.96	55.04	41.95	20.99	28.81	14.42
	2018	46.93	17.89	101.92	38.85	72.31	27.57	41.15	15.69
	2019	11.54	19.44	0.08	0.14	45.56	76.76	2.17	3.66
	2020	21.51	21.65	6.53	6.56	40.38	40.64	30.95	31.15
	平均	23.53	14.95	45.03	28.62	57.77	36.71	31.03	19.72
西北	2016	27.73	22.28	5.69	4.58	75.79	60.90	15.23	12.24
	2017	46.88	56.15	9.88	11.83	12.47	14.94	14.26	17.08
	2018	22.69	29.94	1.40	1.85	39.21	51.74	12.48	16.47
	2019	10.28	11.25	1.86	2.04	54.20	59.34	25.00	27.37
	2020	13.96	16.03	6.62	7.60	40.08	46.02	26.43	30.35
	平均	24.31	26.30	5.09	5.51	44.35	47.98	18.68	20.21

杀虫剂亩折百用量排序：长江中下游江北＞西北＞黄河流域；杀菌剂、除草剂排序：黄河流域＞长江中下游江北＞西北；植物生长调节剂排序：黄河流域＞西北＞长江中下游江北。

2016—2020 年开展农药桶混次数抽样调查，杀虫剂、杀菌剂、除草剂、植物生长调节剂等类型调查结果见表 12 - 8。

表 12 - 8　各类型农药桶混次数调查表

年份	调查县数	杀虫剂		杀菌剂		除草剂		植物生长调节剂	
		亩桶混次数	占比/%	亩桶混次数	占比/%	亩桶混次数	占比/%	亩桶混次数	占比/%
2016	4	6.61	62.54	0.84	7.94	1.58	14.95	1.54	14.57
2017	3	5.67	69.83	0.83	10.22	0.75	9.24	0.87	10.71

（续）

年份	调查县数	杀虫剂		杀菌剂		除草剂		植物生长调节剂	
		亩桶混次数	占比/%	亩桶混次数	占比/%	亩桶混次数	占比/%	亩桶混次数	占比/%
2018	5	4.89	59.49	1.15	13.99	1.19	14.48	0.99	12.04
2019	6	4.78	65.03	0.21	2.86	1.10	14.97	1.26	17.14
2020	8	5.21	70.22	0.27	3.63	0.81	10.92	1.13	15.23
平均		5.43	65.11	0.66	7.91	1.09	13.07	1.16	13.91

从表 12-8 可以看出，几年平均，杀虫剂的桶混次数最多，亩桶混次数为 5.43 次，占总量的 65.11%；其次是植物生长调节剂，亩桶混次数为 1.16 次，占总量的 13.91%；然后是除草剂，亩桶混次数为 1.09 次，占总量的 13.07%；杀菌剂亩桶混次数最少，为 0.66 次，占总量的 7.91%。

按主要农业生态区域，对各类型农药的桶混次数分区汇总，得到 3 个区域各类型农药桶混次数情况，见表 12-9。

表 12-9　各生态区域农药桶混次数统计表

生态区	年份	杀虫剂		杀菌剂		除草剂		植物生长调节剂	
		亩桶混次数	占比/%	亩桶混次数	占比/%	亩桶混次数	占比/%	亩桶混次数	占比/%
长江中下游江北	2016	—	—	—	—	—	—	—	—
	2017	—	—	—	—	—	—	—	—
	2018	—	—	—	—	—	—	—	—
	2019	6.54	72.43	0.54	5.98	1.95	21.59	0.00	0.00
	2020	4.76	77.27	0.39	6.33	1.01	16.40	0.00	0.00
	平均	5.65	74.34	0.47	6.19	1.48	19.47	0.00	0.00
黄河流域	2016	11.05	69.15	2.38	14.90	1.60	10.01	0.95	5.94
	2017	7.32	61.26	2.30	19.24	1.32	11.05	1.01	8.45
	2018	13.43	59.64	5.10	22.64	2.91	12.92	1.08	4.80
	2019	5.33	90.49	0.02	0.34	0.52	8.83	0.02	0.34
	2020	6.93	85.87	0.08	0.99	0.51	6.32	0.55	6.82
	平均	8.81	68.40	1.98	15.37	1.37	10.64	0.72	5.59
西北	2016	5.13	58.56	0.32	3.66	1.57	17.92	1.74	19.86
	2017	4.84	78.06	0.09	1.46	0.46	7.42	0.81	13.06
	2018	2.75	59.27	0.16	3.44	0.76	16.38	0.97	20.91
	2019	3.82	49.16	0.23	2.97	1.21	15.57	2.51	32.30
	2020	3.79	50.20	0.38	5.03	0.97	12.85	2.41	31.92
	平均	4.07	58.23	0.24	3.43	0.99	14.16	1.69	24.18

亩桶混次数杀虫剂、杀菌剂排序：黄河流域＞长江中下游江北＞西北；除草剂排序：长江中下游江北＞黄河流域＞西北；植物生长调节剂排序：西北＞黄河流域＞长江中下游江北。

第三节　棉花化学农药、生物农药使用情况比较

2016—2020 年开展棉花农药商品用量抽样调查，每年调查县数分别为 4 个、3 个、5 个、6 个、8 个，每个县调查 30～50 个农户，化学农药、生物农药抽样调查结果见表 12 - 10。

表 12 - 10　化学农药、生物农药商品用量与农药成本统计表

年份	调查县数	亩商品用量				亩农药成本占比/%	
		化学农药/克（毫升）	占比/%	生物农药/克（毫升）	占比/%	化学农药	生物农药
2015	4	373.98	85.65	62.66	14.35	75.33	24.67
2016	3	316.73	84.74	57.03	15.26	74.07	25.93
2017	5	332.77	88.06	45.12	11.94	84.63	15.37
2018	6	242.83	81.30	55.84	18.70	79.03	20.97
2019	8	259.36	82.02	56.87	17.98	77.32	22.68
平均		305.13	84.61	55.50	15.39	78.30	21.70

从表 12 - 10 可以看出，几年平均，化学农药的用量最大，亩商品用量为 305.13 克（毫升），占总量的 84.61%；生物农药亩商品用量为 55.50 克（毫升），占总量的 15.39%。从亩农药成本看，化学农药成本占总量的 78.30%，生物农药成本占总量的 21.70%。

按主要农业生态区域，对化学农药、生物农药的商品用量分区汇总，得到 3 个区域的化学、生物农药商品用量情况，见表 12 - 11。

表 12 - 11　各生态区域化学农药、生物农药商品用量统计表

生态区	年份	亩商品用量				亩农药成本占比/%	
		化学农药/克（毫升）	占比/%	生物农药/克（毫升）	占比/%	化学农药	生物农药
长江中下游江北	2016	—	—	—	—	—	—
	2017	—	—	—	—	—	—
	2018	—	—	—	—	—	—
	2019	362.95	61.93	223.15	38.07	62.86	37.14
	2020	262.22	65.75	136.61	34.25	51.95	48.05
	平均	312.60	63.47	179.88	36.53	58.67	41.33
黄河流域	2016	442.97	83.59	86.97	16.41	78.82	21.18
	2017	433.21	85.30	74.64	14.70	75.27	24.73

（续）

| 生态区 | 年份 | 亩商品用量 | | | | 亩农药成本占比/% | |
		化学农药/克（毫升）	占比/%	生物农药/克（毫升）	占比/%	化学农药	生物农药
黄河流域	2018	811.84	90.90	81.31	9.10	88.03	11.97
	2019	181.65	88.02	24.73	11.98	85.73	14.27
	2020	292.26	89.45	34.46	10.55	90.52	9.48
	平均	432.39	87.74	60.42	12.26	85.20	14.80
西北	2016	350.99	86.55	54.56	13.45	74.23	25.77
	2017	258.48	84.28	48.22	15.72	73.57	26.43
	2018	212.99	85.51	36.08	14.49	80.35	19.65
	2019	243.57	92.13	20.82	7.87	88.59	11.41
	2020	224.59	89.59	26.11	10.41	88.83	11.17
	平均	258.11	87.41	37.16	12.59	80.61	19.39

各生态区域间，化学农药亩商品用量排序：黄河流域＞长江中下游江北＞西北；生物农药亩商品用量排序：长江中下游江北＞黄河流域＞西北。

第四节　棉花使用农药有效成分汇总分析

根据农户用药调查中各个农药成分的使用数据，对2016—2020年棉花上主要农药成分进行了分类汇总，可看出棉花病虫害防治主要以杀虫剂、杀菌剂和除草剂为主，植物生长调节剂使用的较少。对2016—2020年棉花上主要农药种类在数量上进行了比较分析，结果见表12-12。

表 12-12　2016—2020 年棉花上主要农药有效成分种类对比分析表

| 区域 | 农药有效成分种类 | 杀虫剂 | | 杀菌剂 | | 除草剂 | | 植物生长调节剂 | |
		数量/个	占比/%	数量/个	占比/%	数量/个	占比/%	数量/个	占比/%
全国	82	45	54.87	14	17.07	17	20.73	6	7.33
长江中下游江北	54	36	66.67	7	12.96	11	20.37	0	0.00
黄河流域	43	26	60.47	5	11.63	8	18.60	4	9.30
西北地区	39	23	58.97	5	12.82	6	15.39	5	12.82

注：各区域相同农药种类在全国范围内进行合并。

从表12-12数据可以看出，全国范围2016—2020年棉花上共使用了82种农药有效成分。其中，杀虫剂45种，占农药总数的54.87%；杀菌剂14种，占17.07%；除草剂17种，占20.73%；植物生长调节剂6种，占7.33%。棉花防治上主要以杀虫剂为主，杀菌剂、除草剂次之，植物生长调节剂使用的有效成分最少，各区域间各类农药的使用成分与全国基本一致。

长江中下游江北共使用了 54 种农药有效成分。其中，杀虫剂 36 种，占农药总数的 66.67%；杀菌剂 7 种，占 12.96%；除草剂 11 种，占 20.37%。

黄河流域共使用了 43 种农药有效成分。其中，杀虫剂 26 种，占农药总数的 60.47%；杀菌剂 5 种，占 11.63%；除草剂 8 种，占 18.60%；植物生长调节剂 4 种，占 9.30%。

西北地区共使用了 39 种农药有效成分。其中，杀虫剂 23 种，占农药总数的 58.97%；杀菌剂 5 种，占 12.82%；除草剂 6 种，占 15.39%；植物生长调节剂 5 种，占 12.82%。

对 2016—2020 年棉花上主要农药有效成分的毒性进行分析比较，结果见表 12 - 13。

表 12 - 13　2016—2020 年棉花上主要农药有效成分毒性对比分析表

区域	农药有效成分种类	微毒		低毒		中毒		高毒	
		数量/个	占比/%	数量/个	占比/%	数量/个	占比/%	数量/个	占比/%
全国	82	4	4.88	50	60.98	25	30.49	3	3.65
长江中下游江北	54	4	7.41	30	55.56	18	33.33	2	3.70
黄河流域	43	3	6.98	25	58.14	14	32.56	1	2.32
西北地区	39	3	7.69	21	53.85	13	33.33	2	5.13

按毒性来分，全国范围 2016—2020 年棉花上微毒农药成分 4 个，占农药总数的 4.88%；低毒农药成分 50 个，占 60.98%；中毒农药成分 25 个，占 30.49%；高毒农药成分 3 个，占 3.65%。长江中下游江北微毒农药成分 4 个，占农药总数的 7.41%；低毒农药成分 30 个，占 55.56%；中毒农药成分 18 个，占 33.33%；高毒农药成分 2 个，占 3.70%。黄河流域微毒农药成分 3 个，占农药总数的 6.98%；低毒农药成分 25 个，占 58.14%；中毒农药成分 14 个，占 32.56%；高毒农药成分 1 个，占 2.32%。西北地区微毒农药成分 3 个，占农药总数的 7.69%；低毒农药成分 21 个，占 53.85%；中毒农药成分 13 个，占 33.33%；高毒农药成分 2 个，占 5.13%。全国及各区域棉花上主要使用农药为低毒和中毒。

第五节　棉花主要农药有效成分使用频率分布及年度趋势分析

分析棉花农药使用种类和各有效成分使用次数，采取的方法是统计某种农药在各地的使用频率（%）。即用某年某种农药使用频次数量占当年作物上所有农药使用总频次数量的百分比作为指标进行分析。

表 12 - 14 是经计算整理得到的 2016—2020 年棉花上各种农药成分使用的相对频率。表中仅列出相对频率较高的农药种类。表中不同种类农药使用频率在年度间变化趋势，可以采用变异系数进行分析；同时，可应用回归分析方法检验某种农药使用频率在年度间是否有上升或下降的趋势，将统计学上差异显著（显著性检验 P 值小于 0.05）的农药种类在年变化趋势栏内进行标记。如果是上升趋势，则标记"↗"；如果是下降趋势，则标记"↘"。

表 12 - 14　2016—2020 年全国棉花上主要农药有效成分使用频率（%）

序号	农药种类	平均值	最小值（年份）	最大值（年份）	标准差	变异系数	年变化趋势	累计频率
1	阿维菌素	5.53	4.62 (2016)	6.47 (2020)	0.705 7	12.765 8	7.01	5.528 2
2	甲氨基阿维菌素苯甲酸盐	4.89	4.10 (2016)	5.88 (2020)	0.733 7	15.017 1	6.77	10.414 3
3	吡虫啉	4.88	4.56 (2019)	5.93 (2018)	0.591 6	12.126 8	0.35	15.292 9
4	啶虫脒	4.51	3.08 (2016)	5.88 (2020)	1.074 3	23.841 7	13.88 ↗	19.798 8
5	高效氯氟氰菊酯	3.24	1.54 (2016)	4.71 (2020)	1.407 1	43.490 2	25.06 ↗	23.034 2
6	哒螨灵	3.01	2.35 (2020)	3.59 (2016)	0.535 9	17.777 3	−8.03	26.048 7
7	草甘膦	2.86	1.76 (2020)	4.24 (2018)	1.037 6	36.326 9	−14.67	28.904 9
8	毒死蜱	2.62	2.35 (2020)	3.08 (2016)	0.275 2	10.524 7	−6.01 ↘	31.520 1
9	高效氯氰菊酯	2.47	0.85 (2018)	3.59 (2016)	1.141 2	46.111 4	−16.22	33.995 0
10	甲哌鎓	2.35	1.54 (2016)	4.24 (2018)	1.101 0	46.852 2	5.65	36.344 9
11	氟铃脲	1.97	1.54 (2016)	2.61 (2017)	0.479 6	24.318 5	3.42	38.317 0
12	辛硫磷	1.91	1.24 (2019)	2.54 (2018)	0.470 6	24.604 5	−6.74	40.229 7
13	马拉硫磷	1.83	0.65 (2017)	2.90 (2019)	0.853 7	46.679 3	21.21	42.058 6
14	氯虫苯甲酰胺	1.75	0.85 (2018)	2.56 (2016)	0.715 0	40.945 4	−0.40	43.804 6
15	乙草胺	1.67	1.03 (2016)	2.54 (2018)	0.613 3	36.657 1	0.00	45.477 9
16	溴氰菊酯	1.64	1.18 (2020)	2.54 (2018)	0.536 3	32.605 0	−2.26	47.122 8
17	苏云金杆菌	1.61	1.18 (2020)	1.96 (2017)	0.285 4	17.767 6	−6.38	48.728 9

（续）

序号	农药种类	平均值	最小值（年份）	最大值（年份）	标准差	变异系数	年变化趋势	累计频率
18	氟乐灵	1.58	0.83 (2019)	2.54 (2018)	0.697 9	44.130 1	−14.08	50.310 3
19	吡蚜酮	1.54	1.03 (2016)	1.96 (2017)	0.388 3	25.246 9	4.95	51.848 5
20	二甲戊灵	1.42	0.00 (2017)	2.54 (2018)	0.927 3	65.392 7	11.97	53.266 5
21	乙酰甲胺磷	1.37	1.03 (2016)	1.69 (2018)	0.295 6	21.531 2	4.77	54.639 3
22	精喹禾灵	1.32	0.00 (2018)	2.07 (2019)	0.846 7	64.049 0	−7.43	55.961 3
23	多菌灵	1.29	0.00 (2018)	2.56 (2018)	1.039 4	80.335 0	−10.47	57.255 0
24	氯氰菊酯	1.29	0.65 (2017)	1.76 (2020)	0.506 1	39.149 0	11.28	58.547 8
25	乙羧氟草醚	1.29	1.03 (2016)	1.69 (2018)	0.249 5	19.346 6	1.86	59.837 6
26	乙烯利	1.29	1.03 (2016)	1.69 (2018)	0.249 5	19.346 6	1.86	61.127 4
27	茚虫威	1.28	0.65 (2017)	1.76 (2020)	0.465 1	36.430 8	16.21	62.404 2
28	炔螨特	1.26	0.59 (2020)	2.54 (2018)	0.764 5	60.739 8	−10.74	63.662 8
29	氰戊菊酯	1.26	0.51 (2016)	1.76 (2020)	0.618 4	49.189 9	27.92 ↗	64.920 0
30	棉铃虫核型多角体病毒	1.17	0.83 (2019)	1.96 (2017)	0.465 3	39.833 6	−7.10	66.088 0
31	芸苔素内酯	0.99	0.59 (2020)	2.05 (2016)	0.601 4	60.498 6	−27.66	67.082 1
32	丙溴磷	0.99	0.65 (2017)	1.24 (2019)	0.242 1	24.464 9	9.02	68.071 7
33	噻虫嗪	0.97	0.51 (2016)	1.66 (2019)	0.458 9	47.313 2	24.06	69.041 7
34	甲氰菊酯	0.91	0.41 (2019)	2.05 (2016)	0.655 9	71.989 2	−34.74	69.952 8
35	甲基立枯磷	0.91	0.65 (2017)	1.18 (2020)	0.200 2	22.087 6	5.27	70.859 4
36	福美双	0.85	0.51 (2016)	1.66 (2019)	0.468 1	54.917 0	13.57	71.711 8
37	克百威	0.80	0.51 (2016)	1.18 (2020)	0.249 3	31.011 9	18.70 ↗	72.515 9
38	甲基硫菌灵	0.79	0.59 (2020)	1.03 (2016)	0.173 0	21.928 7	−8.85	73.304 8
39	甲基立枯磷	0.75	0.54 (2017)	0.96 (2020)	0.182 5	24.488 7	4.50	70.721 1
40	丁硫克百威	0.70	0.00 (2019)	1.34 (2016)	0.523 9	74.966 1	−39.96	71.420 0
41	仲丁灵	0.68	0.37 (2019)	1.08 (2017)	0.293 8	43.016 4	−22.43	72.103 0
42	克百威	0.66	0.45 (2016)	0.96 (2020)	0.200 5	30.570 9	18.72 ↗	72.759 0
43	高效氟吡甲禾灵	0.64	0.00 (2017)	1.44 (2020)	0.524 7	81.411 0	42.31	73.403 5

从表12-14可以看出，主要农药品种的使用，年度间波动非常大（变异系数大于等于50%）的农药种类有：高效氟吡甲禾灵、联苯菊酯、丁硫克百威、精喹禾灵、甲氰菊酯、二甲戊灵、多菌灵、马拉硫磷、螺螨酯、芸苔素内酯、虫螨腈、氰戊菊酯。

年度间波动幅度较大（变异系数 25％～49.9％）的农药种类有：炔螨特、氯氰菊酯、噻虫嗪、仲丁灵、丙溴磷、棉铃虫核型多角体病毒、氟乐灵、高效氯氰菊酯、草甘膦、福美双、高效氯氟氰菊酯、茚虫威、甲基硫菌灵、甲哌鎓、克百威、吡蚜酮、氯虫苯甲酰胺。

年度间有波动（变异系数 10.0％～24.9％）的农药种类有：氟铃脲、溴氰菊酯、甲基立枯磷、乙草胺、啶虫脒、乙酰甲胺磷、乙烯利、辛硫磷、苏云金杆菌、甲氨基阿维菌素苯甲酸盐、哒螨灵、毒死蜱、阿维菌素、乙羧氟草醚。

年度间变化比较平稳（变异系数小于 10％）的农药种类有：吡虫啉。

对表 12-14 各年用药频率进行线性回归分析，探索年度间是否有上升或下降趋势。经统计检验达显著水平（$P < 0.05$），年度间有上升趋势的农药种类有：阿维菌素、啶虫脒、高效氯氟氰菊酯、虫螨腈、噻虫嗪、克百威；年度间有下降趋势的农药种类有：毒死蜱、甲氰菊酯。

棉花上各种农药成分使用频次占总频次的比例（％）和年度增减趋势（％）关系，采用散点图进行分析。图 12-1 中第一象限（右上部）农药成分的使用频率较高且年度间具有增长的趋势，如高效氯氟氰菊酯、啶虫脒和阿维菌素等；第二象限（右下部）农药成分的使用频率较低但年度间具有增长的趋势，如氰戊菊酯、噻虫嗪和马拉硫磷等；第三象限（左下部）农药成分的使用频率较低且年度间没有增长，表现为下降的趋势，如甲氰菊酯、芸苔素内酯等；第四象限（左上部）农药成分的使用频率较高但是年度间没有增长，表现为下降的趋势，如草甘膦、哒螨灵和毒死蜱。

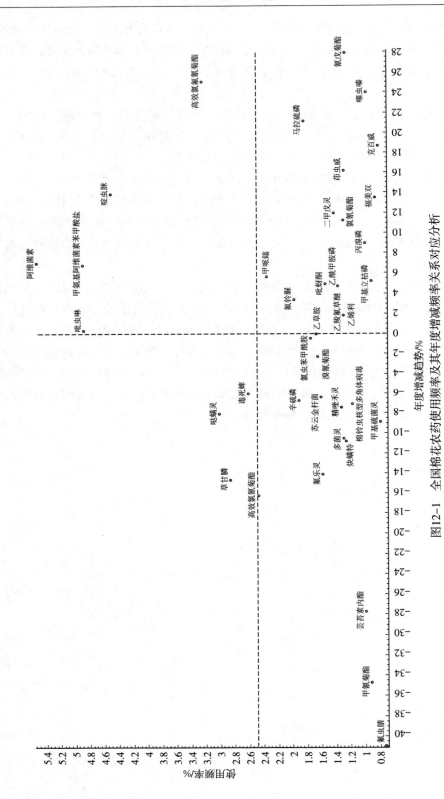

图12-1 全国棉花农药使用频率及其年度增减频率关系对应分析

第十三章 油菜农药使用抽样调查结果与分析

按不同地域特征和作物种植结构，将我国油菜种植区分为西南、长江中下游江南、长江中下游江北、黄河流域、青藏区 5 个主要农业生态区域。2015—2020 年，在各个区域范围内，选择了 13 个省份的 142 个县进行抽样调查。其中，西南地区重庆 12 个县、四川 8 个县、贵州 4 个县、云南 29 个县；长江中下游江南地区浙江 17 个县、江西 3 个县、湖南 9 个县；长江中下游江北地区江苏 27 个县、安徽 14 个县、湖北 9 个县；黄河流域河南 6 个县、陕西 2 个县；青藏地区青海 2 个县。

第一节 油菜农药使用基本情况

2015—2020 年开展油菜上农户用药抽样调查，每年调查县数分别为 29 个、27 个、29 个、45 个、82 个、102 个，每个县调查 30~50 个农户，以亩商品用量、亩折百用量、亩桶混次数、用量指数作为指标进行作物用药水平评价。抽样调查结果见表 13-1。

表 13-1 农药使用基本情况表

年份	样本数	亩商品用量/克（毫升）	亩折百用量/克（毫升）	亩桶混次数	用量指数
2015	29	175.35	67.04	1.79	26.10
2016	27	206.55	63.60	2.36	26.43
2017	29	204.77	63.99	2.33	31.10
2018	45	218.40	61.96	2.25	41.93
2019	82	257.36	74.55	2.25	47.46
2020	102	199.31	58.60	2.24	40.72
平均		210.30	64.95	2.21	35.62

从表 13-1 可以看出，亩商品用量多年平均值为 210.30 克（毫升），最小值为 2015 年的 175.35 克（毫升），最大值为 2019 年的 257.36 克（毫升）。亩折百用量多年平均值为 64.95 克（毫升），最小值为 2020 年的 58.60 克（毫升），最大值为 2019 年的 74.55 克（毫升）。亩桶混次数多年平均值为 2.21 次，最小值为 2015 年的 1.79 次，最大值为 2016 年的 2.36 次。用量指数多年平均值为 35.62，最小值为 2015 年的 26.10，最大值为 2019 年的 47.46。历年资料线性回归分析显示，用量指数有逐年上升的趋势，其他各项指标历

年数据虽有波动，但没有明显的上升或下降趋势。

按主要农业生态区域，对各个生态区域农药用量指标分区汇总，得到5个区域农药使用基本情况，见表13-2。

表13-2　各生态区域农药使用基本情况表

生态区	年份	调查县数	亩商品用量/克（毫升）	亩折百用量/克（毫升）	亩桶混次数	用量指数
西南	2015	6	111.17	52.92	0.93	17.05
	2016	5	160.01	57.25	2.05	23.06
	2017	9	123.78	40.62	1.74	31.20
	2018	14	243.35	64.46	2.26	71.88
	2019	35	335.52	89.13	2.53	76.16
	2020	41	233.94	56.75	2.27	52.55
	平均	110	201.30	60.18	1.96	45.32
长江中下游江南	2015	8	226.54	86.57	2.10	30.91
	2016	8	234.94	76.29	2.63	30.25
	2017	9	210.42	68.62	2.65	28.18
	2018	9	172.11	61.04	2.43	23.63
	2019	14	162.68	55.92	1.95	29.53
	2020	21	181.51	64.57	2.20	32.49
	平均	69	198.04	68.83	2.33	29.16
长江中下游江北	2015	14	179.72	63.01	2.05	28.42
	2016	12	231.91	64.31	2.53	27.89
	2017	10	283.58	84.00	2.67	35.32
	2018	18	235.40	62.13	2.03	24.49
	2019	26	236.30	72.41	1.97	26.26
	2020	35	190.10	63.26	2.43	36.05
	平均	115	226.17	68.19	2.28	29.74
黄河流域	2015	1	89.58	51.92	1.07	9.53
	2016	2	57.14	24.46	1.01	10.86
	2017	1	94.90	32.42	1.20	14.11
	2018	2	79.83	46.39	1.07	85.03
	2019	5	90.28	31.61	1.97	15.86
	2020	4	41.68	14.71	1.00	6.31
	平均	15	75.57	33.58	1.22	23.62

（续）

生态区	年份	调查县数	亩商品用量/克（毫升）	亩折百用量/克（毫升）	亩桶混次数	用量指数
	2015	0	—	—	—	—
	2016	0	—	—	—	—
	2017	0	—	—	—	—
青藏区	2018	2	237.72	62.44	4.66	28.43
	2019	2	244.20	85.25	3.64	25.36
	2020	1	105.21	21.93	1.75	29.78
	平均	5	195.71	56.53	3.36	27.86

　　油菜上，亩商品用量排序：长江中下游江北＞西南＞长江中下游江南＞青藏＞黄河流域；亩折百用量排序：长江中下游江南＞长江中下游江北＞西南＞青藏＞黄河流域；亩桶混次数排序：青藏＞长江中下游江南＞长江中下游江北＞西南＞黄河流域；用量指数排序：西南＞长江中下游江北＞长江中下游江南＞青藏＞黄河流域。

　　为直观反映各生态区域中农药用量的差异，对每种指标按其在各个生态区域的大小进行排序，得到的次序数整理列于表 13 - 3。

表 13 - 3　各生态区域农药用量指标排序表

生态区	亩商品用量	亩折百用量	亩桶混次数	用量指数	秩数合计
西南	2	3	4	1	10
长江中下游江南	3	1	2	3	9
长江中下游江北	1	2	2	2	8
黄河流域	5	5	5	5	20
青藏区	4	4	1	4	13

　　表 13 - 3 中的各个顺序指标，亩商品用量、亩折百用量、亩桶混次数、用量指数，可以直观反映各个生态区域农药用量的水平。每个生态区域的指标之和，可作为该生态区域农药用量水平的综合排序得分（得分越小用量水平越高）。采用 Kendall 协同系数检验，对各个指标在各个地区的序列等级进行了检验。检验结果为，Kendall 协同系数 $W=0.54$，卡方值为 10.88，显著性检验 $P=0.002\,79$，在 $P<0.01$ 的显著水平下，这几个指标用于农药用量的评价具有较好的一致性。

第二节　油菜不同类型农药使用情况

　　2015—2020 年开展油菜农药商品用量抽样调查，每年调查县数分别为 29 个、27 个、29 个、45 个、82 个、102 个，每个县调查 30～50 个农户，杀虫剂、杀菌剂、除草剂、植物生长调节剂等类型抽样调查结果见表 13-4。

表 13-4 各类型农药商品用量调查表

年份	调查县数	杀虫剂		杀菌剂		除草剂		植物生长调节剂	
		亩商品用量/克（毫升）	占比/%	亩商品用量/克（毫升）	占比/%	亩商品用量/克（毫升）	占比/%	亩商品用量/克（毫升）	占比/%
2015	29	36.98	21.09	68.05	38.81	68.23	38.91	2.09	1.19
2016	27	62.33	30.17	53.87	26.08	88.42	42.81	1.93	0.93
2017	29	66.24	32.35	51.96	25.37	84.65	41.34	1.92	0.94
2018	45	91.72	42.00	65.09	29.80	60.09	27.51	1.50	0.69
2019	82	135.57	52.68	60.21	23.39	60.97	23.69	0.61	0.24
2020	102	95.98	48.16	52.76	26.47	49.10	24.63	1.47	0.74
平均		81.47	38.74	58.66	27.89	68.58	32.61	1.59	0.76

从表 13-4 可以看出，几年平均，杀虫剂的用量最大，亩商品用量为 81.47 克（毫升），占总量的 38.74%；其次是除草剂，为 68.58 克（毫升），占总量的 32.61%；再次是杀菌剂，为 58.66 克（毫升），占总量的 27.89%；植物生长调节剂最少，为 1.59 克（毫升），占总量的 0.76%。

按主要农业生态区域，对各类型农药的商品用量分区汇总，得到 5 个区域农药商品用量情况，见表 13-5。

表 13-5 各生态区域农药商品用量统计表

生态区	年份	杀虫剂		杀菌剂		除草剂		植物生长调节剂	
		亩商品用量/克（毫升）	占比/%	亩商品用量/克（毫升）	占比/%	亩商品用量/克（毫升）	占比/%	亩商品用量/克（毫升）	占比/%
西南	2015	32.08	28.86	51.45	46.28	27.39	24.64	0.25	0.22
	2016	43.92	27.45	28.04	17.53	86.30	53.93	1.75	1.09
	2017	63.99	51.70	30.41	24.56	29.05	23.47	0.33	0.27
	2018	136.18	55.96	69.11	28.40	37.31	15.33	0.75	0.31
	2019	252.48	75.25	56.82	16.93	25.63	7.64	0.59	0.18
	2020	184.92	79.05	30.00	12.82	18.55	7.93	0.47	0.20
	平均	118.93	59.08	44.31	22.02	37.37	18.56	0.69	0.34
长江中下游江南	2015	26.54	11.72	46.03	20.31	148.24	65.44	5.73	2.53
	2016	43.08	18.34	42.08	17.91	144.40	61.46	5.38	2.29
	2017	49.29	23.42	35.83	17.03	121.32	57.66	3.98	1.89
	2018	20.97	12.18	55.70	32.36	90.68	52.69	4.76	2.77
	2019	18.72	11.51	46.23	28.42	96.05	59.04	1.68	1.03
	2020	36.49	20.10	53.60	29.53	89.73	49.44	1.69	0.93
	平均	32.52	16.42	46.58	23.53	115.07	58.10	3.87	1.95

（续）

生态区	年份	杀虫剂		杀菌剂		除草剂		植物生长调节剂	
		亩商品用量/克（毫升）	占比/%	亩商品用量/克（毫升）	占比/%	亩商品用量/克（毫升）	占比/%	亩商品用量/克（毫升）	占比/%
长江中下游江北	2015	47.69	26.54	86.20	47.96	44.88	24.97	0.95	0.53
	2016	90.83	39.17	74.32	32.05	66.73	28.77	0.03	0.01
	2017	87.09	30.71	84.63	29.85	110.15	38.84	1.71	0.60
	2018	94.77	40.26	79.66	33.84	60.17	25.56	0.80	0.34
	2019	63.32	26.80	84.41	35.72	88.33	37.38	0.24	0.10
	2020	38.43	20.22	85.61	45.03	63.36	33.33	2.70	1.42
	平均	70.36	31.11	82.47	36.47	72.27	31.95	1.07	0.47
黄河流域	2015	0.00	0.00	89.58	100.00	0.00	0.00	0.00	0.00
	2016	14.30	25.03	42.84	74.97	0.00	0.00	0.00	0.00
	2017	30.51	32.15	64.39	67.85	0.00	0.00	0.00	0.00
	2018	34.75	43.53	3.89	4.87	41.19	51.60	0.00	0.00
	2019	29.53	32.71	16.03	17.76	44.72	49.53	0.00	0.00
	2020	8.09	19.41	7.15	17.15	26.44	63.44	0.00	0.00
	平均	19.53	25.84	37.31	49.38	18.73	24.78	0.00	0.00
青藏区	2015	—	—	—	—	—	—	—	—
	2016	—	—	—	—	—	—	—	—
	2017	—	—	—	—	—	—	—	—
	2018	128.46	54.04	9.23	3.88	100.03	42.08	0.00	0.00
	2019	112.03	45.88	13.20	5.40	118.93	48.70	0.04	0.02
	2020	64.19	61.01	1.24	1.18	39.75	37.78	0.03	0.03
	平均	101.56	51.89	7.89	4.03	86.24	44.07	0.02	0.01

油菜上，各个农业生态区不同类型农药的商品用量排序，杀虫剂：西南＞青藏区＞长江中下游江北＞长江中下游江南＞黄河流域；杀菌剂：长江中下游江北＞长江中下游江南＞西南＞黄河流域＞青藏区；除草剂：长江中下游江南＞青藏区＞长江中下游江北＞西南＞黄河流域；植物生长调节剂：长江中下游江南＞长江中下游江北＞西南＞青藏区＞黄河流域。

2015—2020 年开展油菜农药折百用量抽样调查，每年调查县数分别为 29 个、27 个、29 个、45 个、82 个、102 个，每个县调查 30～50 个农户，杀虫剂、杀菌剂、除草剂、植物生长调节剂等类型抽样调查结果见表 13-6。

表 13-6　各类型农药折百用量统计表

年份	调查县数	杀虫剂		杀菌剂		除草剂		植物生长调节剂	
		亩折百用量/克（毫升）	占比/%	亩折百用量/克（毫升）	占比/%	亩折百用量/克（毫升）	占比/%	亩折百用量/克（毫升）	占比/%
2015	29	7.30	10.89	32.97	49.18	26.44	39.44	0.33	0.49
2016	27	6.77	10.64	26.80	42.14	29.74	46.76	0.29	0.46
2017	29	9.28	14.50	25.80	40.32	28.53	44.59	0.38	0.59
2018	45	11.82	19.08	30.34	48.96	19.58	31.60	0.22	0.36
2019	82	27.09	36.34	26.34	35.33	21.02	28.20	0.10	0.13
2020	102	19.12	32.63	22.28	38.02	17.03	29.06	0.17	0.29
平均		13.56	20.88	27.42	42.22	23.72	36.52	0.25	0.38

从表 13-6 可以看出，几年平均，杀菌剂的用量最大，亩折百用量为 27.42 克（毫升），占总量的 42.22%；其次是除草剂，亩折百用量为 23.72 克（毫升），占总量的 36.52%；再次是杀虫剂，亩折百用量为 13.56 克（毫升），占总量的 20.88%；植物生长调节剂用量最少，亩折百用量为 0.25 克（毫升），占总量的 0.38%。

按主要农业生态区域，对各类型农药的折百用量分区汇总，得到 5 个区域各个类型农药折百用量情况，见表 13-7。

表 13-7　各生态区域农药折百用量统计表

生态区	年份	杀虫剂		杀菌剂		除草剂		植物生长调节剂	
		亩折百用量/克（毫升）	占比/%	亩折百用量/克（毫升）	占比/%	亩折百用量/克（毫升）	占比/%	亩折百用量/克（毫升）	占比/%
西南	2015	1.75	26.56	3.24	49.16	1.59	24.13	0.01	0.15
	2016	3.38	26.45	1.73	13.54	7.56	59.15	0.11	0.86
	2017	8.13	63.12	1.85	14.37	2.87	22.28	0.03	0.23
	2018	10.43	53.46	5.63	28.86	3.37	17.27	0.08	0.41
	2019	16.73	69.30	5.38	22.29	1.98	8.20	0.05	0.21
	2020	15.40	71.49	3.59	16.67	2.50	11.61	0.05	0.23
	平均	9.30	57.27	3.57	21.98	3.31	20.38	0.06	0.37
长江中下游江南	2015	3.18	27.51	3.03	26.21	5.15	44.55	0.20	1.73
	2016	4.92	37.76	3.30	25.32	4.46	34.23	0.35	2.69
	2017	4.43	36.19	2.74	22.39	4.73	38.64	0.34	2.78
	2018	2.61	20.42	5.39	42.18	4.40	34.43	0.38	2.97
	2019	3.01	25.17	4.26	35.61	4.53	37.88	0.16	1.34
	2020	4.82	29.63	5.29	32.51	6.02	37.00	0.14	0.86
	平均	3.83	29.53	4.00	30.84	4.88	37.63	0.26	2.00

（续）

生态区	年份	杀虫剂		杀菌剂		除草剂		植物生长调节剂	
		亩折百用量/克（毫升）	占比/%	亩折百用量/克（毫升）	占比/%	亩折百用量/克（毫升）	占比/%	亩折百用量/克（毫升）	占比/%
长江中下游江北	2015	3.19	25.46	4.32	34.48	4.99	39.82	0.03	0.24
	2016	3.11	22.77	4.78	34.99	5.77	42.24	0.00	0.00
	2017	3.21	17.91	5.85	32.65	8.74	48.77	0.12	0.67
	2018	2.93	22.87	4.63	36.15	5.20	40.59	0.05	0.39
	2019	2.20	16.03	4.72	34.41	6.79	49.49	0.01	0.07
	2020	3.64	19.37	7.87	41.88	6.95	36.99	0.33	1.76
	平均	3.05	20.46	5.36	35.95	6.41	42.99	0.09	0.60
黄河流域	2015	0.00	0.00	3.61	100.00	0.00	0.00	0.00	0.00
	2016	1.52	32.97	3.09	67.03	0.00	0.00	0.00	0.00
	2017	3.16	44.32	3.97	55.68	0.00	0.00	0.00	0.00
	2018	1.47	38.38	0.38	9.92	1.98	51.70	0.00	0.00
	2019	2.08	17.82	2.23	19.11	7.36	63.07	0.00	0.00
	2020	0.76	13.19	1.53	26.57	3.47	60.24	0.00	0.00
	平均	1.50	24.55	2.47	40.43	2.14	35.02	0.00	0.00
青藏区	2015	—	—	—	—	—	—	—	—
	2016	—	—	—	—	—	—	—	—
	2017	—	—	—	—	—	—	—	—
	2018	12.42	60.17	2.77	13.42	5.45	26.41	0.00	0.00
	2019	10.73	54.91	2.74	14.03	6.07	31.06	0.00	0.00
	2020	5.46	70.00	0.24	3.08	2.09	26.79	0.01	0.13
	平均	9.54	59.63	1.92	11.99	4.54	28.38	0.00	0.00

油菜上，各个农业生态区不同类型农药的亩折百用量排序，杀虫剂：青藏区＞西南＞长江中下游江南＞长江中下游江北＞黄河流域；杀菌剂：长江中下游江南＞西南＞长江中下游江北＞黄河流域＞青藏区；除草剂：长江中下游江北＞长江中下游江南＞青藏区＞西南＞黄河流域；植物生长调节剂：长江中下游江南＞长江中下游江北＞西南＞青藏区、黄河流域。

2015—2020 年开展油菜农药桶混次数抽样调查，每年调查县数分别为 29 个、27 个、29 个、45 个、82 个、102 个，每个县调查 30~50 个农户，杀虫剂、杀菌剂、除草剂、植物生长调节剂等类型抽样调查结果见表 13-8。

表 13-8　各类型农药桶混次数统计表

年份	调查县数	杀虫剂		杀菌剂		除草剂		植物生长调节剂	
		亩桶混次数	占比/%	亩桶混次数	占比/%	亩桶混次数	占比/%	亩桶混次数	占比/%
2015	29	0.59	32.96	0.60	33.53	0.56	31.28	0.04	2.23
2016	27	0.88	37.29	0.66	27.96	0.77	32.63	0.05	2.12
2017	29	0.98	42.06	0.57	24.46	0.73	31.33	0.05	2.15
2018	45	1.01	44.89	0.60	26.67	0.59	26.22	0.05	2.22
2019	82	1.13	50.22	0.55	24.45	0.55	24.44	0.02	0.89
2020	102	1.12	50.00	0.59	26.34	0.50	22.32	0.03	1.34
平均		0.95	42.99	0.60	27.15	0.62	28.05	0.04	1.81

　　从表 13-8 可以看出，几年平均，杀虫剂的亩桶混次数最多，为 0.95 次，占总量的 42.99%；其次是除草剂，为 0.62 次，占总量的 28.05%；再次是杀菌剂，为 0.60 次，占总量的 27.15%，植物生长调节剂最少，为 0.04 次，占总量的 1.81%。

　　按主要农业生态区域，对各类型农药的桶混次数分区汇总，得到 5 个区域桶混次数情况，见表 13-9。

表 13-9　各生态区域农药桶混次数统计表

生态区	年份	杀虫剂		杀菌剂		除草剂		植物生长调节剂	
		亩桶混次数	占比/%	亩桶混次数	占比/%	亩桶混次数	占比/%	亩桶混次数	占比/%
西南	2015	0.31	33.33	0.42	45.16	0.19	20.43	0.01	1.08
	2016	0.92	44.88	0.30	14.63	0.79	38.54	0.04	1.95
	2017	1.06	60.92	0.36	20.69	0.31	17.82	0.01	0.57
	2018	1.35	59.73	0.49	21.69	0.40	17.70	0.02	0.88
	2019	1.82	71.94	0.48	18.96	0.22	8.70	0.01	0.40
	2020	1.64	72.25	0.37	16.30	0.25	11.01	0.01	0.44
	平均	1.18	60.20	0.40	20.41	0.36	18.37	0.02	1.02
长江中下游江南	2015	0.68	32.38	0.47	22.39	0.83	39.52	0.12	5.71
	2016	1.06	40.30	0.47	17.88	0.95	36.12	0.15	5.70
	2017	1.15	43.40	0.44	16.60	0.93	35.09	0.13	4.91
	2018	0.83	34.16	0.65	26.75	0.75	30.86	0.20	8.23
	2019	0.69	35.38	0.55	28.21	0.64	32.82	0.07	3.59
	2020	0.92	41.82	0.70	31.82	0.53	24.09	0.05	2.27
	平均	0.89	38.20	0.55	23.60	0.77	33.05	0.12	5.15

（续）

生态区	年份	杀虫剂		杀菌剂		除草剂		植物生长调节剂	
		亩桶混次数	占比/%	亩桶混次数	占比/%	亩桶混次数	占比/%	亩桶混次数	占比/%
长江中下游江北	2015	0.69	33.66	0.73	35.60	0.61	29.76	0.02	0.98
	2016	0.84	33.20	0.92	36.37	0.77	30.43	0.00	0.00
	2017	0.78	29.21	0.87	32.59	0.99	37.08	0.03	1.12
	2018	0.65	32.02	0.71	34.97	0.65	32.02	0.02	0.99
	2019	0.47	23.86	0.67	34.01	0.83	42.13	0.00	0.00
	2020	0.74	30.45	0.84	34.57	0.79	32.51	0.06	2.47
	平均	0.70	30.70	0.79	34.65	0.77	33.77	0.02	0.88
黄河流域	2015	0.00	0.00	1.07	100.00	0.00	0.00	0.00	0.00
	2016	0.30	29.70	0.71	70.30	0.00	0.00	0.00	0.00
	2017	0.61	50.83	0.59	49.17	0.00	0.00	0.00	0.00
	2018	0.50	46.73	0.13	12.15	0.44	41.12	0.00	0.00
	2019	0.65	32.99	0.43	21.83	0.89	45.18	0.00	0.00
	2020	0.26	26.00	0.21	21.00	0.53	53.00	0.00	0.00
	平均	0.39	31.97	0.52	42.62	0.31	25.41	0.00	0.00
青藏区	2015	—	—	—	—	—	—	—	—
	2016	—	—	—	—	—	—	—	—
	2017	—	—	—	—	—	—	—	—
	2018	3.27	70.17	0.58	12.45	0.81	17.38	0.00	0.00
	2019	2.00	54.95	0.61	16.75	1.03	28.30	0.00	0.00
	2020	1.18	67.43	0.05	2.86	0.52	29.71	0.00	0.00
	平均	2.15	64.18	0.41	12.24	0.79	23.58	0.00	0.00

　　油菜上，各个农业生态区不同类型农药桶混次数排序，杀虫剂：青藏区＞西南＞长江中下游江南＞长江中下游江北＞黄河流域；杀菌剂：长江中下游江北＞长江中下游江南＞黄河流域＞青藏区＞西南；除草剂：青藏区＞长江中下游江南、长江中下游江北＞西南＞黄河流域；植物生长调节剂：长江中下游江南＞长江中下游江北、西南＞黄河流域、青藏区。

第三节　油菜化学农药、生物农药使用情况比较

　　2015—2020 年开展油菜农药商品用量抽样调查，每年调查县数分别为 29 个、27 个、29 个、45 个、82 个、102 个，化学农药、生物农药抽样调查结果见表 13-10。

表 13 - 10　化学农药、生物农药商品用量与农药成本统计表

年份	调查县数	亩商品用量				亩农药成本占比/%	
		化学农药/克（毫升）	占比/%	生物农药/克（毫升）	占比/%	化学农药	生物农药
2015	29	170.91	97.47	4.44	2.53	95.99	4.01
2016	27	200.60	97.12	5.95	2.88	94.39	5.61
2017	29	196.62	96.02	8.15	3.98	91.00	9.00
2018	45	212.55	97.32	5.85	2.68	96.09	3.91
2019	82	249.50	96.95	7.86	3.05	94.24	5.76
2020	102	192.61	96.64	6.70	3.36	95.15	4.85
平均		203.40	96.72	6.90	3.28	93.94	6.06

从表 13 - 10 可以看出，几年平均，化学农药依然是防治油菜病虫害的主体，亩商品用量为 203.40 克（毫升），占总商品用量的 96.72%；生物农药为 6.90 克（毫升），占总商品用量的 3.28%。从农药成本看，亩化学农药占总农药成本的 93.94%，亩生物农药占总农药成本的 6.06%。

按主要农业生态区域，对化学农药、生物农药的商品用量分区汇总，得到 5 个区域的化学农药、生物农药商品用量情况，见表 13 - 11。

表 13 - 11　各生态区域化学农药、生物农药商品用量统计表

生态区	年份	亩商品用量				亩农药成本占比/%	
		化学农药/克（毫升）	占比/%	生物农药/克（毫升）	占比/%	化学农药	生物农药
西南	2015	107.81	96.98	3.36	3.02	98.79	1.21
	2016	157.10	98.18	2.91	1.82	97.73	2.27
	2017	114.59	92.58	9.19	7.42	82.14	17.86
	2018	228.18	93.77	15.17	6.23	93.08	6.92
	2019	320.25	95.45	15.27	4.55	92.00	8.00
	2020	227.59	97.29	6.35	2.71	94.80	5.20
	平均	191.52	95.14	9.78	4.86	91.38	8.62
长江中下游江南	2015	218.34	96.38	8.20	3.62	92.30	7.70
	2016	220.40	93.81	14.54	6.19	86.03	13.97
	2017	203.53	96.73	6.89	3.27	93.06	6.94
	2018	169.92	98.73	2.19	1.27	97.42	2.58
	2019	159.68	98.16	3.00	1.84	95.07	4.93
	2020	169.21	93.22	12.30	6.78	89.80	10.20
	平均	190.26	96.07	7.78	3.93	91.90	8.10

（续）

生态区	年份	亩商品用量				亩农药成本占比/%	
		化学农药/ 克（毫升）	占比/%	生物农药/ 克（毫升）	占比/%	化学农药	生物农药
长江中 下游江北	2015	176.65	98.29	3.07	1.71	97.21	2.79
	2016	229.93	99.15	1.98	0.85	98.76	1.24
	2017	275.23	97.06	8.35	2.94	95.87	4.13
	2018	233.66	99.26	1.74	0.74	98.20	1.80
	2019	234.48	99.23	1.82	0.77	98.25	1.75
	2020	185.47	97.56	4.63	2.44	98.24	1.76
	平均	222.47	98.36	3.70	1.64	97.72	2.28
黄河流域	2015	89.58	100.00	0.00	0.00	100.00	0.00
	2016	54.06	94.61	3.08	5.39	88.72	11.28
	2017	86.87	91.54	8.03	8.46	81.77	18.23
	2018	79.83	100.00	0.00	0.00	100.00	0.00
	2019	89.82	99.49	0.46	0.51	98.89	1.11
	2020	41.64	99.90	0.04	0.10	99.65	0.35
	平均	73.25	96.93	2.32	3.07	93.62	6.38
青藏区	2015	—	—	—	—	—	—
	2016	—	—	—	—	—	—
	2017	—	—	—	—	—	—
	2018	237.72	100.00	0.00	0.00	100.00	0.00
	2019	234.94	96.21	9.26	3.79	95.91	4.09
	2020	102.88	97.79	2.33	2.21	97.56	2.44
	平均	191.85	98.03	3.86	1.97	97.94	2.06

油菜上，各个农业生态区化学农药亩商品用量排序：长江中下游江北＞青藏区＞西南＞长江中下游江南＞黄河流域；生物农药亩商品用量排序：西南＞长江中下游江南＞青藏区＞长江中下游江北＞黄河流域。

第四节　油菜使用农药有效成分汇总

根据农户用药调查中各个农药成分的使用数据，对 2015—2020 年油菜上各个农药的有效成分进行了分类汇总，可看出油菜病虫害防治主要以杀虫剂、杀菌剂和除草剂为主，植物生长调节剂使用的较少，见表 13-12。

表 13 - 12　油菜各生态区域农药有效成分使用数据汇总表

生态区	合计	杀虫剂		杀菌剂		除草剂		植物生长调节剂	
		数量/个	占比/%	数量/个	占比/%	数量/个	占比/%	数量/个	占比/%
全国	176	65	36.93	57	32.39	47	26.70	7	3.98
西南	129	48	37.21	46	35.66	29	22.48	6	4.65
长江中下游江南	86	35	40.70	23	26.74	26	30.23	2	2.33
长江中下游江北	109	44	40.37	28	25.69	33	30.27	4	3.67
黄河流域	34	15	44.12	11	32.35	8	23.53	0	0.00
青藏区	37	20	54.05	8	21.63	9	24.32	0	0.00

从表 13 - 12 可以看出，全国范围 2015—2020 年油菜上共使用了 176 种农药有效成分。其中，杀虫剂 65 种，占农药总数的 36.93%；杀菌剂 57 种，占 32.39%；除草剂 47 种，占 26.70%；植物生长调节剂 7 种，占 3.98%。

西南区共使用了 129 种农药有效成分。其中，杀虫剂 48 种，占农药总数的 37.21%；杀菌剂 46 种，占 35.66%；除草剂 29 种，占 22.48%；植物生长调节剂 6 种，占 4.65%。

长江中下游江南区共使用 86 种农药有效成分。其中，杀虫剂 35 种，占 40.70%；杀菌剂 23 种，占 26.74%；除草剂 26 种，占 30.23%；植物生长调节剂 2 种，占 2.33%。

长江中下游江北区共使用 109 种农药有效成分。其中，杀虫剂 44 种，占 40.37%；杀菌剂 28 种，占 25.69%；除草剂 33 种，占 30.27%；植物生长调节剂 4 种，占 3.67%。

黄河流域共使用 34 种农药有效成分。其中，杀虫剂 15 种，占农药总数的 44.12%；杀菌剂 11 种，占 32.35%；除草剂 8 种，占 23.53%。

青藏区共使用 37 种农药有效成分。其中，杀虫剂 20 种，占 54.05%；杀菌剂 8 种，占 21.63%；除草剂 9 种，占 24.32%。

第五节　油菜农药有效成分使用频率
分布及年度趋势分析

对于各个地区油菜使用农药种类及使用量的指标，主要采用各种农药及其有效成分的使用频率。即用某年某种农药使用频次数量占当年作物上所有农药使用总频次数量的百分比（%）分析。

表 13 - 13 是经计算整理得到的 2015—2020 年各种农药成分使用的相对频率。表中仅列出相对频率累计前 75% 的农药种类。表 13 - 13 中不同种类农药使用频率在年度间变化趋势，可以采用变异系数进行分析。同时，可应用回归分析方法检验某种农药使用频率在年度间是否有上升或下降的趋势。将统计学上差异显著（显著性检验 P 值小于 0.05）的农药种类在年变化趋势栏目内进行标记。如果是上升趋势，则标记"↗"；如果是下降趋

势，则标记"↘"。

表 13 - 13　2015—2020 年油菜上各农药成分使用频率（％）

序号	农药种类	平均值	最小值（年份）	最大值（年份）	标准差	变异系数	年变化趋势	累计频率
1	吡虫啉	6.00	5.65 (2019)	7.43 (2015)	0.701 0	11.676 7	−4.17	6.003 6
2	多菌灵	5.19	4.00 (2019)	5.94 (2015)	0.788 0	15.188 8	−7.05 ↘	11.191 5
3	草甘膦	3.65	2.97 (2015)	4.26 (2018)	0.540 5	14.822 8	0.53	14.837 6
4	草除灵	3.41	2.93 (2017)	4.26 (2016)	0.480 6	14.108 3	0.13	18.244 0
5	阿维菌素	3.25	2.27 (2018)	3.90 (2016)	0.560 5	17.243 5	−2.55	21.494 5
6	烯草酮	3.16	2.82 (2019)	3.47 (2015)	0.268 8	8.499 2	−3.55	24.657 7
7	甲氨基阿维菌素苯甲酸盐	3.15	2.84 (2018)	3.58 (2020)	0.324 1	10.271 8	1.35	27.812 5
8	菌核净	3.10	2.59 (2019)	3.47 (2015)	0.359 5	11.614 2	−0.82	30.908 1
9	高效氯氟氰菊酯	2.93	1.49 (2015)	4.24 (2019)	1.039 0	35.512 2	16.54 ↗	33.833 7
10	精喹禾灵	2.91	2.64 (2017)	3.47 (2015)	0.283 3	9.731 0	−2.79	36.745 3
11	乙草胺	2.63	1.98 (2015)	3.23 (2017)	0.470 1	17.865 8	2.44	39.376 7
12	高效氟吡甲禾灵	2.38	1.65 (2019)	3.55 (2016)	0.689 5	28.972 0	−7.36	41.756 5
13	甲基硫菌灵	2.23	1.18 (2019)	3.96 (2015)	0.983 7	44.121 3	−20.94 ↘	43.985 9
14	咪鲜胺	2.22	1.88 (2019)	2.63 (2020)	0.307 9	13.884 2	1.38	46.203 4
15	三唑酮	1.75	0.95 (2020)	2.84 (2018)	0.766 0	43.748 0	−8.94	47.954 4
16	溴氰菊酯	1.50	0.71 (2016)	2.35 (2017)	0.597 1	39.724 5	11.40	49.457 5
17	多效唑	1.39	0.94 (2015)	1.98 (2018)	0.414 4	29.910 4	−7.70	50.843 0
18	福美双	1.34	0.88 (2017)	1.98 (2018)	0.375 4	28.069 9	−6.86	52.180 2
19	异丙甲草胺	1.23	0.00 (2015)	1.70 (2018)	0.631 1	51.345 3	19.47	53.409 4
20	噻虫嗪	1.11	0.00 (2015)	2.63 (2020)	0.890 9	80.270 7	32.61	54.519 2
21	辛硫磷	1.00	0.35 (2016)	1.98 (2015)	0.550 9	54.903 2	−12.51	55.522 7
22	二氯吡啶酸	0.93	0.59 (2017)	1.42 (2016)	0.315 8	34.121 0	−9.13	56.448 2

从表 13 - 13 可以看出，主要农药品种的使用，年度间波动非常大（变异系数大于等于 50％）的农药种类有：百草枯、马拉硫磷、噻虫嗪、草铵膦、胺苯磺隆、辛硫磷、氰戊菊酯、异丙甲草胺。

年度间波动幅度较大（变异系数在 25%～49.9%）的农药种类有：甲基硫菌灵、三唑酮、氯氰菊酯、溴氰菊酯、高效氯氟氰菊酯、二氯吡啶酸、甲氰菊酯、毒死蜱、戊唑醇、啶虫脒、多效唑、高效氟吡甲禾灵、福美双、高效氯氰菊酯、吡蚜酮。

年度间有波动（变异系数在 10.0%～24.9%）的农药种类有：乙草胺、阿维菌素、多菌灵、草甘膦、代森锰锌、草除灵、咪鲜胺、吡虫啉、菌核净、甲氨基阿维菌素苯甲酸盐。

年度间变化比较平稳（变异系数小于 10%）的农药种类有：精喹禾灵、烯草酮。

对各年用药频率进行线性回归分析，探索年度间是否有上升或下降趋势。经统计检验达显著水平（$P < 0.05$），年度间有上升趋势的农药种类有：高效氯氟氰菊酯、草铵膦；年度间有下降趋势的农药种类有：多菌灵、甲基硫菌灵、百草枯；年度间无显著上升或下降趋势的农药种类有：吡虫啉、草甘膦、草除灵、阿维菌素、烯草酮、甲氨基阿维菌素苯甲酸盐、菌核净、精喹禾灵、乙草胺、高效氯氰菊酯、吡蚜酮、高效氟吡甲禾灵、啶虫脒、咪鲜胺、毒死蜱、三唑酮、溴氰菊酯、氯氰菊酯、多效唑、福美双、异丙甲草胺、甲氰菊酯、噻虫嗪、辛硫磷、戊唑醇、氰戊菊酯、二氯吡啶酸、代森锰锌、胺苯磺隆、马拉硫磷。

油菜上各种农药成分使用频次占总频次的比例（%）和年度增减趋势（%）关系，采用散点图进行分析，如图 13-1 所示。图 13-1 中第一象限（右上部）农药成分的使用频率较高且年度间具有增长的趋势，如高效氯氟氰菊酯、草甘膦和草除灵等；第二象限（右下部）农药成分的使用频率较低但年度间具有增长的趋势，如噻虫嗪、异丙甲草胺和溴氰菊酯等；第三象限（左下部）农药成分的使用频率较低且年度间没有增长，表现为下降的趋势，如甲基硫菌灵、辛硫磷和二氯吡啶酸等；第四象限（左上部）农药成分的使用频率较高但是年度间没有增长，表现为下降的趋势，如吡虫啉、多菌灵和烯草酮等。

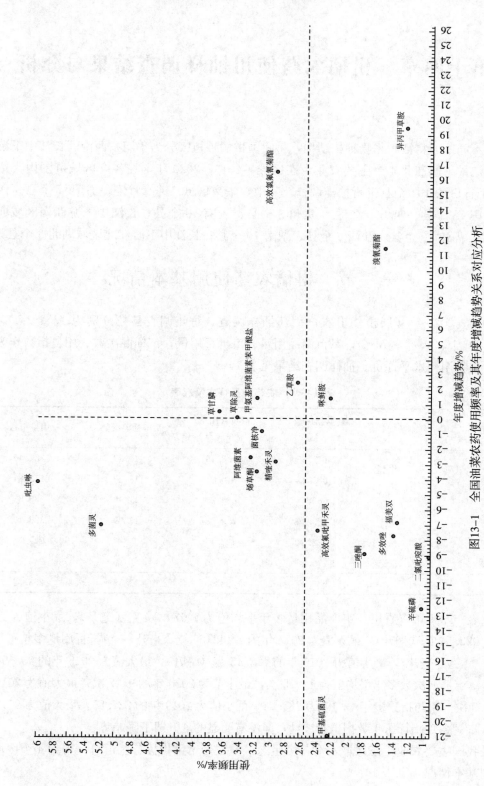

图13-1 全国油菜农药使用频率及其年度增减趋势关系对应分析

第十四章 柑橘农药使用抽样调查结果与分析

按不同地域特征和作物种植结构，将我国柑橘种植区分为华南、西南、长江中下游江南、长江中下游江北4个主要农业生态区域。2015—2020年，在各个区域范围内，选择了11个省份的101个县进行抽样调查。其中，华南区域广东2个县、广西7个县；西南区域重庆18个县、四川10个县、贵州3个县、云南16个县；长江中下游江南区域浙江16个县、福建10个县、江西6个县、湖南10个县；长江中下游江北区域湖北3个县。

第一节 柑橘农药使用基本情况

2015—2020年开展柑橘上农户用药抽样调查，每年调查县数分别为17个、17个、19个、20个、50个、74个，以亩商品用量、亩折百用量、亩桶混次数、用量指数作为指标进行作物用药水平评价。抽样调查结果见表14-1。

表14-1 农药用量基本情况表

年份	样本数	亩商品用量/ 克（毫升）	亩折百用量/ 克（毫升）	亩桶混次数	用量指数
2015	17	2 147.65	908.96	10.37	284.46
2016	17	2 073.42	816.01	13.29	273.84
2017	19	1 663.98	680.22	11.13	336.83
2018	20	1 939.00	799.78	13.09	333.10
2019	50	1 022.54	422.45	9.97	227.55
2020	74	1 176.18	500.60	9.07	246.04
平均		1 670.47	688.00	11.15	283.64

从表14-1可以看出，亩商品用量多年平均值为1 670.47克（毫升），最小值为2019年的1 022.54克（毫升），最大值为2015年的2 148.65克（毫升）。亩折百用量多年平均值为688.00克（毫升），最小值为2019年的422.45克（毫升），最大值为2015年的908.96克（毫升）。亩桶混次数多年平均值为11.15次，最小值为2020年的9.07次，最大值为2016年的13.29次。用药指数多年平均值为283.64，最小值为2019年的227.55，最大值为2017年的336.83。各项指标历年数据虽有波动，但没有明显的上升或下降趋势。

按我国主要农业生态区域，对各个生态区域农药用量指标分区汇总，得到4个区域农药使用基本情况，见表14-2。

表 14-2　各生态区域农药用量基本情况表

生态区	年份	样本数	亩商品用量/克（毫克）	亩折百用量/克（毫克）	亩桶混次数	用量指数
华南	2015	2	2 473.51	914.56	17.32	489.89
	2016	5	2 536.60	918.88	15.16	444.11
	2017	4	3 220.09	1 096.94	18.19	666.86
	2018	3	3 175.64	1 147.81	18.14	711.43
	2019	5	2 184.54	773.32	17.81	570.04
	2020	2	3 905.43	1 213.08	31.41	1 170.56
	平均		2 915.98	1 010.77	19.68	675.48
西南	2015	6	2 073.82	718.44	8.61	271.97
	2016	1	2 575.46	972.44	4.45	116.43
	2017	6	620.64	235.63	3.93	112.23
	2018	7	1 778.35	659.50	11.69	271.15
	2019	26	697.39	280.87	6.74	134.87
	2020	36	687.75	226.43	6.54	159.90
	平均		1 405.58	515.56	7.00	177.76
长江中下游江南	2015	7	2 328.09	1 126.79	10.76	278.10
	2016	10	1 771.46	694.10	13.54	208.74
	2017	8	1 607.07	715.33	13.38	353.14
	2018	9	1 669.27	774.13	12.99	262.82
	2019	17	1 172.13	526.85	13.00	270.05
	2020	34	1 540.64	747.45	10.62	284.13
	平均		1 681.45	764.12	12.38	276.16
长江中下游江北	2015	2	1 411.72	712.53	7.38	138.77
	2016	1	2 275.39	1 364.25	10.22	230.88
	2017	1	2 154.77	1 399.90	8.11	233.80
	2018	1	1 781.44	968.48	8.61	264.23
	2019	2	1 073.00	498.42	6.50	215.06
	2020	2	1 042.70	526.84	5.77	224.40
	平均		1 623.18	911.74	7.77	217.86

　　柑橘上，亩商品用量、亩桶混次数、用量指数排序：华南＞长江中下游江南＞长江中下游江北＞西南；亩折百用量排序：华南＞长江中下游江北＞长江中下游江南＞西南。

　　为直观反映各个生态区域中各个农药使用量的差异，对每种指标按其在各生态区域的大小进行排序，得到的次序数整理列于表 14-3。

表 14 - 3　各生态区域农药使用指标排序表

生态区	亩商品用量	亩折百用量	亩桶混次数	用量指数	秩数合计
华南	1	1	1	1	4
西南	4	4	4	4	16
长江中下游南	2	3	2	2	9
长江中下游北	3	2	3	3	11

表 14 - 3 中各个顺序指标，亩商品用量、亩折百用量、亩桶混次数、用量指数，可以直观反映各个生态区域农药使用水平。每个生态区域的指标之和，为该生态区域农药用量水平的综合排序得分（得分越小用量水平越高）。采用 Kendall 协同系数检验，对各个指标在各个地区的序列等级进行了检验。检验结果为，Kendall 协同系数 $W = 0.94$，卡方值为 14.04，显著性检验 $P = 0.002\ 9$。在 $P < 0.01$ 的显著水平下，这几个指标用于农药用量的评价具有较好的一致性。

第二节　柑橘不同类型农药使用情况

2015—2020 年开展柑橘农药商品用量抽样调查，每年调查县数分别为 17 个、17 个、19 个、20 个、50 个、74 个，杀虫剂、杀菌剂、除草剂、植物生长调节剂等类型抽样调查结果见表 14 - 4。

表 14 - 4　各类型农药使用（商品用量）调查表

年份	调查县数	杀虫剂		杀菌剂		除草剂		植物生长调节剂	
		亩商品用量/克（毫升）	占比/%	亩商品用量/克（毫升）	占比/%	亩商品用量/克（毫升）	占比/%	亩商品用量/克（毫升）	占比/%
2015	17	1 259.43	58.64	526.86	24.53	345.46	16.09	15.90	0.74
2016	17	962.46	46.42	774.86	37.37	304.54	14.69	31.56	1.52
2017	19	903.98	54.33	589.24	35.41	137.94	8.29	32.82	1.97
2018	20	894.75	46.14	835.86	43.12	152.67	7.87	55.72	2.87
2019	50	515.44	50.41	399.52	39.07	101.55	9.93	6.03	0.59
2020	74	638.62	54.30	453.45	38.55	75.08	6.38	9.03	0.77
平均		862.45	51.63	596.63	35.71	186.21	11.15	25.18	1.51

从表 14 - 4 可以看出，几年平均，杀虫剂的用量最大，亩商品用量为 862.45 克（毫升），占总量的 51.63%；其次是杀菌剂，为 596.63 克（毫升），占总量的 35.71%；再次是除草剂，为 186.21 克（毫升），占总量的 11.15%；植物生长调节剂最少，为 25.18 克（毫升），占总量的 1.51%。

按主要农业生态区域，对各类型农药的商品用量分区汇总，得到 4 个区域各类型农药商品用量情况，见表14-5。

表14-5 各生态区域农药商品用量统计表

生态区	年份	杀虫剂		杀菌剂		除草剂		植物生长调节剂	
		亩商品用量/克（毫升）	占比/%	亩商品用量/克（毫升）	占比/%	亩商品用量/克（毫升）	占比/%	亩商品用量/克（毫升）	占比/%
华南	2 015	1 307.30	52.85	936.90	37.88	121.02	4.89	108.29	4.38
	2016	1 366.67	53.88	834.84	32.91	235.96	9.30	99.13	3.91
	2017	1 827.52	56.75	1 141.24	35.44	99.15	3.08	152.18	4.73
	2018	1 627.85	51.26	1 158.31	36.48	33.98	1.07	355.50	11.19
	2019	1 114.28	51.01	873.35	39.98	163.72	7.49	33.19	1.52
	2020	2 272.23	58.18	1 438.22	36.83	79.35	2.03	115.63	2.96
	平均	1 585.98	54.39	1 063.81	36.48	122.20	4.19	143.99	4.94
西南	2 015	1 149.06	55.41	258.02	12.44	662.12	31.93	4.62	0.22
	2016	207.57	8.06	2 159.79	83.86	208.10	8.08	0.00	0.00
	2017	277.12	44.65	281.75	45.40	61.32	9.88	0.45	0.07
	2018	810.61	45.58	786.26	44.22	180.18	10.13	1.30	0.07
	2019	398.96	57.21	230.30	33.02	67.17	9.63	0.96	0.14
	2020	455.87	66.28	179.17	26.05	49.02	7.13	3.69	0.54
	平均	549.87	39.12	649.22	46.19	204.65	14.56	1.84	0.13
长江中下游江南	2 015	1 457.55	62.61	691.20	29.68	177.52	7.63	1.82	0.08
	2016	765.76	43.23	641.80	36.22	361.29	20.40	2.61	0.15
	2017	809.69	50.38	574.81	35.77	221.06	13.76	1.51	0.09
	2018	680.85	40.79	812.82	48.70	173.52	10.39	2.08	0.12
	2019	509.42	43.46	527.95	45.04	129.15	11.02	5.61	0.48
	2020	741.16	48.11	688.98	44.72	101.85	6.61	8.65	0.56
	平均	827.41	49.21	656.26	39.03	194.07	11.54	3.71	0.22
长江中下游江北	2 015	849.26	60.16	348.13	24.66	207.69	14.71	6.64	0.47
	2016	1 663.36	73.10	420.75	18.50	176.44	7.75	14.84	0.65
	2017	1 725.40	80.07	341.57	15.86	87.80	4.07	0.00	0.00
	2018	1 209.59	67.90	423.18	23.76	128.52	7.21	20.15	1.13
	2019	583.80	54.41	323.04	30.11	158.51	14.77	7.65	0.71
	2020	551.24	52.87	401.47	38.50	84.92	8.14	5.07	0.49
	平均	1 097.11	67.59	376.36	23.18	140.65	8.67	9.06	0.56

柑橘上，亩商品用量，杀虫剂排序：华南＞长江中下游江北＞长江中下游江南＞西南；杀菌剂排序：华南＞长江中下游江南＞西南＞长江中下游江北；除草剂排序：西南＞长江中下游江南＞长江中下游江北＞华南；植物生长调节剂排序：华南＞长江中下游

江北＞长江中下游江南＞西南。

2015—2020 年开展柑橘农药折百用量抽样调查，每年调查县数分别为 17 个、17 个、19 个、20 个、50 个、74 个，每个县调查 30～50 个农户，杀虫剂、杀菌剂、除草剂、植物生长调节剂等类型抽样调查结果见表 14-6。

表 14-6　各类型农药使用（亩折百用量）调查表

年份	调查县数	杀虫剂		杀菌剂		除草剂		植物生长调节剂	
		亩折百用量/克（毫升）	占比/%	亩折百用量/克（毫升）	占比/%	亩折百用量/克（毫升）	占比/%	亩折百用量/克（毫升）	占比/%
2015	17	516.28	56.80	310.57	34.17	78.39	8.62	3.72	0.41
2016	17	302.93	37.12	424.24	51.99	82.34	10.09	6.50	0.80
2017	19	301.45	44.32	335.18	49.28	39.69	5.83	3.90	0.57
2018	20	277.19	34.66	463.85	58.00	50.80	6.35	7.94	0.99
2019	50	170.64	40.39	219.17	51.88	31.92	7.56	0.72	0.17
2020	74	206.61	41.27	271.76	54.29	21.77	4.35	0.46	0.09
平均		295.85	43.00	337.46	49.05	50.82	7.39	3.87	0.56

从表 14-6 可以看出，几年平均，杀菌剂的用量最大，亩折百用量为 337.46 克（毫升），占总量的 49.05%；其次是杀虫剂，亩折百用量为 295.85 克（毫升），占总量的 43.00%；然后是除草剂，亩折百用量为 50.82 克（毫升），占总量的 7.39%；植物生长调节剂亩折百用量占比最小。

按我国主要农业生态区域，对各个生态区域各个类型农药的折百用量分区汇总，得到 4 个区域各个类型农药折百用量情况，见表 14-7。

表 14-7　各生态区域农药折百用量统计表

生态区	年份	杀虫剂		杀菌剂		除草剂		植物生长调节剂	
		亩折百用量/克（毫升）	占比/%	亩折百用量/克（毫升）	占比/%	亩折百用量/克（毫升）	占比/%	亩折百用量/克（毫升）	占比/%
华南	2015	304.55	33.30	541.82	59.25	43.64	4.77	24.55	2.68
	2016	329.77	35.89	497.51	54.15	70.79	7.70	20.81	2.26
	2017	433.57	39.53	619.03	56.43	26.77	2.44	17.57	1.60
	2018	445.48	38.81	638.78	55.66	13.01	1.13	50.54	4.40
	2019	262.82	33.99	455.27	58.86	49.07	6.35	6.16	0.80
	2020	512.45	42.24	669.19	55.22	23.71	1.95	7.19	0.59
	平均	381.44	37.74	570.36	56.43	37.83	3.74	21.14	2.09

（续）

生态区	年份	杀虫剂		杀菌剂		除草剂		植物生长调节剂	
		亩折百用量/克（毫升）	占比/%	亩折百用量/克（毫升）	占比/%	亩折百用量/克（毫升）	占比/%	亩折百用量/克（毫升）	占比/%
西南	2015	477.96	66.53	108.13	15.05	131.53	18.31	0.82	0.11
	2016	28.17	2.90	858.95	88.33	85.32	8.77	0.00	0.00
	2017	79.97	33.94	130.94	55.57	24.58	10.43	0.14	0.06
	2018	242.30	36.74	346.69	52.57	70.43	10.68	0.08	0.01
	2019	133.28	47.45	124.83	44.44	22.71	8.09	0.05	0.02
	2020	110.64	48.86	98.17	43.36	17.42	7.69	0.20	0.09
	平均	178.72	34.67	277.95	53.91	58.67	11.38	0.22	0.04
长江中下游江南	2015	626.52	55.60	449.87	39.93	49.12	4.36	1.28	0.11
	2016	241.37	34.77	361.72	52.12	90.38	13.02	0.63	0.09
	2017	287.59	40.20	368.57	51.53	58.80	8.22	0.37	0.05
	2018	202.29	26.13	522.69	67.52	48.45	6.26	0.70	0.09
	2019	186.34	35.37	300.42	57.02	39.86	7.57	0.23	0.04
	2020	285.51	38.20	435.14	58.21	26.44	3.54	0.36	0.05
	平均	304.94	39.91	406.40	53.18	52.18	6.83	0.60	0.08
长江中下游江北	2015	457.11	64.15	199.11	27.94	56.19	7.89	0.12	0.02
	2016	1 059.05	77.63	248.30	18.19	56.69	4.16	0.21	0.02
	2017	1 212.66	86.62	158.22	11.31	29.02	2.07	0.00	0.00
	2018	690.51	71.30	229.64	23.71	48.05	4.96	0.28	0.03
	2019	292.41	58.67	164.69	33.04	41.26	8.28	0.06	0.01
	2020	287.05	54.49	220.98	41.94	18.81	3.57	0.00	0.00
	平均	666.47	73.10	203.49	22.32	41.67	4.57	0.11	0.01

柑橘上，亩折百用量，杀虫剂排序：长江中下游江北＞华南＞长江中下游江南＞西南；杀菌剂排序：华南＞长江中下游江南＞西南＞长江中下游江北；除草剂排序：西南＞长江中下游江南＞长江中下游江北＞华南；植物生长调节剂排序：华南＞长江中下游江南＞西南＞长江中下游江北。

2015—2020 年开展柑橘施药次数抽样调查，每年调查县数分别为 17 个、17 个、19 个、20 个、50 个、74 个，每个县调查 30～50 个农户，杀虫剂、杀菌剂、除草剂、植物生长调节剂等类型抽样调查结果见表 14-8。

表 14-8　各类型农药桶混次数调查表

年份	调查县数	杀虫剂		杀菌剂		除草剂		植物生长调节剂	
		亩桶混次数	占比/%	亩桶混次数	占比/%	亩桶混次数	占比/%	亩桶混次数	占比/%
2015	17	6.62	63.84	2.81	27.09	0.76	7.33	0.18	1.74
2016	17	8.45	63.58	3.88	29.20	0.65	4.89	0.31	2.33
2017	19	7.25	65.14	3.15	28.30	0.55	4.94	0.18	1.62
2018	20	7.90	60.35	4.39	33.54	0.50	3.82	0.30	2.29
2019	50	6.40	64.19	3.00	30.10	0.45	4.51	0.12	1.20
2020	74	5.85	64.50	2.70	29.77	0.39	4.30	0.13	1.43
平均		7.08	63.50	3.32	29.78	0.55	4.93	0.20	1.79

从表 14-8 可以看出，几年平均，杀虫剂的亩桶混次数最多，为 7.08 次，占总量的 63.50%；其次是杀菌剂，为 3.32 次，占总量的 29.78%；然后是除草剂，为 0.55 次，占总量的 4.93%；植物生长调节剂最少，为 0.20 次，占总量的 1.79%。

按我国主要农业生态区域，对各个生态区域各个类型农药的桶混次数分区汇总，得到 4 个区域各个类型农药桶混次数情况，见表 14-9。

表 14-9　各生态区域农药桶混次数统计表

生态区	年份	杀虫剂		杀菌剂		除草剂		植物生长调节剂	
		亩桶混次数	占比/%	亩桶混次数	占比/%	亩桶混次数	占比/%	亩桶混次数	占比/%
华南	2015	10.14	58.55	5.73	33.08	0.79	4.56	0.66	3.81
	2016	10.06	66.36	4.08	26.91	0.35	2.31	0.67	4.42
	2017	12.33	67.78	4.81	26.45	0.36	1.98	0.69	3.79
	2018	10.83	59.70	5.79	31.92	0.16	0.88	1.36	7.50
	2019	10.49	58.90	5.92	33.23	0.92	5.17	0.48	2.70
	2020	19.74	62.85	10.04	31.96	0.48	1.53	1.15	3.66
	平均	12.27	62.35	6.06	30.79	0.51	2.59	0.84	4.27
西南	2015	6.26	72.71	1.46	16.95	0.84	9.76	0.05	0.58
	2016	3.00	67.42	0.84	18.87	0.61	13.71	0.00	0.00
	2017	2.84	72.26	0.82	20.87	0.27	6.87	0.00	0.00
	2018	7.67	65.61	3.59	30.71	0.40	3.42	0.03	0.26
	2019	4.79	71.07	1.68	24.92	0.24	3.56	0.03	0.45
	2020	4.65	71.10	1.54	23.55	0.29	4.43	0.06	0.92
	平均	4.87	69.57	1.66	23.71	0.44	6.29	0.03	0.43

（续）

生态区	年份	杀虫剂		杀菌剂		除草剂		植物生长调节剂	
		亩桶混次数	占比/%	亩桶混次数	占比/%	亩桶混次数	占比/%	亩桶混次数	占比/%
长江中下游江南	2015	6.66	61.90	3.45	32.06	0.48	4.46	0.17	1.58
	2016	8.35	61.67	4.23	31.24	0.79	5.83	0.17	1.26
	2017	8.19	61.21	4.24	31.69	0.86	6.43	0.09	0.67
	2018	7.37	56.74	4.77	36.72	0.68	5.23	0.17	1.31
	2019	7.98	61.38	4.28	32.92	0.60	4.62	0.14	1.08
	2020	6.45	60.73	3.53	33.24	0.50	4.71	0.14	1.32
	平均	7.50	60.58	4.08	32.96	0.65	5.25	0.15	1.21
长江中下游江北	2015	4.06	55.01	1.76	23.85	1.47	19.92	0.09	1.22
	2016	6.86	67.12	2.44	23.88	0.78	7.63	0.14	1.37
	2017	5.84	72.01	1.84	22.69	0.43	5.30	0.00	0.00
	2018	5.52	64.11	2.30	26.72	0.62	7.20	0.17	1.97
	2019	3.72	57.23	2.08	32.00	0.58	8.92	0.12	1.85
	2020	3.22	55.81	2.16	37.43	0.32	5.55	0.07	1.21
	平均	4.87	62.68	2.10	27.02	0.70	9.01	0.10	1.29

柑橘上，亩桶混次数，杀虫剂排序：华南＞长江中下游江南＞长江中下游江北、西南；杀菌剂排序：华南＞长江中下游江南＞长江中下游江北＞西南；除草剂排序：长江中下游江北＞长江中下游江南＞华南＞西南；植物生长调节剂排序：华南＞长江中下游江南＞长江中下游江北＞西南。

第三节　柑橘化学农药、生物农药使用情况比较

2015—2020 年开展柑橘农药商品用量抽样调查，每年调查县数分别为 17 个、17 个、19 个、20 个、50 个、74 个，每个县调查 30～50 个农户，化学农药、生物农药等类型抽样调查结果见表 14-10。

表 14-10　化学农药、生物农药商品用量与农药成本调查表

年份	调查县数	亩商品用量				亩农药成本占比/%	
		化学农药/克（毫升）	占比/%	生物农药/克（毫升）	占比/%	化学农药	生物农药
2015	17	1 927.29	89.74	220.36	10.26	86.48	13.52
2016	17	1 822.83	87.91	250.59	12.09	82.72	17.28
2017	19	1 437.68	86.40	226.30	13.60	83.85	16.15

（续）

年份	调查县数	亩商品用量				亩农药成本占比/%	
		化学农药/克（毫升）	占比/%	生物农药/克（毫升）	占比/%	化学农药	生物农药
2018	20	1 713.91	88.39	225.09	11.61	86.53	13.47
2019	50	883.74	86.43	138.80	13.57	84.45	15.55
2020	74	984.73	83.72	191.45	16.28	86.56	13.44
平均		1464.02	87.64	206.45	12.36	84.85	15.15

从表 14-10 可以看出，几年平均，化学农药是防治柑橘病虫害的主体，亩商品用量为 1 464.02 克（毫升），占总商品用量的 87.64%；生物农药为 206.45 克（毫升），占总商品用量的 12.36%。从农药成本看，亩化学农药占总农药成本的 84.85%，亩生物农药占总农药成本的 15.15%。

按我国主要农业生态区域，对各个生态区域化学农药、生物农药的商品用量分区汇总，得到 4 个区域的化学农药、生物农药商品用量情况，见表 14-11。

表 14-11　各生态区域化学农药、生物农药的商品用量与农药成本统计表

生态区	年份	亩商品用量				亩农药成本占比/%	
		化学农药/克（毫升）	占比/%	生物农药/克（毫升）	占比/%	化学农药	生物农药
华南	2015	2 165.57	87.55	307.94	12.45	85.08	14.92
	2016	2 092.17	82.48	444.43	17.52	77.73	22.27
	2017	2 677.21	83.14	542.88	16.86	82.51	17.49
	2018	2 814.78	88.64	360.86	11.36	86.59	13.41
	2019	1 828.01	83.68	356.53	16.32	84.07	15.93
	2020	3 384.55	86.66	520.88	13.34	88.80	11.20
	平均	2 470.86	84.74	445.12	15.26	83.93	16.07
西南	2015	1 913.70	92.28	160.12	7.72	89.16	10.84
	2016	2 575.46	100.00	0.00	0.00	100.00	0.00
	2017	571.91	92.15	48.73	7.85	81.95	18.05
	2018	1 567.73	88.16	210.62	11.84	86.25	13.75
	2019	600.54	86.11	96.85	13.89	83.88	16.12
	2020	512.60	74.53	175.15	25.47	80.75	19.25
	平均	1 299.31	92.44	106.27	7.56	87.35	12.65
长江中下游江南	2015	2 041.20	87.68	286.89	12.32	85.25	14.75
	2016	1 594.88	90.03	176.58	9.97	87.27	12.73
	2017	1 411.10	87.81	195.97	12.19	86.90	13.10
	2018	1 481.77	88.77	187.50	11.23	87.84	12.16

（续）

生态区	年份	亩商品用量				亩农药成本占比/%	
		化学农药/ 克（毫升）	占比/%	生物农药/ 克（毫升）	占比/%	化学农药	生物农药
长江中 下游江南	2019	1 030.48	87.92	141.65	12.08	85.50	14.50
	2020	1 349.20	87.57	191.44	12.43	89.42	10.58
	平均	1 502.82	89.38	178.63	10.62	88.04	11.96
长江中 下游江北	2015	1 331.07	94.29	80.65	5.71	88.63	11.37
	2016	2 003.33	88.04	272.06	11.96	81.12	18.88
	2017	1 886.75	87.56	268.02	12.44	78.84	21.16
	2018	1 523.98	85.55	257.46	14.45	78.43	21.57
	2019	957.56	89.24	115.44	10.76	82.42	17.58
	2020	887.20	85.09	155.50	14.91	77.99	22.01
	平均	1 409.48	86.83	213.70	13.17	78.65	21.35

各生态区域间，化学农药亩商品用量排序：华南＞长江中下游江南＞长江中下游江北＞西南，生物农药亩商品用量排序：华南＞长江中下游江北＞长江中下游江南＞西南。

第四节 柑橘使用农药种类及数量占比情况分析

根据农户用药调查中各个农药成分的使用数据，对 2015—2020 年柑橘上农户农药使用的用药成分进行了整理，厘清了各类型农药成分使用情况，数据统计分析结果见表14-12。

表 14-12 柑橘上农药使用的成分数量占比汇总表（%）

生态区	年份	杀虫剂	杀菌剂	除草剂	植物生长调节剂
全国	2015	43.43	39.47	9.21	7.89
	2016	43.04	36.08	11.39	9.49
	2017	42.71	36.98	11.98	8.33
	2018	41.66	40.56	7.22	10.56
	2019	37.95	41.54	12.82	7.69
	2020	39.71	36.27	15.20	8.82
	平均	37.97	35.76	17.41	8.86
华南	2015	43.40	38.68	8.49	9.43
	2016	45.62	36.84	9.65	7.89
	2017	43.99	36.67	8.67	10.67

（续）

生态区	年份	杀虫剂	杀菌剂	除草剂	植物生长调节剂
华南	2018	48.82	37.80	2.36	11.02
	2019	40.15	40.15	9.85	9.85
	2020	40.86	41.94	8.60	8.60
	平均	38.53	37.66	14.29	9.52
西南	2015	69.23	23.08	7.69	0.00
	2016	—	—	—	—
	2017	69.44	25.00	5.56	0.00
	2018	53.41	38.64	5.68	2.27
	2019	46.40	44.80	4.80	4.00
	2020	41.49	38.10	13.61	6.80
	平均	41.21	38.46	13.74	6.59
长江中下游江南	2015	47.57	41.75	7.77	2.91
	2016	49.02	38.24	9.80	2.94
	2017	38.79	43.97	13.79	3.45
	2018	44.90	42.86	7.14	5.10
	2019	42.27	37.11	11.34	9.28
	2020	46.77	33.09	9.35	10.79
	平均	39.73	37.44	15.07	7.76
长江中下游江北	2015	64.00	24.00	8.00	4.00
	2016	52.38	23.81	7.14	16.67
	2017	60.61	30.30	9.09	0.00
	2018	41.67	35.42	8.33	14.58
	2019	44.65	37.50	10.71	7.14
	2020	44.68	44.68	8.51	2.13
	平均	41.30	35.87	10.87	11.96

　　6年平均，全国及各柑橘生态区，杀虫剂用药有效成分数量占比最多；杀菌剂用药有效成分数量占比排第二；除草剂用药有效成分数量占比在全国、华南、西南及长江中下游江南排第三，在长江中下游江北排第四；植物生长调节剂用药成分数量占比均较少。

第五节　柑橘农药有效成分使用频率分布
及年度趋势分析

　　分析各个地区柑橘使用农药种类及使用量的指标，主要是某年某种农药使用频次数量占当年作物上所有农药使用总频次数量的百分比（％）。

　　表 14-13 是经计算整理得到的 2015—2020 年各种农药成分使用的相对频率。表中仅列出相对频率累计前 75％ 的农药种类。表 14-13 中不同种类农药使用频率在年度间变化趋势，可以采用变异系数进行分析。同时，可应用回归分析方法检验某种农药使用频率在年度间是否有上升或下降的趋势。将统计学上差异显著（显著性检验 P 值小于 0.05）的农药种类在年变化趋势栏目内进行标记。如果是上升趋势，则标记"↗"；如果是下降趋势，则标记"↘"。

表 14-13　2015—2020 年柑橘上各农药成分使用频率（％）

序号	农药种类	平均值	最小值（年份）	最大值（年份）	标准差	变异系数	年变化趋势	累计频率
1	阿维菌素	2.58	2.36（2017）	2.94（2020）	0.197 6	7.665 4	1.83	2.577 3
2	代森锰锌	2.38	2.14（2019）	2.86（2020）	0.288 0	12.091 7	1.37	4.959 0
3	哒螨灵	2.32	2.02（2019）	2.59（2015）	0.217 9	9.391 3	−4.26 ↘	7.278 9
4	毒死蜱	2.27	1.77（2019）	2.59（2015）	0.278 5	12.286 5	−4.98	9.545 3
5	螺螨酯	2.25	1.88（2015）	2.61（2020）	0.242 5	10.784 5	4.07	11.794 3
6	啶虫脒	2.25	2.00（2018）	2.61（2020）	0.209 0	9.297 0	1.17	14.041 9
7	甲基硫菌灵	2.12	1.89（2019）	2.35（2015）	0.175 1	8.262 0	−4.11 ↘	16.161 1
8	苯醚甲环唑	1.98	1.84（2018）	2.27（2020）	0.156 1	7.864 6	2.08	18.145 3
9	高效氯氟氰菊酯	1.95	1.52（2017）	2.18（2020）	0.239 0	12.281 0	1.08	20.091 3
10	炔螨特	1.87	1.39（2019）	2.35（2015）	0.312 7	16.698 7	−5.49	21.964 0
11	高效氯氰菊酯	1.79	1.59（2016）	2.35（2020）	0.286 9	15.988 7	6.08	23.758 3
12	矿物油	1.76	1.39（2019）	1.99（2016）	0.243 8	13.817 7	−3.05	25.523 0
13	吡虫啉	1.73	1.41（2015）	1.93（2020）	0.200 8	11.625 1	6.04 ↗	27.250 1
14	草甘膦	1.62	1.26（2019）	2.12（2015）	0.312 8	19.269 5	−6.33	28.873 3
15	咪鲜胺	1.59	1.18（2015）	2.19（2016）	0.379 9	23.902 0	−2.57	30.462 6
16	噻嗪酮	1.59	1.13（2019）	2.02（2020）	0.361 7	22.784 7	−1.24	32.050 0
17	氯氰菊酯	1.53	1.34（2020）	1.69（2018）	0.140 1	9.155 3	−3.66	33.580 4

（续）

序号	农药种类	平均值	最小值（年份）	最大值（年份）	标准差	变异系数	年变化趋势	累计频率
18	戊唑醇	1.50	1.18（2015）	1.85（2020）	0.299 2	19.887 3	10.27 ↗	35.084 9
19	乙螨唑	1.49	0.24（2015）	2.35（2020）	0.781 4	52.364 6	26.99 ↗	36.577 1
20	多菌灵	1.48	0.84（2020）	2.19（2016）	0.560 3	37.807 2	−19.09 ↘	38.059 1
21	吡唑醚菌酯	1.44	0.47（2015）	2.27（2020）	0.599 6	41.610 0	20.29 ↗	39.500 0
22	噻虫嗪	1.41	0.94（2015）	1.99（2016）	0.414 2	29.396 0	4.85	40.909 0
23	甲氨基阿维菌素苯甲酸盐	1.32	0.71（2015）	2.02（2020）	0.480 7	36.321 0	17.61 ↗	42.232 5
24	甲氰菊酯	1.24	0.92（2020）	1.54（2018）	0.243 9	19.619 2	−7.45	43.475 5
25	丁硫克百威	1.11	0.50（2020）	1.59（2016）	0.409 2	36.837 5	−18.26 ↘	44.586 4
26	联苯菊酯	1.06	0.60（2016）	1.43（2020）	0.327 3	30.900 7	10.00	45.645 7
27	代森联	1.02	0.47（2015）	1.23（2018）	0.291 5	28.502 6	5.96	46.668 5
28	嘧菌酯	1.02	0.71（2015）	1.38（2018）	0.239 2	23.470 0	8.21	47.687 5
29	马拉硫磷	1.01	0.50（2020）	1.65（2015）	0.427 0	42.406 4	−20.79 ↘	48.694 4
30	丙森锌	0.98	0.68（2017）	1.23（2018）	0.191 5	19.470 1	2.57	49.677 9
31	王铜	0.91	0.40（2016）	1.26（2019）	0.384 4	42.094 0	20.65 ↗	50.591 1
32	草铵膦	0.86	0.00（2015）	1.35（2017）	0.501 4	58.220 9	22.83	51.452 3
33	春雷霉素	0.79	0.40（2016）	1.09（2020）	0.288 1	36.496 4	18.16 ↗	52.241 7
34	螺虫乙酯	0.77	0.20（2016）	1.09（2020）	0.308 2	39.802 1	14.98	53.016 2
35	辛硫磷	0.77	0.50（2020）	1.41（2015）	0.335 1	43.676 7	−17.39	53.783 4
36	石硫合剂	0.76	0.60（2016）	0.94（2015）	0.148 4	19.619 7	0.40	54.539 6
37	芸苔素内酯	0.75	0.00（2015）	1.26（2019）	0.494 5	66.126 2	20.06	55.287 3
38	虱螨脲	0.72	0.00（2015）	1.26（2019）	0.556 1	77.542 8	40.07 ↗	56.004 5
39	丙溴磷	0.72	0.59（2020）	0.80（2016）	0.076 1	10.636 9	−2.46	56.719 7
40	福美双	0.66	0.34（2017）	1.20（2016）	0.408 3	61.724 8	−26.39	57.381 1
41	丙环唑	0.66	0.51（2017）	0.94（2015）	0.148 0	22.409 7	−4.92	58.041 6
42	三唑磷	0.64	0.17（2020）	1.23（2018）	0.403 4	62.642 5	−19.29	58.685 5
43	氢氧化铜	0.63	0.40（2016）	0.84（2020）	0.168 3	26.877 9	13.06 ↗	59.311 6
44	赤霉酸	0.63	0.20（2016）	0.88（2019）	0.251 9	40.287 9	3.71	59.936 7
45	溴氰菊酯	0.62	0.34（2017）	1.00（2016）	0.260 3	41.793 5	1.70	60.559 4
46	代森锌	0.58	0.20（2016）	0.92（2018）	0.241 3	41.751 5	3.46	61.137 5

（续）

序号	农药种类	平均值	最小值（年份）	最大值（年份）	标准差	变异系数	年变化趋势	累计频率
47	噻菌铜	0.57	0.34（2017）	0.88（2019）	0.214 7	37.383 1	12.30	61.711 8
48	吡丙醚	0.57	0.40（2016）	0.77（2018）	0.155 9	27.474 9	10.11	62.279 2
49	噻螨酮	0.56	0.24（2015）	0.92（2018）	0.252 1	44.677 8	2.34	62.843 4
50	腈菌唑	0.56	0.17（2020）	1.00（2016）	0.327 5	58.428 7	-10.41	63.403 9
51	四螨嗪	0.56	0.17（2020）	0.94（2015）	0.275 5	49.193 7	-21.75 ↘	63.963 8
52	苯丁锡	0.56	0.13（2019）	1.20（2016）	0.397 4	71.570 5	-31.44 ↘	64.519 1
53	吡蚜酮	0.55	0.31（2018）	0.88（2019）	0.220 6	39.840 4	13.84	65.072 8
54	联苯肼酯	0.55	0.00（2016）	1.18（2020）	0.519 5	95.058 3	48.31 ↗	65.619 3
55	唑螨酯	0.54	0.42（2015）	0.77（2018）	0.123 9	22.749 5	-1.42	66.163 9
56	乙唑螨腈	0.53	0.00（2016）	1.34（2020）	0.548 6	103.919 0	51.69 ↗	66.691 8
57	百菌清	0.50	0.25（2020）	0.80（2016）	0.174 4	34.970 7	-11.55	67.190 4
58	波尔多液	0.49	0.24（2015）	0.76（2019）	0.195 4	39.589 0	9.71	67.684 0
59	硫黄	0.48	0.25（2020）	0.94（2015）	0.305 6	63.503 1	-30.34 ↘	68.165 3
60	噻唑锌	0.47	0.00（2017）	0.76（2020）	0.316 4	66.754 4	3.04	68.639 3
61	三唑锡	0.47	0.25（2015）	0.94（2015）	0.254 4	54.281 1	-23.96 ↘	69.107 8
62	乙蒜素	0.47	0.00（2015）	0.68（2017）	0.291 2	62.573 3	28.21 ↗	69.573 2
63	克菌丹	0.45	0.00（2015）	0.92（2018）	0.345 6	76.249 4	33.29 ↗	70.026 4
64	敌百虫	0.44	0.15（2018）	0.80（2016）	0.271 5	61.078 7	-24.11	70.470 9
65	氟硅唑	0.43	0.25（2019）	0.60（2016）	0.128 3	30.134 8	-9.98	70.896 6
66	硫酸铜钙	0.42	0.17（2017）	0.61（2018）	0.193 6	45.636 9	13.13	71.320 9
67	敌敌畏	0.41	0.17（2020）	0.94（2015）	0.280 6	67.749 3	-22.11	71.735 2
68	喹啉铜	0.39	0.00（2015）	1.01（2019）	0.376 0	95.733 0	43.13 ↗	72.127 9
69	苦参碱	0.38	0.24（2015）	0.68（2017）	0.162 4	42.579 4	0.88	72.509 4
70	噻森铜	0.36	0.24（2015）	0.51（2017）	0.110 2	30.210 1	0.15	72.874 3

　　从表14-13可以看出，主要农药种类的使用，年度间波动非常大（变异系数大于等于50%）的农药种类有：乙唑螨腈、喹啉铜、联苯肼酯、杀扑磷、虱螨脲、克菌丹、苯丁锡、敌敌畏、噻唑锌、芸苔素内酯、硫黄、三唑磷、乙蒜素、福美双、敌百虫、腈菌唑、草铵膦、三唑锡、乙螨唑。

　　年度间波动幅度较大（变异系数在 25%～49.9%）的农药种类有：四螨嗪、硫酸铜钙、噻螨酮、辛硫磷、霜脲氰、苦参碱、马拉硫磷、王铜、溴氰菊酯、代森锌、吡唑醚菌酯、赤霉酸、吡蚜酮、螺虫乙酯、灭多威、波尔多液、多菌灵、噻菌铜、丁硫克百威、春雷霉素、甲氨基阿维菌素苯甲酸盐、百菌清、联苯菊酯、噻森铜、氟硅唑、噻虫嗪、代森联、吡丙醚、氢氧化铜。

　　年度间有波动（变异系数在 10.0%～24.9%）的农药种类有：咪鲜胺、嘧菌酯、噻嗪酮、唑螨酯、丙环唑、戊唑醇、石硫合剂、甲氰菊酯、丙森锌、草甘膦、炔螨特、高效氯氰菊酯、矿物油、毒死蜱、高效氯氟氰菊酯、代森锰锌、吡虫啉、螺螨酯、丙溴磷。

　　年度间变化比较平稳（变异系数小于 10%）的农药种类有：哒螨灵、啶虫脒、氯氰菊酯、甲基硫菌灵、苯醚甲环唑、阿维菌素。

　　对表 14-13 各年用药频次进行线性回归分析，探索年度间是否有上升或下降趋势。经统计检验达显著水平（P<0.05），年度间有上升趋势的农药种类有：吡虫啉、戊唑醇、乙螨唑、吡唑醚菌酯、甲氨基阿维菌素苯甲酸盐、王铜、春雷霉素、虱螨脲、氢氧化铜、联苯肼酯（P=0.003 6）、乙唑螨腈、乙蒜素、克菌丹、喹啉铜；年度间有下降趋势的农药种类有：哒螨灵、甲基硫菌灵、多菌灵、丁硫克百威、马拉硫磷、杀扑磷、四螨嗪、苯丁锡、硫黄、三唑锡。

　　柑橘上各种农药成分使用频次占总频次的比例（%）和年度增减趋势（%）关系，采用散点图进行分析，如图 14-1 所示。

　　第一象限（右上部）农药成分的使用频率较高且年度间具有增长的趋势，如乙螨唑、吡唑醚菌酯和甲氨基阿维菌素苯甲酸盐等；第二象限（右下部）农药成分的使用频率较低但年度间具有增长的趋势，如乙唑螨腈、联苯肼酯和喹啉铜等；第三象限（左下部）农药成分的使用频率较低且年度间没有增长，表现为下降的趋势，如苯丁锡、硫黄和福美双等；第四象限（左上部）农药成分的使用频率较高但是年度间没有增长，表现为下降的趋势，如多菌灵、毒死蜱和哒螨灵等。

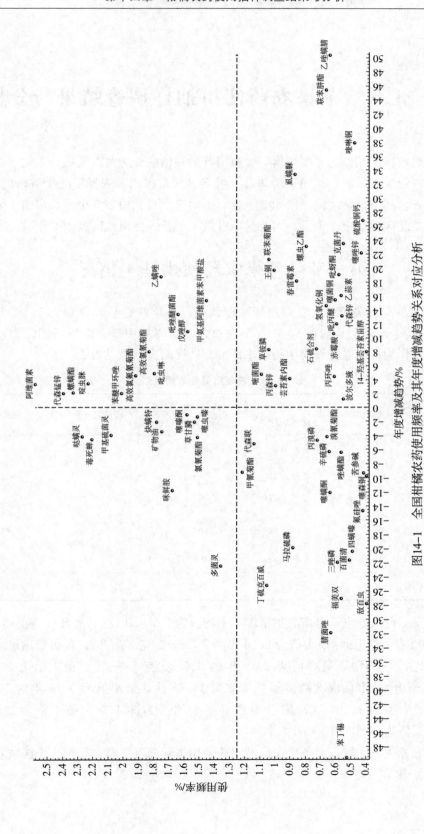

图14-1　全国柑橘农药使用频率及其年度增减趋势关系对应分析

第十五章　苹果农药使用抽样调查结果与分析

按不同地域特征和作物种植结构，将我国苹果种植区分为黄河流域、东北、西北、西南 4 个主要农业生态区域。2016—2020 年，在各区域范围内，选择了 8 个省份的 31 个县进行抽样调查。其中，黄河流域河北 5 个县、山西 5 个县、山东 5 个县、河南 1 个县、陕西 6 个县；东北区域辽宁 6 个县；西北区域甘肃 1 个县；西南地区云南 2 个县。

第一节　苹果农药使用基本情况

2016—2020 年开展苹果上农户用药抽样调查，每年调查县数分别为 7 个、8 个、11 个、20 个、24 个，每个县调查 30～50 个农户，以亩商品用量、亩折百用量、亩桶混次数、用量指数作为指标进行作物用药水平评价。抽样调查结果见表 15-1。

表 15-1　农药用量基本情况表

年份	调查县数	亩商品用量/ 克（毫升）	亩折百用量/ 克（毫升）	亩桶混次数	用量指数
2016	7	2 796.62	801.29	16.64	394.55
2017	8	2 595.28	749.16	15.64	358.67
2018	11	1 999.03	635.20	14.17	326.45
2019	20	2 079.26	707.28	10.84	396.27
2020	24	2 308.39	792.62	11.03	447.47
平均		2 355.71	737.12	13.66	384.68

从表 15-1 可以看出，亩商品用量多年平均值为 2 355.92 克（毫升），最小值为 2018 年的 1 999.03 克（毫升），最大值为 2016 年的 2 796.62 克（毫升）；亩折百用量多年平均值为 737.12 克（毫升），最小值为 2018 年的 635.20 克（毫升），最大值为 2016 年的 801.29 克（毫升）；亩桶混次数多年平均值为 13.66 次，最小值为 2019 年的 10.84 次，最大值为 2016 年的 16.64 次；用量指数多年平均值为 384.68，最小值为 2018 年的 326.45，最大值为 2020 年的 447.47。

按主要农业生态区域，对各生态区域农药使用指标分区汇总，得到 4 个区域农药使用基本情况，见表 15-2。

表 15-2 生态区域农药用量基本情况表

生态区	年份	调查县数	亩商品用量/克（毫克）	亩折百用量/克（毫克）	亩桶混次数	用量指数
西南	2016	0	—	—	—	—
	2017	0	—	—	—	—
	2018	2	1 247.57	458.87	7.37	303.45
	2019	2	800.71	259.60	4.72	169.09
	2020	2	531.92	183.71	3.63	93.50
	平均		860.07	300.72	5.23	188.68
黄河流域	2016	5	3 287.59	930.31	19.20	426.60
	2017	6	3 045.82	848.69	17.70	402.91
	2018	7	2 458.40	761.81	16.99	348.75
	2019	11	2 957.64	1 010.99	13.18	460.58
	2020	15	3 205.24	1 103.28	12.95	579.54
	平均		2 990.94	931.03	16.00	443.67
东北	2016	1	2 542.41	731.25	14.44	434.71
	2017	1	2 125.99	794.29	14.87	377.39
	2018	1	1 671.12	533.08	12.43	314.36
	2019	6	1 171.17	394.63	9.55	394.01
	2020	6	954.46	323.99	9.53	275.22
	平均		1 693.03	555.44	12.16	359.14
西北	2016	1	596.05	226.20	6.09	194.19
	2017	1	361.37	106.83	4.10	74.48
	2018	1	614.25	203.77	9.92	228.38
	2019	1	422.81	137.89	5.13	156.81
	2020	1	532.24	162.31	5.88	207.90
	平均		505.35	167.41	6.22	172.35

为直观反映各生态区域中农药用量指标大小，现将每种指标在各生态区域用量的大小进行排序，整理列于表 15-3。

表 15-3 生态区域农药用量指标排序表

生态区	亩商品用量	亩折百用量	亩桶混次数	用量指数	秩数合计
西南	3	3	4	3	13
黄河流域	1	1	1	1	4
东北	2	2	2	2	8
西北	4	4	3	4	15

表 15 - 3 中各个顺序指标可以直观反映各生态区域农药用量水平。每个生态区域的指标之和，为该生态区域农药用量水平的综合排序得分（得分越小用量水平越高）。采用 Kendall 协同系数检验，对每个指标在各地区的序列等级进行了检验。检验结果为，Kendall 协同系数 $W=0.94$，卡方值为 14.04，显著性检验 $P=0.002\,9$，在 $P<0.01$ 的显著水平下，这几个指标用于农药用量的评价具有较好的一致性。

第二节　苹果不同类型农药使用情况

2016—2020 年开展苹果农药商品用量抽样调查，每年调查县数分别为 7 个、8 个、11 个、20 个、24 个，杀虫剂、杀菌剂、除草剂、植物生长调节剂等类型抽样调查结果见表 15 - 4。

表 15 - 4　全国各类型农药使用（商品用量）统计表

年份	调查县数	杀虫剂		杀菌剂		除草剂		植物生长调节剂	
		亩商品用量/克（毫升）	占比/%	亩商品用量/克（毫升）	占比/%	亩商品用量/克（毫升）	占比/%	亩商品用量/克（毫升）	占比/%
2016	7	981.00	35.08	1 777.88	63.57	26.43	0.95	11.31	0.40
2017	8	840.04	32.37	1 723.04	66.39	28.25	1.09	3.95	0.15
2018	11	702.37	35.14	1 275.56	63.80	19.70	0.99	1.40	0.07
2019	20	708.64	34.08	1 293.53	62.21	73.33	3.53	3.76	0.18
2020	24	695.89	30.15	1 515.11	65.63	90.16	3.91	7.23	0.31
平均		785.59	33.35	1 517.02	64.40	47.57	2.02	5.53	0.23

从表 15 - 4 可以看出，多年平均，全国范围内杀菌剂的用量最大，亩商品用量为 1 517.02 克（毫升），占总量的 64.40%；其次是杀虫剂，亩商品用量为 785.59 克（毫升），占总量的 33.35%；再次是除草剂，亩商品用量为 47.57 克（毫升），占总量的 2.02%；植物生长调节剂最少，亩商品用量为 5.53 克（毫升），占总量的 0.23%。

按主要农业生态区域，对各类型农药的商品用量分区汇总，得到 4 个区域农药商品用量情况，见表 15 - 5。

表 15 - 5　各生态区域农药使用（商品用量）统计表

生态区	年份	杀虫剂		杀菌剂		除草剂		植物生长调节剂	
		亩商品用量/克（毫升）	占比/%	亩商品用量/克（毫升）	占比/%	亩商品用量/克（毫升）	占比/%	亩商品用量/克（毫升）	占比/%
西南	2016	—	—	—	—	—	—	—	—
	2017	—	—	—	—	—	—	—	—
	2018	503.83	40.38	710.90	56.99	32.20	2.58	0.64	0.05
	2019	145.79	18.21	639.04	79.81	15.87	1.98	0.01	0.00

（续）

生态区	年份	杀虫剂		杀菌剂		除草剂		植物生长调节剂	
		亩商品用量/克（毫升）	占比/%	亩商品用量/克（毫升）	占比/%	亩商品用量/克（毫升）	占比/%	亩商品用量/克（毫升）	占比/%
西南	2020	89.76	16.87	427.72	80.42	14.44	2.71	0.00	0.00
	平均	246.46	28.66	592.55	68.89	20.84	2.42	0.22	0.03
黄河流域	2016	1 011.32	30.76	2 239.32	68.12	21.80	0.66	15.15	0.46
	2017	866.08	28.44	2 138.34	70.20	36.13	1.19	5.27	0.17
	2018	767.43	31.22	1 668.64	67.87	20.36	0.83	1.97	0.08
	2019	864.21	29.22	1 974.76	66.77	112.92	3.82	5.75	0.19
	2020	885.51	27.63	2 176.82	67.92	131.89	4.11	11.02	0.34
	平均	878.91	29.39	2 039.58	68.19	64.62	2.16	7.83	0.26
东北	2016	1 482.48	58.31	986.32	38.80	70.45	2.77	3.16	0.12
	2017	1 162.47	54.68	954.29	44.89	9.20	0.43	0.03	0.00
	2018	908.66	54.37	759.85	45.47	2.51	0.15	0.10	0.01
	2019	678.47	57.93	460.19	39.29	30.53	2.61	1.98	0.17
	2020	474.53	49.72	453.69	47.53	24.90	2.61	1.34	0.14
	平均	941.32	55.60	722.87	42.69	27.52	1.63	1.32	0.08
西北	2016	327.96	55.02	262.26	44.01	5.57	0.93	0.26	0.04
	2017	361.37	100.00	0.00	0.00	0.00	0.00	0.00	0.00
	2018	437.73	71.26	169.02	27.52	7.29	1.19	0.21	0.03
	2019	304.22	71.95	109.03	25.79	9.56	2.26	0.13	0.03
	2020	391.96	73.64	132.88	24.97	7.27	1.37	0.13	0.02
	平均	364.65	72.16	134.64	26.64	5.94	1.18	0.12	0.02

　　农药商品用量排序，杀虫剂：东北＞黄河流域＞西北＞西南；杀菌剂、除草剂：黄河流域＞东北＞西南＞西北；植物生长调节剂：黄河流域＞东北＞西南＞西北。

　　2016—2020 年开展苹果农药亩折百用量抽样调查，每年调查县数分别为 7 个、8 个、11 个、20 个、24 个，杀虫剂、杀菌剂、除草剂、植物生长调节剂等类型抽样调查结果见表 15-6。

表 15-6　全国各类型农药使用（折百用量）统计表

年份	调查县数	杀虫剂		杀菌剂		除草剂		植物生长调节剂	
		亩折百用量/克（毫升）	占比/%	亩折百用量/克（毫升）	占比/%	亩折百用量/克（毫升）	占比/%	亩折百用量/克（毫升）	占比/%
2016	7	191.57	23.91	601.01	75.00	8.01	1.00	0.70	0.09
2017	8	157.08	20.97	583.00	77.82	8.38	1.12	0.70	0.09
2018	11	127.18	20.02	500.71	78.83	7.11	1.12	0.20	0.03
2019	20	144.08	20.37	538.20	76.09	24.39	3.45	0.61	0.09

（续）

年份	调查县数	杀虫剂		杀菌剂		除草剂		植物生长调节剂	
		亩折百用量/克（毫升）	占比/%	亩折百用量/克（毫升）	占比/%	亩折百用量/克（毫升）	占比/%	亩折百用量/克（毫升）	占比/%
2020	24	131.82	16.63	629.33	79.40	29.65	3.74	1.82	0.23
平均		150.35	20.40	570.45	77.39	15.51	2.10	0.81	0.11

从表 15-6 可以看出，多年平均，全国范围内杀菌剂的用量最大，亩折百用量为 570.45 克（毫升），占总量的 77.39%；其次是杀虫剂，亩折百用量为 150.35 克（毫升），占总量的 20.40%；再次是除草剂，亩折百用量为 15.51 克（毫升），占总量的 2.10%。植物生长调节剂用量最少，亩折百用量为 0.81 克（毫升），占总量的 0.11%。

按主要农业生态区域，对各类型农药的亩折百用量分区汇总，得到 4 个区域亩折百用量情况，见表 15-7。

表 15-7　各生态区域农药使用（折百用量）统计表

生态区	年份	杀虫剂		杀菌剂		除草剂		植物生长调节剂	
		亩折百用量/克（毫升）	占比/%	亩折百用量/克（毫升）	占比/%	亩折百用量/克（毫升）	占比/%	亩折百用量/克（毫升）	占比/%
西南	2016	—	—	—	—	—	—	—	—
	2017	—	—	—	—	—	—	—	—
	2018	83.97	18.30	365.74	79.71	8.97	1.95	0.19	0.04
	2019	23.61	9.09	232.56	89.59	3.43	1.32	0.00	0.00
	2020	17.50	9.53	161.45	87.88	4.76	2.59	0.00	0.00
	平均	41.69	13.86	253.25	84.22	5.72	1.90	0.06	0.02
黄河流域	2016	192.55	20.70	731.34	78.61	5.64	0.61	0.78	0.08
	2017	145.84	17.18	691.35	81.46	10.57	1.25	0.93	0.11
	2018	135.09	17.73	618.32	81.17	8.15	1.07	0.25	0.03
	2019	173.18	17.13	799.32	79.06	37.58	3.72	0.91	0.09
	2020	166.52	15.09	892.35	80.88	41.80	3.79	2.61	0.24
	平均	162.64	17.47	746.54	80.18	20.75	2.23	1.10	0.12
东北	2016	310.50	42.46	393.10	53.76	26.72	3.65	0.93	0.13
	2017	274.74	34.59	515.91	64.95	3.63	0.46	0.01	0.00
	2018	169.81	31.85	362.48	68.00	0.76	0.14	0.03	0.01
	2019	142.06	36.00	242.15	61.36	10.05	2.55	0.37	0.09
	2020	86.81	26.79	224.38	69.26	12.06	3.72	0.74	0.23
	平均	196.78	35.43	347.60	62.57	10.64	1.92	0.42	0.08

（续）

生态区	年份	杀虫剂		杀菌剂		除草剂		植物生长调节剂	
		亩折百用量/克（毫升）	占比/%	亩折百用量/克（毫升）	占比/%	亩折百用量/克（毫升）	占比/%	亩折百用量/克（毫升）	占比/%
西北	2016	67.75	29.95	157.26	69.52	1.11	0.49	0.08	0.04
	2017	106.83	100.00	0.00	0.00	0.00	0.00	0.00	0.00
	2018	115.60	56.73	85.63	42.02	2.48	1.22	0.06	0.03
	2019	77.08	55.90	53.62	38.89	7.19	5.21	0.00	0.00
	2020	110.05	67.80	49.47	30.49	2.75	1.69	0.04	0.02
	平均	95.46	57.02	69.20	41.34	2.71	1.62	0.04	0.02

亩折百用量，杀虫剂排序：东北＞黄河流域＞西北＞西南；杀菌剂、除草剂排序：黄河流域＞东北＞西南＞西北；植物生长调节剂排序：黄河流域＞东北＞西南＞西北。

2016—2020 年全国范围苹果桶混次数抽样调查，每年调查县数分别为 7 个、8 个、11 个、20 个、24 个，杀虫剂、杀菌剂、除草剂、植物生长调节剂等类型抽样调查结果见表 15-8。

表 15-8 全国各类型农药桶混次数调查表

年份	调查县数	杀虫剂		杀菌剂		除草剂		植物生长调节剂	
		亩桶混次数	占比/%	亩桶混次数	占比/%	亩桶混次数	占比/%	亩桶混次数	占比/%
2016	7	9.15	54.99	7.21	43.33	0.13	0.78	0.15	0.90
2017	8	8.71	55.69	6.76	43.22	0.10	0.64	0.07	0.45
2018	11	7.47	52.72	6.49	45.80	0.19	1.34	0.02	0.14
2019	20	5.88	54.24	4.69	43.27	0.23	2.12	0.04	0.37
2020	24	5.69	51.59	5.02	45.51	0.22	1.99	0.10	0.91
平均		7.38	54.03	6.03	44.14	0.17	1.24	0.08	0.59

从表 15-8 可以看出，多年平均，杀虫剂的亩桶混次数最多，为 7.38 次，占总量的 54.03%；其次是杀菌剂，为 6.03 次，占总量的 44.14%；再次是除草剂，为 0.17 次，占总量的 1.24%；植物生长调节剂最少，为 0.08 次，占总量的 0.59%。

按主要农业生态区域，对各类型农药的桶混次数分区汇总，得到 4 个区域各个类型农药桶混次数情况，见表 15-9。

表 15 - 9 各生态区域农药桶混次数统计表

生态区	年份	杀虫剂		杀菌剂		除草剂		植物生长调节剂	
		亩桶混次数	占比/%	亩桶混次数	占比/%	亩桶混次数	占比/%	亩桶混次数	占比/%
西南	2016	—	—	—	—	—	—	—	—
	2017	—	—	—	—	—	—	—	—
	2018	2.91	39.48	4.11	55.77	0.34	4.61	0.01	0.14
	2019	1.47	31.14	3.05	64.62	0.20	4.24	0.00	0.00
	2020	1.24	34.16	2.23	61.43	0.16	4.41	0.00	0.00
	平均	1.87	35.76	3.13	59.84	0.23	4.40	0.00	0.00
黄河流域	2016	10.27	53.49	8.60	44.79	0.12	0.63	0.21	1.09
	2017	9.30	52.54	8.17	46.17	0.13	0.73	0.10	0.56
	2018	8.63	50.79	8.14	47.91	0.18	1.06	0.04	0.24
	2019	6.75	51.21	6.11	46.36	0.26	1.97	0.06	0.46
	2020	6.29	48.57	6.25	48.26	0.26	2.01	0.15	1.16
	平均	8.25	51.56	7.45	46.56	0.19	1.19	0.11	0.69
东北	2016	9.35	64.75	4.81	33.31	0.26	1.80	0.02	0.14
	2017	9.75	65.57	5.08	34.16	0.04	0.27	0.00	0.00
	2018	8.39	67.50	4.03	32.42	0.01	0.08	0.00	0.00
	2019	6.09	63.77	3.23	33.83	0.20	2.09	0.03	0.31
	2020	5.92	62.12	3.46	36.31	0.14	1.47	0.01	0.10
	平均	7.90	64.97	4.12	33.88	0.13	1.07	0.01	0.08
西北	2016	3.33	54.68	2.70	44.33	0.06	0.99	0.00	0.00
	2017	4.10	100.00	0.00	0.00	0.00	0.00	0.00	0.00
	2018	7.60	76.61	2.17	21.88	0.15	1.51	0.00	0.00
	2019	3.85	75.05	1.17	22.81	0.11	2.14	0.00	0.00
	2020	4.23	71.94	1.56	26.53	0.09	1.53	0.00	0.00
	平均	4.62	74.28	1.52	24.43	0.08	1.29	0.00	0.00

苹果全生育期亩桶混次数，杀虫剂排序：黄河流域＞东北＞西北＞西南；杀菌剂排序：黄河流域＞东北＞西南＞西北；除草剂排序：西南＞黄河流域＞东北＞西北；植物生长调节剂排序：黄河流域＞东北＞西南、西北。

第三节 苹果化学农药、生物农药使用情况比较

2016—2020 年开展全国范围苹果农药亩商品用量抽样调查，每年调查县数分别为 7 个、8 个、11 个、20 个、24 个，化学农药、生物农药抽样调查结果见表 15 - 10。

表 15-10　化学农药、生物农药商品用量与农药成本统计表

年份	调查县数	亩商品用量				亩农药成本占比/%	
		化学农药/克（毫升）	占比/%	生物农药/克（毫升）	占比/%	化学农药	生物农药
2015	7	2 548.87	91.14	247.75	8.86	86.51	13.49
2016	8	2 363.53	91.07	231.75	8.93	86.93	13.07
2017	11	1 787.36	89.41	211.67	10.59	85.55	14.45
2018	20	1 907.10	91.72	172.16	8.28	87.81	12.19
2019	24	2 097.20	90.85	211.19	9.15	86.10	13.90
平均		2 140.81	90.88	214.90	9.12	86.55	13.45

从表 15-10 可以看出，多年平均，化学农药依然是防治苹果病虫害的主体，亩商品用量为 2 140.81 克（毫升），占总量的 90.88%；生物农药亩商品用量为 214.90 克（毫升），占总量的 9.12%。从农药成本看，亩化学农药占总农药成本的 86.55%，亩生物农药占总农药成本的 13.45%。

按主要农业生态区域，对各生态区域化学农药、生物农药的商品用量分区汇总，得到 4 个区域的化学农药、生物农药商品用量情况，见表 15-11。

表 15-11　各生态区域化学农药、生物农药商品用量统计表

生态区	年份	亩商品用量				亩农药成本占比/%	
		化学农药/克（毫升）	占比/%	生物农药/克（毫升）	占比/%	化学农药	生物农药
西南	2016	—	—	—	—	—	—
	2017	—	—	—	—	—	—
	2018	994.43	79.71	253.14	20.29	81.75	18.25
	2019	742.89	92.78	57.82	7.22	89.34	10.66
	2020	506.52	95.22	25.40	4.78	93.57	6.43
	平均	747.95	86.96	112.12	13.04	86.68	13.32
黄河流域	2016	3 002.79	91.34	284.80	8.66	86.63	13.37
	2017	2 772.56	91.03	273.26	8.97	87.03	12.97
	2018	2 235.13	90.92	223.27	9.08	87.66	12.34
	2019	2 723.64	92.09	234.00	7.91	88.64	11.36
	2020	2 914.11	90.92	291.13	9.08	86.23	13.77
	平均	2 729.65	91.26	261.29	8.74	87.19	12.81
东北	2016	2 284.63	89.86	257.78	10.14	86.22	13.78
	2017	1 966.81	92.51	159.18	7.49	89.46	10.54
	2018	1 508.50	90.27	162.62	9.73	80.35	19.65

（续）

生态区	年份	亩商品用量				亩农药成本占比/%	
		化学农药/克（毫升）	占比/%	生物农药/克（毫升）	占比/%	化学农药	生物农药
东北	2019	1 056.40	90.20	114.77	9.80	86.02	13.98
	2020	860.78	90.19	93.68	9.81	84.81	15.19
	平均	1 535.42	90.69	157.61	9.31	85.41	14.59
西北	2016	543.58	91.20	52.47	8.80	85.73	14.27
	2017	306.11	84.71	55.26	15.29	76.42	23.58
	2018	517.74	84.29	96.51	15.71	79.22	20.78
	2019	357.96	84.66	64.85	15.34	78.06	21.94
	2020	443.62	83.35	88.62	16.65	79.66	20.34
	平均	433.81	85.84	71.54	14.16	80.22	19.78

各生态区域间，化学农药和生物农药的亩商品用量排序均为：黄河流域＞东北＞西南＞西北。

第四节　苹果主要农药有效成分及毒性分析

根据农户用药调查中农药使用数据，对 2016—2020 年苹果主要农药种类在数量上进行比较分析，结果见表 15-12。

表 15-12　2016—2020 年苹果主要农药有效成分种类对比分析表

区域	农药有效成分种类	杀虫剂		杀菌剂		除草剂		植物生长调节剂	
		数量/个	占比/%	数量/个	占比/%	数量/个	占比/%	数量/个	占比/%
全国	113	52	46.01	51	45.13	5	4.44	5	4.42
西南地区	60	26	43.33	30	50	4	6.67	0	0.00
黄河流域	92	45	48.91	40	43.48	4	4.35	3	3.26
东北地区	64	30	46.88	29	45.31	3	4.69	2	3.12
西北地区	38	20	52.63	18	47.37	0	0.00	0	0.00

注：各区域相同农药种类在全国范围内进行合并。

从表 15-12 可以看出，全国范围 2016—2020 年苹果共使用了 113 种农药有效成分。其中，杀虫剂 52 种，占农药总数的 46.01%；杀菌剂 51 种，占 45.13%；除草剂 5 种，占 4.44%；植物生长调节剂 5 种，占 4.42%。苹果园病虫害防治主要以杀虫剂、杀菌剂为主，杀虫剂数量略多于杀菌剂。苹果园主产区普遍应用果园覆草技术，园内已经很少使用除草剂，统计到的除草剂主要用于园外环境杂草防除。

西南地区共使用了 60 种农药有效成分。其中，杀虫剂 26 种，占农药总数的

43.33%；杀菌剂 30 种，占 50%；除草剂 4 种，占 6.67%。杀菌剂使用数量多于杀虫剂。

黄河流域共使用了 92 种农药有效成分。其中，杀虫剂 45 种，占农药总数的 48.91%；杀菌剂 40 种，占 43.48%；除草剂 4 种，占 4.35%；植物生长调节剂 3 种，占 3.26%。杀虫剂和杀菌剂使用数量在 4 个区域中最多。

东北地区共使用了 64 种农药有效成分。其中，杀虫剂 30 种，占农药总数的 46.88%；杀菌剂 29 种，占 45.31%；除草剂 3 种，占 4.69%；植物生长调节剂 2 种，占 3.12%。杀虫剂与杀菌剂使用数量基本相当。

西北地区共使用了 38 种农药有效成分。其中，杀虫剂 20 种，占农药总数的 52.63%；杀菌剂 18 种，占 47.37%。杀虫剂与杀菌剂使用数量在 4 个区域中最少。

4 个区域农药有效成分按种类总数量排序：黄河流域＞东北＞西南＞西北。

对 2016—2020 年苹果主要农药有效成分的毒性进行了比较分析，结果见表 15 - 13。

表 15 - 13　2016—2020 年苹果主要农药有效成分毒性对比分析表

区域	农药有效成分种类	微毒		低毒		中毒		高毒	
		数量/个	占比/%	数量/个	占比/%	数量/个	占比/%	数量/个	占比/%
全国	113	2	1.77	82	72.57	29	25.66	0	0.00
西南	60	1	1.67	45	75.00	14	23.33	0	0.00
黄河流域	92	1	1.09	67	72.83	24	26.08	0	0.00
东北地区	64	1	1.56	45	70.31	18	28.13	0	0.00
西北地区	38	0	0.00	25	65.80	13	34.20	0	0.00

按毒性来分，全国范围 2016—2020 年苹果微毒农药成分有 2 个，占农药总数的 1.77%；低毒农药成分 82 个，占 72.57%；中毒农药成分 29 个，占 25.66%。西南地区微毒农药成分有 1 个，占农药总数的 1.67%；低毒农药成分 45 个，占 75%；中毒农药成分 14 个，占 23.33%。黄河流域微毒农药成分有 1 个，占农药总数的 1.09%；低毒农药成分 67 个，占 72.83%；中毒农药成分 24 个，占 26.08%。东北地区微毒农药成分有 1 个，占农药总数的 1.56%；低毒农药成分 45 个，占 70.31%；中毒农药成分 18 个，占 28.13%。西北地区低毒农药成分 25 个，占 65.80%；中毒农药成分 13 个，占 34.20%。在 4 个生态区域，苹果上高毒农药基本被替代，均以低毒农药为主。

第五节　苹果主要农药有效成分使用频率分布及年度趋势分析

分析各地区苹果上使用农药种类及其使用量指标，主要是采用各种农药及其有效成分在各地的使用频率。即用某年某种农药使用频次数量占当年作物上所有农药使用总频次数量的百分比作为指标进行分析。

表 15 - 14 是经计算整理得到的 2016—2020 年苹果各种农药有效成分使用的相对频率。表中仅列出相对频率累计前 75％ 的农药种类。表 15 - 14 中不同种类农药使用频率在年度间变化趋势，采用变异系数进行分析。同时，应用回归分析方法检验某种农药使用频率在年度间是否有上升或下降的趋势。将统计学上差异显著（显著性检验 P 值小于 0.05）的农药种类在年变化趋势栏目内进行标记。如果是上升趋势，则标记"↗"；如果是下降趋势，则标记"↘"。

表 15 - 14 2016—2020 年全国苹果主要农药有效成分使用频率（％）

序号	农药有效成分	平均值	最小值（年份）	最大值（年份）	标准差	变异系数	年变化趋势	累计频率
1	甲氨基阿维菌素苯甲酸盐	3.24	2.81 (2016)	3.72 (2020)	0.336 2	10.390 1	5.53	3.235 4
2	阿维菌素	2.98	2.73 (2019)	3.31 (2017)	0.226 6	7.597 8	−0.66	6.217 5
3	吡虫啉	2.95	2.59 (2019)	3.31 (2017)	0.269 0	9.103 7	−1.13	9.172 4
4	多菌灵	2.80	2.73 (2019)	2.89 (2017)	0.062 1	2.222 1	−0.95	11.968 2
5	高效氯氰菊酯	2.74	2.59 (2019)	2.89 (2017)	0.124 5	4.535 9	−2.34	14.712 7
6	代森锰锌	2.69	2.46 (2019)	2.89 (2017)	0.192 5	7.148 9	−3.78	17.405 9
7	甲基硫菌灵	2.66	2.46 (2019)	2.81 (2016)	0.175 5	6.602 2	−0.47	20.064 5
8	戊唑醇	2.52	2.41 (2016)	2.76 (2020)	0.138 1	5.473 0	2.69	22.587 0
9	毒死蜱	2.48	1.91 (2019)	3.31 (2017)	0.566 1	22.795 0	−10.86	25.070 2
10	高效氯氟氰菊酯	2.37	1.91 (2019)	2.79 (2018)	0.318 5	13.420 4	−3.48	27.443 3
11	哒螨灵	2.30	1.80 (2020)	2.81 (2016)	0.429 5	18.659 1	−11.25 ↘	29.745 0
12	苯醚甲环唑	2.21	1.91 (2019)	2.48 (2017)	0.245 0	11.108 4	0.98	31.950 3
13	啶虫脒	2.07	1.95 (2018)	2.28 (2020)	0.125 8	6.077 8	2.54	34.020 6
14	多抗霉素	2.05	1.67 (2018)	2.48 (2017)	0.370 9	18.083 6	−8.21	36.071 5
15	三唑锡	2.00	1.50 (2019)	2.48 (2017)	0.433 4	21.625 6	−12.16 ↘	38.075 5
16	石硫合剂	1.72	1.20 (2016)	2.23 (2018)	0.472 6	27.402 9	13.58	39.800 3
17	螺螨酯	1.64	1.20 (2016)	1.92 (2020)	0.267 9	16.289 0	9.44 ↗	41.444 9
18	氯氰菊酯	1.60	0.80 (2016)	2.07 (2017)	0.472 7	29.563 7	9.15	43.043 9
19	吡唑醚菌酯	1.53	0.80 (2016)	2.16 (2020)	0.522 0	34.121 5	21.24 ↗	44.573 6
20	灭幼脲	1.50	1.11 (2018)	2.01 (2016)	0.360 5	24.111 1	−11.82	46.068 9

（续）

序号	农药有效成分	平均值	最小值（年份）	最大值（年份）	标准差	变异系数	年变化趋势	累计频率
21	福美双	1.45	0.84（2020）	2.07（2017）	0.572 5	39.415 6	−23.73 ↘	47.521 3
22	丙森锌	1.43	1.09（2019）	1.67（2018）	0.253 6	17.684 9	−1.67	48.955 2
23	炔螨特	1.21	0.84（2020）	1.61（2016）	0.275 7	22.868 2	−12.81 ↘	50.160 9
24	氰戊菊酯	1.16	0.72（2020）	1.65（2017）	0.390 2	33.700 4	−15.58	51.318 8
25	己唑醇	1.12	0.41（2017）	1.61（2016）	0.450 8	40.363 4	−3.35	52.435 6
26	三唑酮	1.11	0.82（2019）	1.39（2018）	0.273 2	24.555 5	2.01	53.548 2
27	丙环唑	1.04	0.83（2017）	1.20（2016）	0.147 5	14.238 5	−1.16	54.584 4
28	腈菌唑	0.98	0.80（2016）	1.24（2017）	0.220 3	22.494 5	3.81	55.563 9
29	四螨嗪	0.97	0.48（2020）	1.65（2017）	0.604 5	62.420 9	−34.69 ↘	56.532 4
30	硫酸铜	0.93	0.41（2019）	1.24（2017）	0.331 5	35.674 3	−2.97	57.461 7
31	马拉硫磷	0.91	0.68（2019）	1.24（2017）	0.249 8	27.397 9	−7.93	58.373 6
32	氟硅唑	0.91	0.55（2019）	1.24（2017）	0.273 6	30.107 1	−6.82	59.282 3
33	多抗霉素 B	0.86	0.60（2019）	1.24（2016）	0.217 8	25.411 6	−14.20 ↘	60.139 4
34	辛硫磷	0.82	0.24（2020）	1.24（2017）	0.393 1	48.184 6	−20.64	60.955 3
35	异菌脲	0.80	0.40（2016）	1.11（2018）	0.272 8	34.232 2	12.21	61.752 2
36	代森联	0.76	0.40（2016）	1.09（2019）	0.341 6	44.688 1	26.63 ↗	62.516 7
37	代森锌	0.75	0.48（2020）	0.84（2018）	0.152 9	20.305 6	−8.69	63.269 5
38	联苯菊酯	0.75	0.41（2017）	1.20（2016）	0.297 7	39.847 6	−12.58	64.016 7
39	杀铃脲	0.74	0.00（2020）	1.24（2017）	0.531 9	72.089 6	−43.91 ↘	64.754 6
40	矿物油	0.70	0.40（2016）	1.39（2018）	0.422 4	60.228 3	8.02	65.455 9
41	噻虫嗪	0.67	0.00（2017）	1.32（2020）	0.532 5	78.995 7	43.45	66.130 0
42	唑螨酯	0.67	0.36（2020）	0.83（2017）	0.208 0	30.897 0	−13.28	66.803 1
43	克菌丹	0.67	0.55（2019）	0.83（2017）	0.137 1	20.574 0	−10.30	67.469 6
44	咪鲜胺	0.66	0.41（2019）	0.83（2017）	0.177 0	26.678 6	−8.79	68.132 9
45	甲氰菊酯	0.64	0.41（2017）	0.84（2020）	0.215 0	33.701 2	16.35	68.770 8
46	溴氰菊酯	0.61	0.40（2016）	0.84（2020）	0.215 9	35.563 6	7.58	69.377 7
47	中生菌素	0.59	0.36（2020）	0.83（2017）	0.216 8	36.661 8	−22.04 ↘	69.968 9
48	辛菌胺醋酸盐	0.56	0.40（2016）	0.95（2019）	0.228 2	40.715 8	12.45	70.530 4
49	萘乙酸	0.54	0.12（2020）	1.20（2016）	0.470 3	86.763 4	−45.13	71.072 4
50	波尔多液	0.53	0.40（2016）	0.72（2020）	0.129 7	24.582 8	14.59 ↗	71.600 0
51	硫黄	0.52	0.00（2017）	0.84（2020）	0.341 6	65.447 9	9.26	72.122 0

从表 15-14 可以看出，主要农药品种的使用，年度间波动非常大（变异系数大于等于 50%）的农药种类有：萘乙酸、噻虫嗪、杀铃脲、硫黄、四螨嗪、矿物油。

年度间波动幅度较大（变异系数在 25%～49.9%）的农药种类有：辛硫磷、代森联、辛菌胺醋酸盐、己唑醇、联苯菊酯、福美双、中生菌素、硫酸铜、溴氰菊酯、异菌脲、吡唑醚菌酯、甲氰菊酯、氰戊菊酯、唑螨酯、氟硅唑、氯氰菊酯、石硫合剂、马拉硫磷、咪鲜胺、多抗霉素 B。

年度间有波动（变异系数在 10.0%～24.9%）的农药种类有：波尔多液、三唑酮、灭幼脲、炔螨特、毒死蜱、腈菌唑、三唑锡、克菌丹、代森锌、哒螨灵、多抗霉素、丙森锌、螺螨酯、丙环唑、高效氯氟氰菊酯、苯醚甲环唑、甲氨基阿维菌素苯甲酸盐。

年度间变化比较平稳（变异系数小于 10%）的农药种类有：吡虫啉、阿维菌素、代森锰锌、甲基硫菌灵、啶虫脒、戊唑醇、高效氯氰菊酯、多菌灵。

对表 15-14 各年用药频率进行线性回归分析，探索年度间是否有上升或下降趋势。经统计检验达显著水平（$P<0.05$），年度间有上升趋势的农药种类有：螺螨酯、吡唑醚菌酯、代森联、波尔多液。

经统计检验达显著水平（$P<0.05$），年度间有下降趋势的农药种类有：哒螨灵、三唑锡、福美双、炔螨特、四螨嗪、多抗霉素 B、杀铃脲、中生菌素。

统计检验临界值的概率水平为 0.05 时，没有表现年度间上升或下降趋势的农药种类有：甲氨基阿维菌素苯甲酸盐、阿维菌素、吡虫啉、多菌灵、高效氯氰菊酯、代森锰锌、甲基硫菌灵、戊唑醇、毒死蜱、高效氯氟氰菊酯、苯醚甲环唑、啶虫脒、多抗霉素、石硫合剂、氯氰菊酯、灭幼脲、丙森锌、氰戊菊酯、己唑醇、三唑酮、丙环唑、腈菌唑、硫酸铜、马拉硫磷、氟硅唑、氟铃脲、辛硫磷、异菌脲、代森锌、联苯菊酯、矿物油、噻虫嗪、唑螨酯、克菌丹、咪鲜胺、甲氰菊酯、溴氰菊酯、辛菌胺醋酸盐、萘乙酸、硫黄。

全国范围苹果各种农药有效成分使用频次占总频次的比例（%）和年度增减趋势（%）关系，采用散点图进行分析，如图 15-1 所示。

图 15-1 中第一象限（右上部）农药成分的使用频率较高且年度间具有增长的趋势，如石硫合剂、甲氨基阿维菌素苯甲酸盐和螺螨酯等；第二象限（右下部）农药成分的使用频率较低但年度间具有增长的趋势，如噻虫嗪、代森联和吡唑醚菌酯等；第三象限（左下部）农药成分的使用频率较低且年度间没有增长，表现为下降的趋势，如萘乙酸、杀铃脲和四螨嗪等；第四象限（左上部）农药成分的使用频率较高但是年度间没有增长，表现为下降的趋势，如三唑锡、毒死蜱和哒螨灵等。

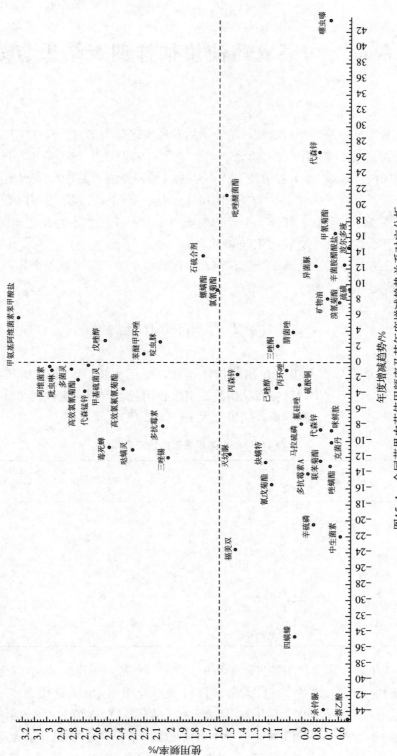

图15-1　全国苹果农药使用频率年度增减趋势及其年度增减趋势关系对应分析

第十六章 白菜农药使用抽样调查结果与分析

按不同地域特征和作物种植结构，将我国白菜种植区分为华南、西南、长江中下游江南、长江中下游江北、黄河流域、西北、东北 7 个主要农业生态区域，2015—2020 年，在各个区域范围内，选取 22 个省份的 103 个县进行抽样调查。其中，华南地区广西 2 个县、海南 1 个县；西南地区重庆 9 个县、四川 1 个县、贵州 1 个县、云南 21 个县；长江中下游江南地区浙江 6 个县、江西 1 个县、湖南 4 个县；长江中下游江北地区江苏 20 个县、安徽 4 个县、湖北 2 个县；黄河流域北京 6 个区、天津 5 个县（区）、河北 5 个县、山西 1 个县、山东 2 个县、河南 2 个县；西北地区甘肃 1 个县、宁夏 5 个县；东北地区辽宁 3 个县、黑龙江 1 个县。

第一节 白菜农药使用基本情况

2015—2020 年开展白菜上农户用药抽样调查，每年调查县数分别为 16 个、21 个、19 个、22 个、53 个、80 个，以亩商品用量、亩折百用量、亩桶混次数、用量指数作为指标进行作物用药水平评价。抽样调查结果见表 16 - 1。

表 16 - 1 农药用量基本情况表

年份	样本数	亩商品用量 克/（毫克）	亩折百用量 克/（毫克）	亩桶混次数	用量指数
2015	16	194.58	27.53	3.77	44.80
2016	21	189.13	55.31	2.87	47.93
2017	19	281.74	84.06	5.08	72.29
2018	22	207.96	53.86	3.43	42.71
2019	53	278.95	56.87	3.56	56.56
2020	80	243.12	45.39	2.91	86.91
平均		232.58	53.85	3.61	58.53

从表 16 - 1 可知，亩商品用量多年平均值为 232.58 克（毫升），最小值为 2016 年的 189.13 克（毫升），最大值为 2017 年的 281.74 克（毫升）。亩折百用量多年平均值为 53.85 克（毫升），最小值为 2015 年的 27.53 克（毫升），最大值为 2017 年的 84.06 克（毫升）。亩桶混次数多年平均值为 3.61 次，最小值为 2016 年的 2.87 次，最大值为 2017 年的 5.08 次。用药指数多年平均值为 58.53，最小值为 2018 年的 42.71，最大值为 2020

年的 86.91。历年数据虽有波动，但没有明显的上升或下降趋势。

　　按主要农业生态区域，对各个生态区域农药用量指标分区汇总，得到 7 个区域农药使用基本情况，见表 16-2。

表 16-2　2015—2020 年各生态区域农药用量基本情况表

生态区	样本数	亩商品用量/克（毫升）	亩折百用量/克（毫升）	亩桶混次数	用量指数
华南	4	442.10	181.40	5.05	81.68
西南	49	183.25	47.93	2.28	60.99
长江中下游江南	32	212.93	17.78	2.34	33.84
长江中下游江北	44	138.60	53.53	2.31	41.57
黄河流域	69	277.71	49.50	4.78	67.50
东北	4	478.77	106.94	1.76	64.27
西北	9	105.52	36.76	2.62	37.79

　　白菜上亩商品用量排序：东北＞华南＞黄河流域＞长江中下游江南＞西南＞长江中下游江北＞西北；亩折百用量排序：华南＞东北＞长江中下游江北＞黄河流域＞西南＞西北＞长江中下游江南；亩桶混次数排序：华南＞黄河流域＞西北＞长江中下游江南＞长江中下游江北＞西南＞东北；用量指数排序：华南＞黄河流域＞东北＞西南＞长江中下游江北＞西北＞长江中下游江南。

　　为直观反映各个生态区域中各个农药用量指标大小，按各指标在各生态区域的用量大小排序，得到的次序数整理列于表 16-3。

表 16-3　各生态区域农药用量指标排序表

生态区	亩商品用量	亩折百用量	亩桶混次数	用量指数	秩数合计
华南	2	1	1	1	5
西南	5	5	6	4	20
长江中下游江南	4	7	4	7	22
长江中下游江北	6	3	5	5	19
黄河流域	3	4	2	2	11
东北	1	2	7	3	13
西北	7	6	3	6	22

　　表 16-3 中各个顺序指标，亩商品用量、亩折百用量、亩桶混次数、用量指数，可以直观反映各个生态区域农药用量水平。每个生态区域的指标之和，为该生态区域农药用量水平的综合排序得分（得分越小用量水平越高）。采用 Kendall 协同系数检验，对各个指标在各个地区的序列等级进行了检验。检验结果 Kendall 协同系数 $W=0.59$，卡方值为 17.57，显著性检验 $P=0.0074$，在 $P<0.01$ 的显著水平下，这几个指标用于农药用量的

评价具有较好的一致性。

第二节　白菜不同类型农药使用情况

2015—2020 年开展白菜农药商品用量抽样调查，每年调查县数分别为 16 个、21 个、19 个、22 个、53 个、80 个，杀虫剂、杀菌剂、除草剂、植物生长调节剂等类型抽样调查结果见表 16 - 4。

表 16 - 4　不同类型农药商品用量

年份	调查县数	杀虫剂		杀菌剂		除草剂		植物生长调节剂	
		亩商品用量/克（毫升）	占比/%	亩商品用量/克（毫升）	占比/%	亩商品用量/克（毫升）	占比/%	亩商品用量/克（毫升）	占比/%
2015	16	159.41	81.93	26.37	13.55	8.58	4.41	0.22	0.11
2016	21	85.34	45.12	100.40	53.09	3.24	1.71	0.15	0.08
2017	19	186.34	66.14	93.25	33.09	1.91	0.68	0.24	0.09
2018	22	123.58	59.42	78.18	37.60	5.97	2.87	0.23	0.11
2019	53	201.53	72.25	68.49	24.55	8.45	3.03	0.48	0.17
2020	80	168.64	69.36	54.81	22.55	19.54	8.04	0.13	0.05
平均		154.14	66.27	70.25	30.21	7.95	3.42	0.24	0.10

从表 16 - 4 可知，年均杀虫剂的用量最大，亩商品用量为 154.14 克（毫升），占总量的 66.27%；其次是杀菌剂，亩商品用量为 70.25 克（毫升），占总量的 30.21%；再次是除草剂，亩商品用量为 7.95 克（毫升），占总量的 3.42%；植物生长调节剂最少，为 0.24 克（毫升），占总量的 0.10%。

按主要农业生态区域，对各类型农药的商品用量分区汇总，得到 7 个区域各个类型农药商品用量情况，见表 16 - 5。

表 16 - 5　2015—2020 年各生态区域平均农药商品用量

生态区	杀虫剂		杀菌剂		除草剂		植物生长调节剂	
	亩商品用量/克（毫升）	占比/%	亩商品用量/克（毫升）	占比/%	亩商品用量/克（毫升）	占比/%	亩商品用量/克（毫升）	占比/%
华南	218.79	49.49	220.81	49.94	2.41	0.55	0.09	0.02
西南	102.20	55.77	67.81	37.00	12.82	7.00	0.42	0.23
长江中下游江南	191.37	89.87	18.01	8.47	3.37	1.58	0.18	0.08
长江中下游江北	63.07	45.51	71.55	51.62	3.98	2.87	0.00	0.00
黄河流域	205.76	74.09	64.50	23.23	7.14	2.57	0.31	0.11
东北	374.84	78.29	87.55	18.29	16.38	3.42	0.00	0.00
西北	46.15	43.74	48.32	45.79	11.05	10.47	0.00	0.00

白菜不同种类农药商品用量排序，杀虫剂：东北＞华南＞黄河流域＞长江中下游江南＞西南＞长江中下游江北＞西北；杀菌剂：华南＞东北＞长江中下游江北＞西南＞黄河流域＞西北＞长江中下游江南；除草剂：东北＞西南＞西北＞黄河流域＞长江中下游江北＞长江中下游江南＞华南；植物生长调节剂：西南＞黄河流域＞长江中下游江南＞华南＞长江中下游江北、东北、西北。

2015—2020 年开展白菜农药折百用量抽样调查，每年调查县数分别为 16 个、21 个、19 个、22 个、53 个、80 个，杀虫剂、杀菌剂、除草剂、植物生长调节剂等类型抽样调查结果见表 16-6。

表 16-6 不同类型农药折百用量

年份	调查县数	杀虫剂		杀菌剂		除草剂		植物生长调节剂	
		亩折百用量/克（毫升）	占比/%	亩折百用量/克（毫升）	占比/%	亩折百用量/克（毫升）	占比/%	亩折百用量/克（毫升）	占比/%
2015	16	10.49	38.10	14.03	50.97	2.94	10.68	0.07	0.25
2016	21	8.38	15.15	45.12	81.58	1.76	3.18	0.05	0.09
2017	19	17.13	20.38	66.53	79.14	0.40	0.48	0.00	0.00
2018	22	10.85	20.14	41.63	77.30	1.37	2.54	0.01	0.02
2019	53	16.88	29.68	36.93	64.94	3.05	5.36	0.01	0.02
2020	80	12.86	28.33	28.08	61.87	4.44	9.78	0.01	0.02
平均		12.77	23.71	38.72	71.90	2.33	4.33	0.03	0.06

从表 16-6 可知，年均杀菌剂的用量最大，亩折百用量为 38.72 克（毫升），占总量的 71.90%；其次是杀虫剂，亩折百用量为 12.77 克（毫升），占总量的 23.71%；再次是除草剂，亩折百用量为 2.33 克（毫升），占总量的 4.33%；植物生长调节剂用量最少，为 0.03 克（毫升），占总量的 0.06%。

按主要农业生态区域，对各类型农药的折百用量分区汇总，得到 7 个区域各个类型农药折百用量情况，见表 16-7。

表 16-7 2015—2020 年各生态区域平均农药折百用量

生态区	杀虫剂		杀菌剂		除草剂		植物生长调节剂	
	亩折百用量/克（毫升）	占比/%	亩折百用量/克（毫升）	占比/%	亩折百用量/克（毫升）	占比/%	亩折百用量/克（毫升）	占比/%
华南	11.94	6.58	168.80	93.05	0.63	0.35	0.03	0.02
西南	11.18	23.33	33.71	70.33	2.94	6.13	0.10	0.21
长江中下游江南	8.80	49.49	7.92	44.55	1.04	5.85	0.02	0.11
长江中下游江北	8.04	15.02	44.03	82.25	1.46	2.73	0.00	0.00
黄河流域	17.31	34.97	29.60	59.80	2.57	5.19	0.02	0.04
东北	35.98	33.65	65.05	60.82	5.91	5.53	0.00	0.00
西北	6.00	16.32	27.55	74.95	3.21	8.73	0.00	0.00

白菜上，亩折百用量，杀虫剂排序：东北＞黄河流域＞华南＞西南＞长江中下游江南＞长江中下游江北＞西北；杀菌剂排序：华南＞东北＞长江中下游江北＞西南＞黄河流域＞西北＞长江中下游江南；除草剂排序：东北＞西北＞西南＞黄河流域＞长江中下游江北＞长江中下游江南＞华南；植物生长调节剂排序：西南＞华南＞黄河流域、长江中下游江南＞长江中下游江北、东北、西北。

2015—2020 年开展白菜农药桶混次数抽样调查，每年调查县数分别为 16 个、21 个、19 个、22 个、53 个、80 个，杀虫剂、杀菌剂、除草剂、植物生长调节剂等类型抽样调查结果见表 16-8。

表 16-8　不同类型农药使用桶混次数

| 年份 | 调查县数 | 杀虫剂 | | 杀菌剂 | | 除草剂 | | 植物生长调节剂 | |
		亩桶混次数	占比/%	亩桶混次数	占比/%	亩桶混次数	占比/%	亩桶混次数	占比/%
2015	16	2.83	75.07	0.81	21.48	0.12	3.18	0.01	0.27
2016	21	1.80	62.72	1.02	35.54	0.05	1.74	0.00	0.00
2017	19	4.03	79.33	0.98	19.29	0.06	1.18	0.01	0.20
2018	22	2.29	66.76	1.01	29.45	0.13	3.79	0.00	0.00
2019	53	2.45	68.82	0.99	27.81	0.09	2.53	0.03	0.84
2020	80	2.11	72.51	0.72	24.74	0.08	2.75	0.00	0.00
平均		2.59	71.75	0.92	25.48	0.09	2.49	0.01	0.28

从表 16-8 可知，年均杀虫剂的亩桶混次数最多，为 2.59 次，占总量的 71.75%；其次是杀菌剂，亩桶混次数为 0.92 次，占总量的 25.48%；再次是除草剂，亩桶混次数为 0.09 次，占总量的 2.49%；植物生长调节剂最少，为 0.01 次，占总量的 0.28%。

按主要农业生态区域，对各类型农药的桶混次数分区汇总，得到 7 个区域各个类型农药桶混次数情况，见表 16-9。

表 16-9　2015—2020 年各生态区域平均农药桶混次数

| 生态区 | 杀虫剂 | | 杀菌剂 | | 除草剂 | | 植物生长调节剂 | |
	亩桶混次数	占比/%	亩桶混次数	占比/%	亩桶混次数	占比/%	亩桶混次数	占比/%
华南	3.50	69.31	1.47	29.11	0.08	1.58	0.00	0.00
西南	1.45	63.60	0.76	33.33	0.06	2.63	0.01	0.44
长江中下游江南	1.99	85.04	0.29	12.39	0.05	2.14	0.01	0.43
长江中下游江北	1.45	62.77	0.83	35.93	0.03	1.30	0.00	0.00
黄河流域	3.60	75.31	1.07	22.39	0.10	2.09	0.01	0.21
东北	0.87	49.43	0.73	41.48	0.16	9.09	0.00	0.00
西北	1.52	58.02	0.83	31.67	0.27	10.31	0.00	0.00

白菜全生育期亩桶混次数，杀虫剂排序：黄河流域＞华南＞长江中下游江南＞西北＞长江中下游江北、西南＞东北；杀菌剂排序：华南＞黄河流域＞西北、长江中下游江北＞西南＞东北＞长江中下游江南；除草剂排序：西北＞东北＞黄河流域＞华南＞西南＞长江中下游江南＞长江中下游江北；植物生长调节剂排序：黄河流域、长江中下游江南、西南＞华南、长江中下游江北、东北、西北。

第三节　白菜化学农药、生物农药使用情况比较

2015—2020 年开展白菜农药商品用量抽样调查，每年调查县数分别为 16 个、21 个、19 个、22 个、53 个、80 个，化学农药、生物农药抽样调查结果见表 16 - 10。

表 16 - 10　化学农药、生物农药商品用量与成本

年份	调查县数	亩商品用量				亩农药成本占比/%	
		化学农药/ 克（毫升）	占比/%	生物农药/ 克（毫升）	占比/%	化学农药	生物农药
2015	16	88.39	45.43	106.19	54.57	42.53	57.47
2016	21	140.50	74.29	48.63	25.71	74.08	25.92
2017	19	169.87	60.29	111.87	39.71	47.33	52.67
2018	22	164.98	79.33	42.98	20.67	83.56	16.44
2019	53	216.73	77.69	62.22	22.31	81.46	18.54
2020	80	192.82	79.31	50.30	20.69	72.44	27.56
平均		169.38	72.83	63.20	27.17	65.69	34.31

从表 16 - 10 可知，化学农药依然是防治白菜病虫害的主体，亩商品用量为 169.38 克（毫升），占总量的 72.83%；生物农药为 63.20 克（毫升），占比为 27.17%。从亩用药成本看，化学农药占比为 65.69%，生物农药占比为 34.31%。

按主要农业生态区域，对化学农药、生物农药的商品用量分区汇总，得到 7 个区域的化学农药、生物农药商品用量情况，见表 16 - 11。

表 16 - 11　2015—2020 年各生态区域化学农药、生物农药平均商品用量与成本

生态区	亩商品用量				亩农药成本占比/%	
	化学农药/ 克（毫升）	占比/%	生物农药/ 克（毫升）	占比/%	化学农药	生物农药
华南	326.79	73.92	115.31	26.08	69.86	30.14
西南	158.22	86.34	25.03	13.66	81.62	18.38
长江中下游江南	178.43	83.80	34.50	16.20	74.64	25.36
长江中下游江北	106.49	76.83	32.11	23.17	79.20	20.80

（续）

生态区	亩商品用量				亩农药成本占比/%	
	化学农药/克（毫升）	占比/%	生物农药/克（毫升）	占比/%	化学农药	生物农药
黄河流域	164.20	59.13	113.51	40.87	53.84	46.16
东北	420.02	87.73	58.75	12.27	62.74	37.26
西北	52.74	49.98	52.78	50.02	34.24	65.76

各生态区域间，化学农药亩商品用量排序：东北＞华南＞长江中下游江南＞黄河流域＞西南＞长江中下游江北＞西北；生物农药亩商品用量排序：华南＞黄河流域＞东北＞西北＞长江中下游江南＞长江中下游江北＞西南。

第四节　白菜主要农药成分使用频率分布及年度趋势分析

根据农户用药调查中各个农药成分的使用数据，对 2015—2020 年白菜各个农药成分用药情况进行了整理，得出白菜病虫害防治用药主要以杀虫剂、杀菌剂为主。

统计某种农药的使用频次，由于不同年份的调查县数、调查的农户数量不一样（逐年在增加），对使用频次数量直接比较，在不同年份间缺乏可比性。因此，将每年的农户用药频次数据，用当年全国所有调查点每年总的农药使用频次数进行标准化处理。即用某年某地农药使用频次占当年全国所有调查点的频次总数百分比（%）作为指标进行分析。表 16－12 是经计算整理得到的 2015—2020 年白菜上主要农药使用的相对频率。采用变异系数作为某种农药各年变化大小的指标进行分析；同时，用回归分析方法检验某种农药使用频率在年度间是否有上升或下降的趋势。将统计学上差异显著（显著性检验 P 值小于 0.05）的农药种类在年变化趋势栏内进行标记。如果是上升趋势，则标记"↗"；如果是下降趋势，则标记"↘"。

表 16－12　2015—2020 年白菜主要农药成分使用频率（%）

序号	农药种类	平均值	最小值（年份）	最大值（年份）	标准差	变异系数	年变化趋势	累计频率
1	吡虫啉	7.91	5.28（2019）	10.57（2017）	2.16	27.27	−11.2	7.91
2	甲氨基阿维菌素苯甲酸盐	7.17	5.69（2017）	8.78（2020）	1.25	17.39	0.84	15.08
3	阿维菌素	5.8	3.28（2018）	8.62（2015）	2.3	39.66	−18.00 ↘	20.88
4	氯虫苯甲酰胺	4.53	2.83（2016）	6.56（2018）	1.5	33.15	−4.08	25.41
5	高效氯氟氰菊酯	3.7	1.63（2017）	7.08（2020）	1.86	50.36	14.76	29.11
6	高效氯氰菊酯	3.63	2.83（2016）	4.69（2019）	0.7	19.31	7.58	32.74
7	啶虫脒	3.47	0.00（2015）	5.69（2017）	2.04	58.82	18.41	36.21

（续）

序号	农药种类	平均值	最小值（年份）	最大值（年份）	标准差	变异系数	年变化趋势	累计频率
8	苏云金杆菌	2.61	1.89（2016）	3.45（2015）	0.64	24.55	−6.41	38.82
9	代森锰锌	1.67	0.00（2015）	3.77（2016）	1.43	85.65	10.22	46.49
10	茚虫威	1.55	0.00（2017）	3.45（2015）	1.52	97.91	−6.19	48.04
11	虫螨腈	1.51	0.00（2017）	3.28（2018）	1.66	110.43	+50.81↗	51.07
12	哒螨灵	1.49	0.00（2015）	2.64（2019）	0.94	62.92	21.76	52.56
13	苯醚甲环唑	1.37	0.00（2016）	3.45（2015）	1.17	85.5	−19.63	53.93
14	甲氨基阿维菌素	1.36	0.00（2016）	2.44（2017）	0.85	62.41	4.46	55.29
15	噻虫嗪	1.29	0.00（2017）	1.76（2019）	0.7	54.44	8.75	57.91
16	百菌清	1.26	0.00（2018）	4.72（2016）	1.76	139.99	−15.13	60.44
17	苦参碱	1.23	0.28（2020）	1.72（2015）	0.56	45.21	−15.08	62.92
18	溴氰菊酯	1.05	0.00（2015）	2.05（2019）	0.73	69.03	+32.05↗	65.06
19	吡唑醚菌酯	0.96	0.00（2018）	1.72（2015）	0.59	61.31	−7.54	67.04
20	多杀霉素	0.83	0.00（2020）	3.45（2015）	1.34	161.65	−63.06	70.58
21	精甲霜灵	0.82	0.00（2015）	1.89（2016）	0.8	96.8	−4.43	71.4
22	春雷霉素	0.82	0.00（2017）	2.05（2019）	0.77	93.56	33.99	72.23
23	霜霉威盐酸盐	0.81	0.00（2017）	1.64（2018）	0.67	82.4	28.03	73.04
24	虫酰肼	0.76	0.00（2016）	2.05（2019）	0.75	99.72	39.36	73.8
25	顺式氯氰菊酯	0.7	0.00（2019）	1.72（2015）	0.82	117.78	−24.48	74.5
26	辛硫磷	0.69	0.00（2018）	1.72（2015）	0.65	95.35	−24.91	75.19

　　白菜上各种农药成分使用频次占总频次的比例（％）和年度增减趋势（％）关系，采用散点图进行分析，如图 16-1 所示。

　　图 16-1 中第一象限（右上部）农药成分的使用频率较高且年度间具有增长的趋势，如甲氨基阿维菌素苯甲酸盐、高效氯氟氰菊酯和高效氯氰菊酯等；第二象限（右下部）农药成分的使用频率较低但年度间具有增长的趋势，如春雷霉素、虫螨腈和虫酰肼等；第三象限（左下部）农药成分的使用频率较低且年度间没有增长，表现为下降的趋势，如辛硫磷、百菌清和嘧菌酯等；第四象限（左上部）农药成分的使用频率较高但是年度间没有增长，表现为下降的趋势，如吡虫啉、阿维菌素和啶虫脒等。

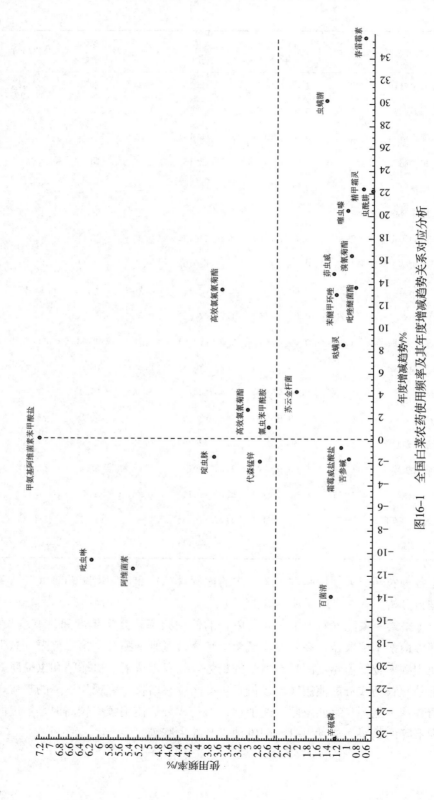

图16-1　全国白菜农药使用频率及其年度增减趋势关系对应分析

第十七章　辣椒农药使用抽样调查结果与分析

按不同地域特征和作物种植结构,将我国辣椒种植区分为华南、西南、长江中下游江南、长江中下游江北、黄河流域、西北、东北 7 个主要农业生态区域,2015—2020 年,在各个区域范围内,选取 24 个省份的 178 个县进行抽样调查。其中,华南地区广东 1 个县、广西 3 个县、海南 3 个县;西南地区重庆 11 个县、四川 3 个县、贵州 5 个县、云南 26 个县;长江中下游江南地区浙江 6 个县、福建 2 个县、江西 4 个县、湖南 10 个县;长江中下游江北地区江苏 29 个县、安徽 7 个县、湖北 2 个县;黄河流域地区北京 8 个区、天津 7 个县(区)、河北 4 个县、山西 4 个县、山东 3 个县、河南 11 个县;西北地区甘肃 3 个县、宁夏 16 个县;东北地区辽宁 7 个县、黑龙江 3 个县。

第一节　辣椒农药使用基本情况

2015—2020 年开展辣椒上农户用药抽样调查,每年调查县数分别为 38 个、40 个、34 个、67 个、95 个、126 个,以亩商品用量、亩折百用量、亩桶混次数、用量指数作为指标进行作物用药水平评价。抽样调查结果见表 17-1。

表 17-1　农药用量基本情况表

年份	样本数	亩商品用量/克(毫克)	亩折百用量/克(毫克)	亩桶混次数	用量指数
2015	38	439.31	118.97	4.32	439.31
2016	40	562.86	201.34	6.15	562.86
2017	34	477.78	168.80	7.40	477.78
2018	67	410.91	149.17	6.45	410.91
2019	95	319.49	95.91	5.78	319.49
2020	126	330.52	100.59	5.55	330.52
平均		423.48	139.14	5.94	423.48

从表 17-1 可以看出,亩商品用量多年平均值为 423.48 克(毫升),最小值为 2019 年的 319.49 克(毫升),最大值为 2016 年的 562.86 克(毫升)。亩折百用量多年平均值为 139.14 克(毫升),最小值为 2019 年的 95.91 克(毫升),最大值为 2016 年的 201.34 克(毫升)。亩桶混次数多年平均值为 5.94 次,最小值为 2015 年的 4.32 次,最大值为 2017 年的 7.40 次。各项指标历年数据虽有波动,但无明显的上升或下降趋势。

按主要农业生态区域对农药用量指标分区汇总，得到 7 个区域农药使用基本情况，见表 17-2。

表 17-2 2015—2020 年各生态区域农药用量基本情况表

生态区	样本数	亩商品用量/克（毫升）	亩折百用量/克（毫升）	亩桶混次数	用量指数
华南	21	654.43	231.52	9.17	184.62
西南	87	290.15	103.82	4.35	72.39
长江中下游江南	44	234.58	74.71	3.68	74.33
长江中下游江北	95	304.49	104.75	4.27	65.76
黄河流域	101	520.57	174.14	7.36	206.46
东北	17	301.96	44.43	2.40	66.72
西北	35	272.34	72.90	3.96	74.24

辣椒亩商品用量排序：华南＞黄河流域＞长江中下游江北＞东北＞西南＞西北＞长江中下游江南；亩折百用量用排序：华南＞黄河流域＞长江中下游江北＞西南＞长江中下游江南＞西北＞东北；亩桶混次数排序：华南＞黄河流域＞西南＞长江中下游江北＞西北＞长江中下游江南＞东北；用量指数排序：黄河流域＞华南＞长江中下游江南＞西北＞西南＞东北＞长江中下游江北。

为直观反映各生态区域中农药使用量的差异，现将每种指标在各生态区域用量的大小进行排序，得到的次序数整理列于表 17-3。

表 17-3 各生态区域农药用量指标排序表

生态区	亩商品用量	亩折百用量用	亩桶混次数	用量指数	秩数合计
华南	1	1	1	2	5
西南	5	4	3	5	17
长江中下游江南	7	5	6	3	21
长江中下游江北	3	3	4	7	17
黄河流域	2	2	2	1	7
东北	4	7	7	6	24
西北	6	6	5	4	21

表 17-3 中各个顺序指标，亩商品用量、亩折百用量、亩桶混次数、用量指数，可以直观反映各个生态区域农药用量水平。每个生态区域的指标之和，为该生态区域农药用量水平的综合排序得分（得分越小用量水平越高）。采用 Kendall 协同系数检验，对各个指标在各个地区的序列等级进行了检验。检验结果 Kendall 协同系数 $W=0.68$，卡方值为 20.40，显著性检验 $P=0.0024$，在 $P<0.01$ 的显著水平下，这几个指标用于农药用量的评价具有较好的一致性。

第二节　辣椒不同类型农药使用情况

2015—2020 年开展辣椒农药商品用量抽样调查，每年调查县数分别为 38 个、40 个、34 个、67 个、95 个、126 个，杀虫剂、杀菌剂、除草剂、植物生长调节剂等类型抽样调查结果见表 17-4。

表 17-4　不同类型农药商品用量

年份	调查县数	杀虫剂		杀菌剂		除草剂		植物生长调节剂	
		亩商品用量/克（毫升）	占比/%	亩商品用量/克（毫升）	占比/%	亩商品用量/克（毫升）	占比/%	亩商品用量/克（毫升）	占比/%
2015	38	239.51	54.52	179.01	40.74	18.08	4.12	2.71	0.62
2016	40	193.18	34.32	346.55	61.57	18.67	3.32	4.46	0.79
2017	34	172.49	36.10	275.54	57.67	27.47	5.75	2.28	0.48
2018	67	159.64	38.85	231.85	56.43	15.84	3.85	3.58	0.87
2019	95	127.44	39.89	154.73	48.43	34.84	10.90	2.48	0.78
2020	126	137.80	41.69	167.50	50.68	23.53	7.12	1.69	0.51
平均		171.68	40.54	225.86	53.33	23.07	5.45	2.87	0.68

从表 17-4 可知，年均杀菌剂的用量最大，亩商品用量为 225.86 克（毫升），占总量的 53.33%；其次是杀虫剂，为 171.68 克（毫升），占总量的 40.54%；再次是除草剂，为 23.07 克（毫升），占总量的 5.45%；植物生长调节剂最少，为 2.87 克（毫升），占总量的 0.68%。

按主要农业生态区域，对各类型农药的商品用量分区汇总，得到 7 个区域各个类型农药商品用量情况，见表 17-5。

表 17-5　2015—2020 年各生态区域平均农药商品用量

生态区	杀虫剂		杀菌剂		除草剂		植物生长调节剂	
	亩商品用量/克（毫升）	占比/%	亩商品用量/克（毫升）	占比/%	亩商品用量/克（毫升）	占比/%	亩商品用量/克（毫升）	占比/%
华南	282.08	43.10	343.02	52.41	28.83	4.41	0.50	0.08
西南	109.99	37.91	154.79	53.35	24.95	8.60	0.42	0.14
长江中下游江南	100.29	42.75	109.37	46.63	23.39	9.97	1.53	0.65
长江中下游江北	109.58	35.99	128.22	42.10	66.64	21.89	0.05	0.02
黄河流域	207.56	39.87	294.90	56.65	10.50	2.02	7.61	1.46
东北	163.79	54.24	131.68	43.61	1.41	0.47	5.08	1.68
西北	146.46	53.78	113.05	41.51	12.44	4.57	0.39	0.14

辣椒上不同种类农药商品用量排序，杀虫剂：华南＞黄河流域＞东北＞西北＞西南＞长江中下游江北＞长江中下游江南；杀菌剂：华南＞黄河流域＞西南＞东北＞长江中下游江北＞西北＞长江中下游江南；除草剂：长江中下游江北＞华南＞西南＞长江中下游江南＞西北＞黄河流域＞东北；植物生长调节剂：黄河流域＞东北＞长江中下游江南＞华南＞西南＞西北＞长江中下游江北。

2015—2020 年辣椒农药折百用量抽样调查，每年调查县数分别为 38 个、40 个、34 个、67 个、95 个、126 个，杀虫剂、杀菌剂、除草剂、植物生长调节剂等类型抽样调查结果见表 17-6。

表 17-6　不同类型农药折百用量

| 年份 | 调查县数 | 杀虫剂 | | 杀菌剂 | | 除草剂 | | 植物生长调节剂 | |
		亩折百用量/ 克（毫升）	占比/ %	亩折百用量/ 克（毫升）	占比/ %	亩折百用量/ 克（毫升）	占比/ %	亩折百用量/ 克（毫升）	占比/ %
2015	38	41.96	35.27	71.28	59.92	5.62	4.72	0.11	0.09
2016	40	31.25	15.52	164.06	81.49	5.94	2.95	0.09	0.04
2017	34	28.94	17.14	128.09	75.89	11.74	6.95	0.03	0.02
2018	67	19.23	12.89	125.18	83.92	4.42	2.96	0.34	0.23
2019	95	14.03	14.63	70.65	73.66	10.99	11.46	0.24	0.25
2020	126	22.25	22.12	70.05	69.64	8.26	8.21	0.03	0.03
平均		26.28	18.89	104.89	75.38	7.83	5.63	0.14	0.10

从表 17-6 可知，年均杀菌剂的用量最大，亩折百用量为 104.89 克（毫升），占总量的 75.38%；其次是杀虫剂，为 26.28 克（毫升），占总量的 18.89%；再次是除草剂，为 7.83 克（毫升），占总量的 5.63%；植物生长调节剂用量最少，为 0.14 克（毫升），占总量的 0.10%。

按主要农业生态区域，对各类型农药的折百用量分区汇总，得到 7 个区域各个类型农药折百用量情况，见表 17-7。

表 17-7　2015—2020 年各生态区域平均农药亩折百用量

| 生态区 | 杀虫剂 | | 杀菌剂 | | 除草剂 | | 植物生长调节剂 | |
	亩折百用量/ 克（毫升）	占比/ %	亩折百用量/ 克（毫升）	占比/ %	亩折百用量/ 克（毫升）	占比/ %	亩折百用量/ 克（毫升）	占比/ %
华南	65.17	28.15	157.96	68.23	8.32	3.59	0.07	0.03
西南	20.99	20.22	75.31	72.54	7.50	7.22	0.02	0.02
长江中下游江南	15.26	20.43	51.72	69.23	7.63	10.21	0.10	0.13
长江中下游江北	15.86	15.14	61.34	58.56	27.54	26.29	0.01	0.01
黄河流域	28.98	16.64	141.11	81.03	3.62	2.08	0.43	0.25
东北	6.70	15.08	37.57	84.56	0.15	0.34	0.01	0.02
西北	15.91	21.82	52.36	71.83	4.62	6.34	0.01	0.01

辣椒上，亩折百用量，杀虫剂排序：华南＞黄河流域＞西南＞西北＞长江中下游江北＞长江中下游江南＞东北；杀菌剂排序：华南＞黄河流域＞西南＞长江中下游江北＞西北＞长江中下游江南＞东北；除草剂排序：长江中下游江北＞华南＞长江中下游江南＞西南＞西北＞黄河流域＞东北；植物生长调节剂排序：黄河流域＞长江中下游江南＞华南＞西南＞长江中下游江北、东北、西北。

2015—2020 年开展辣椒农药桶混次数抽样调查，每年调查县数分别为 38 个、40 个、34 个、67 个、95 个、126 个，杀虫剂、杀菌剂、除草剂、植物生长调节剂等类型抽样调查结果见表 17-8。

表 17-8　不同类型农药使用桶混次数

年份	调查县数	杀虫剂		杀菌剂		除草剂		植物生长调节剂	
		亩桶混次数	占比/%	亩桶混次数	占比/%	亩桶混次数	占比/%	亩桶混次数	占比/%
2015	38	2.04	47.22	2.10	48.62	0.16	3.70	0.02	0.46
2016	40	2.81	45.69	3.05	49.59	0.15	2.44	0.14	2.28
2017	34	3.54	47.84	3.65	49.32	0.14	1.89	0.07	0.95
2018	67	3.01	46.67	3.15	48.83	0.14	2.17	0.15	2.33
2019	95	2.74	47.40	2.71	46.89	0.20	3.46	0.13	2.25
2020	126	2.61	47.03	2.68	48.29	0.15	2.70	0.11	1.98
平均		2.79	46.97	2.89	48.66	0.16	2.69	0.10	1.68

从表 17-8 可知，年均杀菌剂的用量最大，亩桶混次数为 2.89 次，占总量的 48.66%；其次是杀虫剂，亩桶混次数为 2.79 次，占总量的 46.97%；再次是除草剂，亩桶混次数为 0.16 次，占总量的 2.69%；植物生长调节剂最少，亩桶混次数为 0.10 次，占总量的 1.68%。

按主要农业生态区域，对各类型农药的桶混次数分区汇总，得到 7 个区域亩桶混次数情况，见表 17-9。

表 17-9　2015—2020 年各生态区域平均农药桶混次数

生态区	杀虫剂		杀菌剂		除草剂		植物生长调节剂	
	亩桶混次数	占比/%	亩桶混次数	占比/%	亩桶混次数	占比/%	亩桶混次数	占比/%
华南	4.16	45.37	4.67	50.92	0.31	3.38	0.03	0.33
西南	1.65	37.93	2.47	56.78	0.22	5.06	0.01	0.23
长江中下游江南	1.93	52.45	1.53	41.57	0.19	5.16	0.03	0.82
长江中下游江北	2.29	53.63	1.83	42.86	0.15	3.51	0.00	0.00
黄河流域	3.53	47.96	3.42	46.47	0.09	1.22	0.32	4.35
东北	1.24	51.67	1.10	45.83	0.05	2.08	0.01	0.42
西北	1.78	44.95	1.94	48.99	0.16	4.04	0.08	2.02

辣椒全生育期亩桶混次数，杀虫剂排序：华南＞黄河流域＞长江中下游江北＞长江中下游江南＞西北＞西南＞东北；杀菌剂排序：华南＞黄河流域＞西南＞西北＞长江中下游江北＞长江中下游江南＞东北；除草剂排序：华南＞西南＞长江中下游江南＞西北＞长江中下游江北＞黄河流域＞东北；植物生长调节剂排序：黄河流域＞西北＞华南、长江中下游江南＞西南、东北＞长江中下游江北。

第三节　辣椒化学农药、生物农药使用情况比较

2015—2020 年开展辣椒农药商品用量抽样调查，每年调查县数分别为 38 个、40 个、34 个、67 个、95 个、126 个，化学农药、生物农药抽样调查结果见表 17‑10。

表 17‑10　化学农药、生物农药使用商品用量与成本

| 年份 | 调查县数 | 亩商品用量 | | | | 亩农药成本占比/% | |
		化学农药/克（毫升）	占比/%	生物农药/克（毫升）	占比/%	化学农药	生物农药
2015	38	273.38	62.23	165.93	37.77	75.02	24.98
2016	40	474.78	84.35	88.08	15.65	78.09	21.91
2017	34	368.35	77.10	109.43	22.90	74.78	25.22
2018	67	272.31	66.27	138.60	33.73	68.70	31.30
2019	95	216.45	67.75	103.04	32.25	75.38	24.62
2020	126	207.09	62.66	123.43	37.34	81.24	18.76
平均		310.96	73.43	112.52	26.57	76.30	23.70

从表 17‑10 可知，化学农药依然是防治辣椒病虫害的主体，亩商品用量为 310.96 克（毫升），占总量的 73.43%；生物农药为 112.52 克（毫升），占比为 26.57%。从亩用药成本看，化学农药占比为 76.30%，生物农药占比为 23.70%。

按主要农业生态区域，对化学农药、生物农药的商品用量分区汇总，得到 7 个区域的商品用量情况，见表 17‑11。

表 17‑11　2015—2020 年各生态区域化学农药、生物农药平均商品用量与成本

| 生态区 | 亩商品用量 | | | | 亩农药成本占比/% | |
	化学农药/克（毫升）	占比/%	生物农药/克（毫升）	占比/%	化学农药	生物农药
华南	466.21	71.24	188.22	28.76	55.70	44.30
西南	256.07	88.25	34.08	11.75	87.58	12.42

（续）

生态区	亩商品用量				亩农药成本占比/%	
	化学农药/克（毫升）	占比/%	生物农药/克（毫升）	占比/%	化学农药	生物农药
长江中下游江南	181.36	77.31	53.22	22.69	86.60	13.40
长江中下游江北	210.98	69.29	93.51	30.71	65.35	34.65
黄河流域	336.79	64.70	183.78	35.30	76.60	23.40
东北	205.31	67.99	96.65	32.01	59.50	40.50
西北	180.09	66.13	92.25	33.87	55.78	44.22

各生态区域间，化学农药亩商品用量排序：华南＞黄河流域＞长江中下游江北＞西南＞东北＞长江中下游江南＞西北；生物农药亩商品用量排序：华南＞黄河流域＞东北＞西北＞长江中下游江北＞长江中下游江南＞西南。

第四节 辣椒主要农药成分使用频率分布及年度趋势分析

根据农户用药调查中农药使用数据，对 2015—2020 年辣椒生产上全国及各生态区域的主要农药种类使用情况进行了调查。辣椒病虫害防治用药主要以杀虫剂、杀菌剂和植物生长调节剂为主，除草剂使用较少。

表 17-12 是经计算整理得到的全国 2015—2020 年辣椒上主要农药使用的相对频率。采用变异系数作为某种农药各年变化大小的指标进行分析。同时，应用回归分析方法检验某种农药使用频率在年度间是否有上升或下降的趋势。将统计学上差异显著（显著性检验 P 值小于 0.05）的农药种类在年变化趋势栏内进行标记。如果是上升趋势，则标记"↗"；如果是下降趋势，则标记"↘"。

表 17-12 2015—2020 年辣椒上主要农药成分使用频率（%）

序号	农药种类	平均值	最小值（年份）	最大值（年份）	标准差	变异系数	年变化趋势	累计频率
1	代森锰锌	4.36	3.48（2015）	5.88（2016）	0.83	19.1	−2.2	4.36
2	阿维菌素	4.28	3.50（2020）	4.76（2017）	0.5	11.71	−3.78	12.94
3	苯醚甲环唑	2.59	2.17（2016）	3.24（2018）	0.37	14.26	4.28	21.62
4	百菌清	2.47	1.42（2019）	3.41（2017）	0.72	29.22	−9.01	24.09
5	高效氯氟氰菊酯	2.28	1.40（2017）	3.13（2020）	0.58	25.25	9.57	26.37
6	霜脲氰	1.98	1.13（2018）	2.76（2020）	0.59	29.77	7.71	28.35
7	烯酰吗啉	1.96	1.47（2020）	2.48（2016）	0.4	20.21	−8.82 ↘	30.31
8	高效氯氰菊酯	1.81	0.93（2016）	2.33（2019）	0.48	26.49	6.32	32.12

（续）

序号	农药种类	平均值	最小值（年份）	最大值（年份）	标准差	变异系数	年变化趋势	累计频率
9	多菌灵	1.8	1.16 (2015)	2.52 (2017)	0.51	28.23	8.44	33.92
10	精甲霜灵	1.55	0.87 (2015)	2.17 (2016)	0.42	27.05	2.16	35.48
11	甲霜灵	1.45	0.62 (2016)	2.32 (2015)	0.65	44.49	0.66	36.93
12	吡唑醚菌酯	1.44	0.31 (2016)	2.30 (2020)	0.72	49.99	+21.94 ↗	38.37
13	氯虫苯甲酰胺	1.44	0.93 (2016)	2.03 (2020)	0.41	28.73	+13.73 ↗	39.81
14	嘧菌酯	1.43	0.71 (2019)	1.96 (2017)	0.43	30.4	−1.66	41.24
15	盐酸吗啉胍	1.4	0.91 (2019)	1.74 (2015)	0.3	21.37	−2.71	42.64
16	甲基硫菌灵	1.35	0.83 (2020)	1.78 (2018)	0.34	24.79	−8.49	45.38
17	噁霉灵	1.28	0.29 (2015)	2.52 (2017)	0.71	55.69	7.55	46.66
18	福美双	1.23	0.64 (2020)	1.68 (2017)	0.39	31.89	−13.95 ↘	47.9
19	噻虫嗪	1.13	0.56 (2017)	1.83 (2019)	0.6	53.19	+24.33 ↗	49.03
20	咪鲜胺	1.12	0.29 (2015)	1.72 (2019)	0.56	50.14	+24.00 ↗	50.15
21	春雷霉素	1.05	0.81 (2019)	1.46 (2018)	0.26	24.88	−3.12	53.34
22	氨基寡糖素	0.97	0.58 (2015)	1.84 (2020)	0.48	49.72	20.67	56.38
23	苏云金杆菌	0.91	0.18 (2020)	1.62 (2018)	0.54	59.93	−18.63	57.29
24	甲氨基阿维菌素	0.89	0.58 (2015)	1.12 (2017)	0.26	28.66	12.19	58.18
25	霜霉威盐酸盐	0.86	0.00 (2015)	1.62 (2018)	0.56	65.4	13.5	59.93
26	联苯菊酯	0.8	0.00 (2015)	1.68 (2017)	0.58	72.64	3.39	60.73
27	乙酸铜	0.8	0.41 (2019)	1.12 (2017)	0.25	30.81	−8.02	61.53
28	戊唑醇	0.79	0.00 (2016)	1.29 (2018)	0.49	62.17	8.3	62.31
29	丙森锌	0.78	0.49 (2018)	1.16 (2015)	0.26	33.21	−9.86	63.1
30	棉铃虫核型多角体病毒	0.76	0.10 (2019)	1.45 (2015)	0.53	69.51	−35.65 ↘	63.85
31	异菌脲	0.71	0.29 (2015)	1.24 (2016)	0.32	45.36	−0.62	64.56
32	代森联	0.63	0.00 (2015)	1.12 (2017)	0.4	64.02	22.08	67.8
33	香菇多糖	0.56	0.28 (2020)	1.12 (2017)	0.31	56.2	−8.74	70.75
34	肟菌酯	0.54	0.20 (2019)	0.92 (2020)	0.26	47.51	7.84	71.83
35	芸苔素内酯	0.49	0.00 (2015)	0.93 (2016)	0.38	77.08	11.79	72.85
36	螺虫乙酯	0.47	0.00 (2017)	0.91 (2019)	0.38	80.23	2.36	73.32
37	苦参碱	0.44	0.00 (2018)	0.91 (2019)	0.37	83	−9.3	73.76
38	醚菌酯	0.43	0.00 (2017)	1.16 (2015)	0.44	101.72	−7.77	74.2

　　辣椒上各种农药成分使用频次占总频次的比例（％）和年度增减趋势（％）关系，采用散点图进行分析，如图 17-1 所示。

　　第一象限（右上部）农药成分的使用频率较高且年度间具有增长的趋势，如高效氯氟氰菊酯、多菌灵和霜脲氰等；第二象限（右下部）农药成分的使用频率较低但年度间具有增长的趋势，如咪鲜胺、噻虫嗪和吡唑醚菌酯等；第三象限（左下部）农药成分的使用频率较低且年度间没有增长，表现为下降的趋势，如棉铃虫核型多角体病毒、苏云金杆菌和福美双等；第四象限（左上部）农药成分的使用频率较高但是年度间没有增长，表现为下降的趋势，如阿维菌素、代森锰锌和百菌清等。

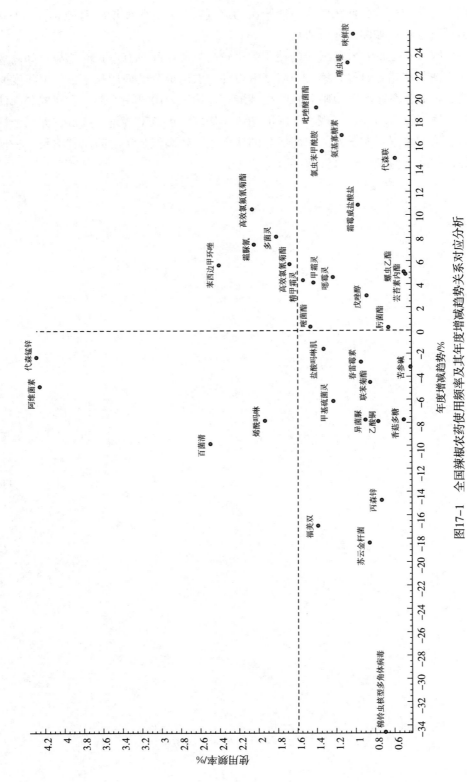

图17-1 全国辣椒农药使用频率及其年度增减趋势关系对应分析

第十八章　番茄农药使用抽样调查结果与分析

按不同地域特征和作物种植结构，将我国番茄种植区分为华南、西南、长江中下游江南、长江中下游江北、黄河流域、西北、东北 7 个主要农业生态区域，2015—2020 年，在各个区域范围内，选取 22 个省份的 170 个县进行抽样调查。其中，华南地区广西 1 个县；西南地区重庆 10 个县、贵州 4 个县、云南 24 个县；长江中下游江南地区浙江 15 个县、福建 1 个县、江西 2 个县、湖南 5 个县；长江中下游江北地区上海 1 个区、江苏 25 个县、安徽 5 个县；黄河流域地区北京 9 个区、天津 10 个县（区）、河北 8 个县、山西 5 个县、山东 4 个县、河南 6 个县；西北地区甘肃 3 个县、宁夏 16 个县、新疆 1 个县；东北地区辽宁 10 个县、黑龙江 5 个县。

第一节　番茄农药使用基本情况

2015—2020 年开展番茄上农户用药抽样调查，每年调查县数分别为 36 个、48 个、49 个、77 个、111 个、155 个，以亩商品用量、亩折百用量、亩桶混次数、用量指数作为指标进行作物用药水平评价。抽样调查结果见表 18-1。

表 18-1　农药用量基本情况表

年份	样本数	亩商品用量 克/（毫克）	亩折百用量 克/（毫克）	亩桶混次数	用量指数
2015	36	937.69	332.79	6.57	209.62
2016	48	556.25	180.39	6.80	102.76
2017	49	509.61	190.57	7.93	120.63
2018	77	639.08	225.16	7.39	192.93
2019	111	602.75	207.12	7.17	140.24
2020	155	434.45	152.18	6.63	114.15
平均		613.31	214.71	7.08	146.72

从表 18-1 可以看出，亩商品用量多年平均值为 613.31 克（毫升），最小值为 2020 年的 434.45 克（毫升），最大值为 2015 年的 937.69 克（毫升）。亩折百用量多年平均值为 214.71 克（毫升），最小值为 2020 年的 152.18 克（毫升），最大值为 2015 年的 332.79 克（毫升）。亩桶混次数多年平均值为 7.08 次，最小值为 2015 年的 6.57 次，最大值为 2017 年的 7.93 次。用量指数多年平均值为 146.72，最小值为 2016 年的 102.76，最大值

为 2015 年的 209.62。历年数据虽有波动，但没有明显的上升或下降趋势。

按主要农业生态区域，对各个生态区域农药用量指标分区汇总，得到 7 个区域农药使用基本情况，见表 18-2。

表 18-2 2015—2020 年各生态区域农药用量基本情况表

生态区	样本数	亩商品用量/克（毫升）	亩折百用量/克（毫升）	亩桶混次数	用量指数
华南	1	311.11	79.88	5.00	84.30
西南	81	449.61	188.60	5.77	164.44
长江中下游江南	51	545.77	197.47	3.62	66.34
长江中下游江北	81	473.04	195.90	6.78	97.88
黄河流域	163	785.42	255.04	8.30	198.54
东北	28	237.41	74.99	4.11	58.32
西北	71	368.94	115.73	6.00	79.34

番茄上，亩商品用量、亩折百用量排序：黄河流域＞长江中下游江南＞长江中下游江北＞西南＞西北＞华南＞东北；亩桶混次数排序：黄河流域＞长江中下游江北＞西北＞西南＞华南＞东北＞长江中下游江南；用量指数排序：黄河流域＞西南＞长江中下游江北＞华南＞西北＞长江中下游江南＞东北。

为直观反映各生态区域中农药使用量的差异，现将每种指标在各生态区域用量的大小进行排序，得到的次序数整理列于表 18-3。

表 18-3 各生态区域农药用量指标排序表

生态区	亩商品用量	亩折百用量	亩桶混次数	用量指数	秩数合计
华南	6	6	5	4	21
西南	4	4	4	2	14
长江中下游江南	2	2	7	6	17
长江中下游江北	3	3	2	3	11
黄河流域	1	1	1	1	4
东北	7	7	6	7	27
西北	5	5	3	5	18

表 18-3 中各个顺序指标，亩商品用量、亩折百用量、亩桶混次数、用量指数，可以直观反映各个生态区域农药用量水平。每个生态区域的指标之和，为该生态区域农药用量水平的综合排序得分（得分越小用量水平越高）。采用 Kendall 协同系数检验，对各个指标在各个地区的序列等级进行了检验。检验结果 Kendall 协同系数 $W = 0.64$，卡方值为 19.11，显著性检验 $P = 0.004\,0$，在 $P < 0.01$ 的显著水平下，这几个指标用于农药用量的评价具有较好的一致性。

第二节　番茄不同类型农药使用情况

2015—2020 年开展番茄农药商品用量抽样调查，每年调查县数分别为 36 个、48 个、49 个、77 个、111 个、155 个，杀虫剂、杀菌剂、除草剂、植物生长调节剂等类型抽样调查结果见表 18-4。

表 18-4　不同种类型农药商品用量

年份	调查县数	杀虫剂		杀菌剂		除草剂		植物生长调节剂	
		亩商品用量/克（毫升）	占比/%	亩商品用量/克（毫升）	占比/%	亩商品用量/克（毫升）	占比/%	亩商品用量/克（毫升）	占比/%
2015	36	401.30	42.80	501.12	53.44	33.30	3.55	1.97	0.21
2016	48	172.54	31.02	364.93	65.60	15.83	2.85	2.95	0.53
2017	49	146.55	28.76	352.27	69.12	6.88	1.35	3.91	0.77
2018	77	237.17	37.11	385.73	60.36	14.44	2.26	1.74	0.27
2019	111	206.07	34.19	389.91	64.69	5.63	0.93	1.14	0.19
2020	155	127.81	29.42	290.81	66.94	13.48	3.10	2.35	0.54
平均		215.24	35.09	380.80	62.10	14.93	2.43	2.34	0.38

从表 18-4 可以看出，年均杀菌剂的用量最大，亩商品用量为 380.80 克（毫升），占总量的 62.10%；其次是杀虫剂，为 215.24 克（毫升），占总量的 35.09%；再次是除草剂，为 14.93 克（毫升），占总量的 2.43%；植物生长调节剂最少，为 2.34 克（毫升），占总量的 0.38%。

按主要农业生态区域，对各类型农药的商品用量分区汇总，得到 7 个区域各个类型农药商品用量情况，见表 18-5。

表 18-5　2015—2020 年各生态区域平均农药商品用量

生态区	杀虫剂		杀菌剂		除草剂		植物生长调节剂	
	亩商品用量/克（毫升）	占比/%	亩商品用量/克（毫升）	占比/%	亩商品用量/克（毫升）	占比/%	亩商品用量/克（毫升）	占比/%
华南	55.56	17.86	255.55	82.14	0.00	0.00	0.00	0.00
西南	115.52	25.69	317.84	70.70	14.94	3.32	1.31	0.29
长江中下游江南	224.35	41.11	298.17	54.63	22.77	4.17	0.48	0.09
长江中下游江北	83.87	17.73	373.48	78.95	15.26	3.23	0.43	0.09
黄河流域	318.98	40.61	446.31	56.83	15.70	2.00	4.43	0.56
东北	81.17	34.19	150.50	63.39	5.53	2.33	0.21	0.09
西北	139.86	37.91	221.54	60.05	7.10	1.92	0.44	0.12

番茄上不同种类农药商品用量排序，杀虫剂：黄河流域＞长江中下游江南＞西北＞西

南＞长江中下游江北＞东北＞华南；杀菌剂：黄河流域＞长江中下游江北＞西南＞长江中下游江南＞华南＞西北＞东北；除草剂：长江中下游江南＞黄河流域＞长江中下游江北＞西南＞西北＞东北＞华南；植物生长调节剂：黄河流域＞西南＞长江中下游江南＞西北＞长江中下游江北＞东北＞华南。

2015—2020 年开展番茄农药折百用量抽样调查，每年调查县数分别为 36 个、48 个、49 个、77 个、111 个、155 个，杀虫剂、杀菌剂、除草剂、植物生长调节剂等类型抽样调查结果见表 18-6。

表 18-6　不同类型农药折百用量

| 年份 | 调查县数 | 杀虫剂 | | 杀菌剂 | | 除草剂 | | 植物生长调节剂 | |
		亩折百用量/克（毫升）	占比/%	亩折百用量/克（毫升）	占比/%	亩折百用量/克（毫升）	占比/%	亩折百用量/克（毫升）	占比/%
2015	36	64.53	19.39	256.59	77.10	11.14	3.35	0.53	0.16
2016	48	31.33	17.37	143.52	79.56	5.34	2.96	0.20	0.11
2017	49	21.71	11.39	166.73	87.49	2.10	1.10	0.03	0.02
2018	77	34.96	15.53	185.85	82.54	4.31	1.91	0.04	0.02
2019	111	31.83	15.37	173.36	83.70	1.92	0.93	0.01	0.00
2020	155	18.29	12.02	129.54	85.12	4.33	2.85	0.02	0.01
平均		33.78	15.73	175.93	81.94	4.86	2.26	0.14	0.07

从表 18-6 可知，年均杀菌剂的用量最大，亩折百用量为 175.93 克（毫升），占总量的 81.94%；其次是杀虫剂，亩折百用量为 33.78 克（毫升），占总量的 15.73%；再次是除草剂，亩折百用量为 4.86 克（毫升），占总量的 2.26%；植物生长调节剂用量最少，为 0.14 克（毫升），占总量的 0.07%。

按主要农业生态区域，对各类型农药的折百用量分区汇总，得到 7 个区域各个类型农药折百用量情况，见表 18-7。

表 18-7　2015—2020 年各生态区域平均农药折百用量

| 生态区 | 杀虫剂 | | 杀菌剂 | | 除草剂 | | 植物生长调节剂 | |
	亩折百用量/克（毫升）	占比/%	亩折百用量/克（毫升）	占比/%	亩折百用量/克（毫升）	占比/%	亩折百用量/克（毫升）	占比/%
华南	7.78	9.74	72.10	90.26	0.00	0.00	0.00	0.00
西南	30.71	16.28	151.59	80.38	6.26	3.32	0.04	0.02
长江中下游江南	17.87	9.05	171.59	86.89	7.96	4.03	0.05	0.03
长江中下游江北	10.96	5.59	179.76	91.77	5.18	2.64	0.00	0.00
黄河流域	61.08	23.95	189.04	74.12	4.66	1.83	0.26	0.10
东北	9.20	12.27	63.43	84.58	2.36	3.15	0.00	0.00
西北	11.55	9.98	101.43	87.64	2.73	2.36	0.02	0.02

番茄上亩折百用量，杀虫剂排序：黄河流域＞西南＞长江中下游江南＞西北＞长江中下游江北＞东北＞华南；杀菌剂排序：黄河流域＞长江中下游江北＞长江中下游江南＞西南＞西北＞华南＞东北；除草剂排序：长江中下游江南＞西南＞长江中下游江北＞黄河流域＞西北＞东北＞华南；植物生长调节剂排序：黄河流域＞长江中下游江南＞西南＞西北＞华南＞长江中下游江北、东北。

2015—2020 年开展番茄农药桶混次数抽样调查，每年调查县数分别为 36 个、48 个、49 个、77 个、111 个、155 个，杀虫剂、杀菌剂、除草剂、植物生长调节剂等类型抽样调查结果见表 18-8。

表 18-8 不同类型农药使用桶混次数

年份	调查县数	杀虫剂		杀菌剂		除草剂		植物生长调节剂	
		亩桶混次数	占比/%	亩桶混次数	占比/%	亩桶混次数	占比/%	亩桶混次数	占比/%
2015	36	2.35	35.77	4.02	61.19	0.18	2.74	0.02	0.30
2016	48	2.41	35.44	4.11	60.45	0.19	2.79	0.09	1.32
2017	49	2.58	32.53	5.14	64.83	0.12	1.51	0.09	1.13
2018	77	2.42	32.75	4.79	64.82	0.12	1.62	0.06	0.81
2019	111	2.51	35.01	4.53	63.17	0.08	1.12	0.05	0.70
2020	155	2.06	31.07	4.40	66.36	0.10	1.51	0.07	1.06
平均		2.39	33.76	4.50	63.55	0.13	1.84	0.06	0.85

从表 18-8 的结果可知，年均杀菌剂桶混次数为 4.50 次，占比为 63.55%；其次是杀虫剂，亩桶混次数为 2.39 次，占比为 33.76%；再次是除草剂，亩桶混次数为 0.13 次，占比为 1.84%；植物生长调节剂最少，为 0.06 次，占总量的 0.85%

按主要农业生态区域，对各类型农药的施药次数分区汇总，得到 7 个区域各个类型农药桶混次数情况，见表 18-9。

表 18-9 2015—2020 年各生态区域平均农药桶混次数

生态区	杀虫剂		杀菌剂		除草剂		植物生长调节剂	
	亩桶混次数	占比/%	亩桶混次数	占比/%	亩桶混次数	占比/%	亩桶混次数	占比/%
华南	1.00	20.00	4.00	80.00	0.00	0.00	0.00	0.00
西南	1.72	29.81	3.80	65.86	0.22	3.81	0.03	0.52
长江中下游江南	1.09	30.11	2.36	65.20	0.15	4.14	0.02	0.55
长江中下游江北	2.07	30.53	4.58	67.55	0.12	1.77	0.01	0.15
黄河流域	3.05	36.75	5.02	60.47	0.11	1.33	0.12	1.45
东北	1.35	32.85	2.65	64.48	0.10	2.43	0.01	0.24
西北	1.94	32.33	3.94	65.67	0.09	1.50	0.03	0.50

番茄全生育期亩桶混次数，杀虫剂排序：黄河流域＞长江中下游江北＞西北＞西南＞东北＞长江中下游江南＞华南；杀菌剂排序：黄河流域＞长江中下游江北＞华南＞西北＞西南＞东北＞长江中下游江南；除草剂排序：西南＞长江中下游江南＞长江中下游江北＞黄河流域＞东北＞西北＞华南；植物生长调节剂排序：黄河流域＞西南、西北＞长江中下游江南＞长江中下游江北、东北＞华南。

第三节　番茄化学农药、生物农药使用情况比较

2015—2020 年开展番茄农药商品用量抽样调查，每年调查县数分别为 36 个、48 个、49 个、77 个、111 个、155 个，化学农药、生物农药抽样调查结果见表 18-10。

表 18-10　化学农药、生物农药商品用量与农药成本

| 年份 | 调查县数 | 亩商品用量 | | | | 亩农药成本占比/% | |
		化学农药/克（毫升）	占比/%	生物农药/克（毫升）	占比/%	化学农药	生物农药
2015	36	817.26	87.16	120.43	12.84	88.71	11.29
2016	48	446.69	80.30	109.56	19.70	82.83	17.17
2017	49	435.18	85.39	74.43	14.61	87.69	12.31
2018	77	541.93	84.80	97.15	15.20	85.71	14.29
2019	111	506.85	84.09	95.90	15.91	86.56	13.44
2020	155	364.37	83.87	70.08	16.13	86.93	13.07
平均		523.89	85.42	89.42	14.58	86.74	13.26

从表 18-10 可知，化学农药依然是防治番茄病虫害的主体，亩商品用量为 523.89 克（毫升），占比为 85.42%；生物农药为 89.42 克（毫升），占比为 14.58%。从亩用药成本看，化学农药占比为 86.74%，生物农药占比为 13.26%。

按主要农业生态区域，对化学农药、生物农药的商品用量分区汇总，得到 7 个区域的商品用量情况，见表 18-11。

表 18-11　2015—2020 年各生态区域化学农药、生物农药平均商品用量与成本

| 生态区 | 亩商品用量 | | | | 亩农药成本占比/% | |
	化学农药/克（毫升）	占比/%	生物农药/克（毫升）	占比/%	化学农药	生物农药
华南	200.00	64.29	111.11	35.71	77.77	22.23
西南	378.20	84.12	71.41	15.88	85.10	14.90
长江中下游江南	488.11	89.44	57.66	10.56	87.12	12.88
长江中下游江北	426.73	90.21	46.31	9.79	89.56	10.44

（续）

生态区	亩商品用量				亩农药成本占比/%	
	化学农药/克（毫升）	占比/%	生物农药/克（毫升）	占比/%	化学农药	生物农药
黄河流域	653.48	83.20	131.94	16.80	86.67	13.33
东北	188.41	79.36	49.00	20.64	83.91	16.09
西北	297.68	80.69	71.26	19.31	81.72	18.28

各生态区域间，化学农药亩商品用量排序：黄河流域＞长江中下游江南＞长江中下游江北＞西南＞西北＞华南＞东北；生物农药亩商品用量排序：黄河流域＞华南＞西南＞西北＞长江中下游江南＞东北＞长江中下游江北。

第四节　番茄主要农药成分使用频率分布及年度趋势分析

根据农户用药调查中农药使用数据，对2015—2020年番茄全国及各生态区域的主要农药种类使用情况进行了调查。番茄病虫害防治用药主要以杀虫剂、杀菌剂和植物生长调节剂为主，除草剂使用较少。

表18-12是经计算整理得到的2015—2020年番茄全国主要农药使用的相对频率。采用变异系数作为某种农药各年变化大小的指标进行分析。同时，用回归分析方法检验某种农药使用频率在年度间是否有上升或下降的趋势。将统计学上差异显著（显著性检验 P 值小于0.05）的农药种类在年变化趋势栏内进行标记。如果是上升趋势，则标记"↗"；如果是下降趋势，则标记"↘"。

表 18-12　2015—2020 年番茄各农药成分使用频率（%）

序号	农药种类	平均值	最小值（年份）	最大值（年份）	标准差	变异系数	年变化趋势	累计频率
1	代森锰锌	4.62	4.25（2018）	5.11（2016）	0.33	7.14	−1.04	4.62
2	阿维菌素	3.14	2.70（2015）	4.20（2016）	0.53	17.03	−1.86	7.75
3	吡虫啉	3.08	2.89（2017）	3.31（2020）	0.16	5.15	1.51	10.83
4	霜脲氰	2.85	2.48（2015）	3.34（2017）	0.29	10.16	2.13	13.69
5	百菌清	2.74	2.40（2020）	3.10（2016）	0.29	10.63	−3.27	16.43
6	啶虫脒	2.21	1.80（2015）	2.53（2020）	0.33	15.12	6.07	18.63
7	腐霉利	2.14	1.75（2020）	2.70（2015）	0.4	18.85	−9.40 ↘	20.77
8	甲氨基阿维菌素苯甲酸盐	2.01	1.52（2017）	2.66（2020）	0.49	24.37	10.28	22.78
9	嘧霉胺	1.98	1.36（2020）	2.58（2017）	0.56	28.25	−12.71 ↘	24.76

（续）

序号	农药种类	平均值	最小值（年份）	最大值（年份）	标准差	变异系数	年变化趋势	累计频率
10	苯醚甲环唑	1.96	1.64（2016）	2.18（2018）	0.2	10.22	4.18	26.71
11	烯酰吗啉	1.96	1.52（2017）	2.38（2019）	0.29	14.65	4.27	28.67
12	多菌灵	1.82	1.23（2020）	2.43（2017）	0.39	21.7	−7.06	30.49
13	盐酸吗啉胍	1.68	0.97（2020）	2.37（2016）	0.58	34.18	−14.52	32.17
14	春雷霉素	1.68	0.90（2015）	2.55（2016）	0.56	33.29	2.08	33.85
15	吡唑醚菌酯	1.63	1.09（2016）	2.20（2020）	0.46	28.3	+14.76↗	35.48
16	异菌脲	1.62	1.13（2015）	2.28（2017）	0.39	24.3	−0.21	37.1
17	嘧菌酯	1.62	1.06（2017）	2.01（2016）	0.38	23.33	1.95	38.72
18	甲霜灵	1.57	1.09（2016）	2.28（2017）	0.42	26.93	2	40.29
19	精甲霜灵	1.57	1.06（2017）	1.95（2020）	0.3	19.44	4.68	41.86
20	啶酰菌胺	1.45	0.91（2016）	1.92（2019）	0.41	28.08	8.91	43.31
21	甲基硫菌灵	1.44	1.04（2020）	1.96（2018）	0.4	27.91	3.69	44.75
22	高效氯氟氰菊酯	1.41	1.09（2018）	1.84（2019）	0.34	24.15	0.49	46.17
23	霜霉威盐酸盐	1.35	1.06（2017）	1.64（2016）	0.18	13.66	−1.02	47.52
24	高效氯氰菊酯	1.29	1.00（2019）	1.58（2015）	0.22	17.35	−7.84↘	48.81
25	丙森锌	1.2	0.87（2018）	1.58（2015）	0.3	25.14	−10.90↘	50.02
26	福美双	1.16	0.45（2020）	1.63（2018）	0.47	40.68	−16.08	51.18
27	氨基寡糖素	1.15	0.65（2018）	1.67（2017）	0.44	38.45	−9.93	52.32
28	噻虫嗪	1.12	0.91（2017）	1.36（2020）	0.14	12.87	3.89	53.45
29	代森联	1.09	0.90（2015）	1.31（2019）	0.16	14.9	+6.93↗	54.54
30	戊唑醇	1.07	0.61（2017）	1.53（2018）	0.32	29.73	6.96	56.7
31	王铜	1	0.68（2015）	1.82（2016）	0.43	43.42	−8.04	57.69
32	肟菌酯	0.97	0.23（2015）	1.56（2020）	0.48	48.9	+21.79↗	58.67
33	乙酸铜	0.97	0.19（2020）	1.67（2017）	0.61	62.81	−29.00↘	59.63
34	氯虫苯甲酰胺	0.96	0.36（2016）	1.30（2020）	0.32	33.23	7.27	60.59
35	中生菌素	0.91	0.55（2016）	1.42（2018）	0.32	34.7	11.72	61.5
36	螺虫乙酯	0.9	0.61（2017）	1.13（2015）	0.21	23.51	−6.12	62.4
37	氟吡菌酰胺	0.86	0.00（2015）	1.31（2018）	0.47	54.75	+24.37↗	64.15

（续）

序号	农药种类	平均值	最小值（年份）	最大值（年份）	标准差	变异系数	年变化趋势	累计频率
38	吡蚜酮	0.78	0.18（2016）	1.35（2015）	0.43	54.96	3.95	64.93
39	氟吡菌胺	0.73	0.45（2015）	1.08（2019）	0.24	32.63	8.1	66.43
40	氢氧化铜	0.69	0.61（2017）	0.77（2019）	0.06	8.31	1.44	67.12
41	联苯菊酯	0.63	0.39（2020）	1.13（2015）	0.26	40.9	−17.26	69.06
42	多抗霉素	0.6	0.36（2016）	0.77（2019）	0.14	23.49	2.25	69.66
43	醚菌酯	0.54	0.32（2020）	0.73（2016）	0.15	26.98	−11.78	70.79
44	咯菌腈	0.52	0.18（2016）	0.84（2020）	0.23	43.2	10.31	71.85
45	喹啉铜	0.5	0.11（2018）	0.84（2020）	0.26	52.79	2.27	72.86
46	苏云金杆菌	0.48	0.18（2016）	0.76（2017）	0.23	47.9	−8.06	73.34
47	多抗霉素 B	0.46	0.18（2016）	0.76（2017）	0.23	49.82	0.35	73.79
48	枯草芽孢杆菌	0.45	0.00（2016）	0.71（2020）	0.27	59.1	11.51	74.24
49	代森锌	0.44	0.32（2020）	0.65（2018）	0.12	26.6	−2.45	74.68

　　番茄上各种农药成分使用频次占总频次的比例（%）和年度增减趋势（%）关系，采用散点图进行分析，如图18-1所示。

　　图18-1中第一象限（右上部）农药成分的使用频率较高且年度间具有增长的趋势，如甲氨基阿维菌素苯甲酸盐、啶虫脒和吡虫啉等；第二象限（右下部）农药成分的使用频率较低但年度间具有增长的趋势，如氟吡菌酰胺、肟菌酯和吡唑醚菌酯等；第三象限（左下部）农药成分的使用频率较低且年度间没有增长，表现为下降的趋势，如乙酸铜、联苯菊酯和福美双等；第四象限（左上部）农药成分的使用频率较高但是年度间没有增长，表现为下降的趋势，如嘧霉胺、代森锰锌和腐霉利等。

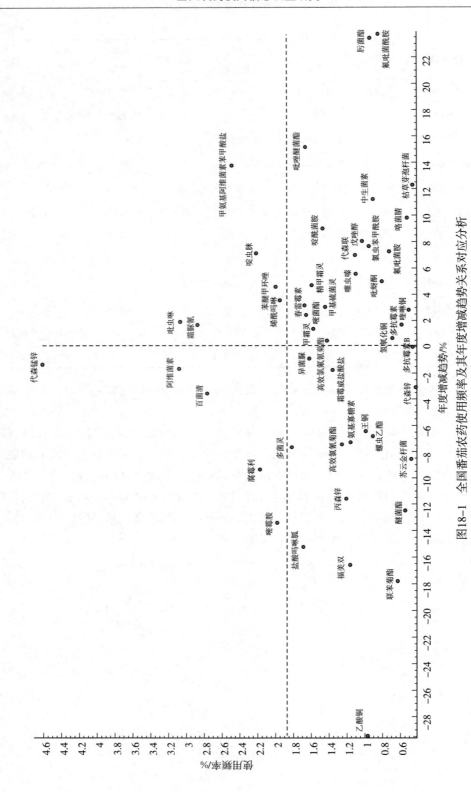

图18-1 全国番茄农药使用频率及其年度增减趋势关系对应分析

第十九章　黄瓜农药使用抽样调查结果与分析

按不同地域特征和作物种植结构，将我国黄瓜种植区分为华南、西南、长江中下游江南、长江中下游江北、黄河流域、西北、东北 7 个主要农业生态区域，2015—2020 年，在各个区域范围内，选取 23 个省份的 182 个县进行抽样调查。其中，华南地区广东 1 个县、广西 2 个县、海南 1 个县；西南地区重庆 8 个县、贵州 3 个县、云南 11 个县；长江中下游江南地区浙江 10 个县、福建 1 个县、江西 2 个县、湖南 7 个县；长江中下游江北地区江苏 26 个县、安徽 6 个县、湖北 1 个县；黄河流域地区北京 9 个区、天津 9 个县（区）、河北 7 个县、山西 34 个县、山东 8 个县、河南 7 个县；西北地区宁夏 16 个县；东北地区辽宁 9 个县、吉林 1 个县、黑龙江 3 个县。

第一节　黄瓜农药使用基本情况

2015—2020 年开展黄瓜上农户用药抽样调查，每年调查县数分别为 35 个、30 个、42 个、63 个、83 个、114 个，以亩商品用量、亩折百用量、亩桶混次数、用量指数作为指标进行作物用药水平评价。抽样调查结果见表 19 - 1。

表 19 - 1　农药用量基本情况表

年份	样本数	亩商品用量 克/（毫克）	亩折百用量 克/（毫克）	亩桶混次数	用量指数
2015	35	637.60	289.50	5.78	235.09
2016	30	729.74	287.97	7.01	179.21
2017	42	633.79	239.68	7.63	161.09
2018	63	615.18	239.32	8.33	258.12
2019	83	504.19	195.26	6.81	133.01
2020	114	482.62	145.75	6.05	143.80
平均		600.52	232.92	6.94	185.05

从表 19 - 1 可以看出，亩商品用量多年平均值为 600.52 克（毫升），最小值为 2020 年的 482.62 克（毫升），最大值为 2016 年的 729.74 克（毫升）。亩折百用量多年平均值为 232.92 克（毫升），最小值为 2020 年的 145.75 克（毫升），最大值为 2015 年的 289.50 克（毫升），历年折百用量年度间波动幅度非常大，亩商品用量和折百用量有逐年下降的趋势。亩桶混次数多年平均值为 6.94 次，最小值为 2015 年的 5.78 次，最大值为 2018 年

的 8.33 次。用量指数多年平均值为 185.05，最小值为 2019 年的 133.01，最大值为 2018 年的 258.12。历年数据虽有波动，但没有明显的上升或下降趋势。

按主要农业生态区域，对各个生态区域农药用量指标分区汇总，得到 7 个区域农药使用基本情况，见表 19-2。

表 19-2　2015—2020 年各生态区域农药用量基本情况表

生态区	样本数	亩商品用量/克（毫升）	亩折百用量/克（毫升）	亩桶混次数	用量指数
华南	6	1 027.60	400.13	10.32	341.73
西南	44	287.16	121.38	4.48	72.56
长江中下游江南	46	391.41	136.04	3.96	85.61
长江中下游江北	72	494.96	206.59	6.76	155.14
黄河流域	162	763.83	285.52	8.00	254.26
东北	26	396.47	150.54	6.18	133.21
西北	11	347.26	167.01	6.22	70.64

黄瓜上，亩商品用量排序：华南＞黄河流域＞长江中下游江北＞东北＞长江中下游江南＞西北＞西南；亩折百用量排序：华南＞黄河流域＞长江中下游江北＞西北＞东北＞长江中下游江南＞西南；亩桶混次数排序：华南＞黄河流域＞长江中下游江北＞西北＞东北＞西南＞长江中下游江南；用量指数排序：华南＞黄河流域＞长江中下游江北＞东北＞长江中下游江南＞西南＞西北。

为直观反映各生态区域中农药使用量的差异，现将每种指标在各生态区域用量的大小进行排序，得到的次序数整理列于表 19-3。

表 19-3　各生态区域农药使用指标排序表

生态区	亩商品用量	亩折百用量	亩桶混次数	用量指数	秩数合计
华南	1	1	1	1	4
西南	7	7	6	6	26
长江中下游江南	5	6	7	5	23
长江中下游江北	3	3	3	3	12
黄河流域	2	2	2	2	8
东北	4	5	5	4	18
西北	6	4	4	7	21

表 19-3 中各个顺序指标，亩商品用量、亩折百用量、亩桶混次数、用量指数，可以直观反映各个生态区域农药用量水平。每个生态区域的指标之和，为该生态区域农药用量水平的综合排序得分（得分越小用量水平越高）。采用 Kendall 协同系数检验，对各个指标在各个地区的序列等级进行了检验。检验结果 Kendall 协同系数 $W=0.89$，卡方值为 26.66，显著性检验 $P=0.000\ 2$，在 $P<0.01$ 的显著水平下，这几个指标用于农药用量的

评价具有较好的一致性。

第二节　黄瓜不同类型农药使用情况

2015—2020 年开展黄瓜农药商品用量抽样调查，每年调查县数分别为 35 个、30 个、42 个、63 个、83 个、114 个，杀虫剂、杀菌剂、除草剂、植物生长调节剂等类型抽样调查结果见表 19 - 4。

表 19 - 4　不同类型农药商品用量

年份	调查县数	杀虫剂		杀菌剂		除草剂		植物生长调节剂	
		亩商品用量/克（毫升）	占比/%	亩商品用量/克（毫升）	占比/%	亩商品用量/克（毫升）	占比/%	亩商品用量/克（毫升）	占比/%
2015	35	231.96	36.38	386.01	60.54	19.11	3.00	0.52	0.08
2016	30	236.30	32.38	480.21	65.81	11.42	1.56	1.81	0.25
2017	42	220.99	34.87	392.04	61.86	17.44	2.75	3.32	0.52
2018	63	161.09	26.19	434.34	70.60	18.51	3.01	1.24	0.20
2019	83	147.00	29.16	350.07	69.43	6.35	1.26	0.77	0.15
2020	114	190.34	39.44	278.03	57.60	12.67	2.63	1.58	0.33
平均		197.95	32.96	386.78	64.41	14.25	2.37	1.54	0.26

从表 19 - 4 可知，年均杀菌剂的用量最大，亩商品用量为 386.78 克（毫升），占总量的 64.41%；其次是杀虫剂，亩商品用量为 197.95 克（毫升），占总量的 32.96%；再次是除草剂，亩商品用量为 14.25 克（毫升），占总量的 2.37%；植物生长调节剂最少，为 1.54 克（毫升），占总量的 0.26%。

按主要农业生态区域，对各类型农药的商品用量分区汇总，得到 7 个区域各个类型农药商品用量情况，见表 19 - 5。

表 19 - 5　2015—2020 年各生态区域平均农药商品用量

生态区	杀虫剂		杀菌剂		除草剂		植物生长调节剂	
	亩商品用量/克（毫升）	占比/%	亩商品用量/克（毫升）	占比/%	亩商品用量/克（毫升）	占比/%	亩商品用量/克（毫升）	占比/%
华南	378.44	33.56	717.91	63.67	31.25	2.77	0.00	0.00
西南	70.96	24.71	207.37	72.21	8.66	3.02	0.17	0.06
长江中下游江南	155.88	39.83	197.94	50.57	35.28	9.01	2.31	0.59
长江中下游江北	153.61	31.03	313.55	63.35	27.70	5.60	0.10	0.02
黄河流域	270.82	35.46	482.56	63.17	8.33	1.09	2.12	0.28
东北	108.20	27.29	282.08	71.15	4.34	1.09	1.85	0.47
西北	49.90	14.37	272.73	78.54	24.44	7.04	0.19	0.05

黄瓜上不同类型农药亩商品用量排序，杀虫剂：华南＞黄河流域＞长江中下游江

南＞长江中下游江北＞东北＞西南＞西北；杀菌剂：华南＞黄河流域＞长江中下游江北＞东北＞西北＞西南＞长江中下游江南；除草剂：长江中下游江南＞华南＞长江中下游江北＞西北＞西南＞黄河流域＞东北；植物生长调节剂：长江中下游江南＞黄河流域＞东北＞西北＞西南＞长江中下游江北＞华南。

2015—2020 年开展黄瓜农药折百用量抽样调查，每年调查县数分别为 35 个、30 个、42 个、63 个、83 个、114 个，杀虫剂、杀菌剂、除草剂、植物生长调节剂等类型抽样调查结果见表 19-6。

表 19-6　不同类型农药折百用量

年份	调查县数	杀虫剂		杀菌剂		除草剂		植物生长调节剂	
		亩折百用量/克（毫升）	占比/%	亩折百用量/克（毫升）	占比/%	亩折百用量/克（毫升）	占比/%	亩折百用量/克（毫升）	占比/%
2015	35	62.25	21.50	219.59	75.85	7.58	2.62	0.08	0.03
2016	30	44.51	15.46	237.84	82.59	5.29	1.84	0.33	0.11
2017	42	47.08	19.64	184.57	77.01	7.98	3.33	0.05	0.02
2018	63	40.67	16.99	192.90	80.61	5.72	2.39	0.03	0.01
2019	83	29.48	15.10	163.31	83.63	2.46	1.26	0.01	0.01
2020	114	14.13	9.69	127.34	87.37	4.14	2.84	0.14	0.10
平均		39.69	17.04	187.59	80.54	5.53	2.37	0.11	0.05

从表 19-6 可知，年均杀菌剂的用量最大，亩折百用量为 187.59 克（毫升），占总量的 80.54%；其次是杀虫剂，亩折百用量为 39.69 克（毫升），占总量的 17.04%；再次是除草剂，亩折百用量为 5.53 克（毫升），占总量的 2.37%；植物生长调节剂用量最少，为 0.11 克（毫升），占总量的 0.05%。

按主要农业生态区域，对各类型农药的折百用量分区汇总，得到 7 个区域各个类型农药折百用量情况，见表 19-7。

表 19-7　2015—2020 年各生态区域平均农药折百用量

生态区	杀虫剂		杀菌剂		除草剂		植物生长调节剂	
	亩折百用量/克（毫升）	占比/%	亩折百用量/克（毫升）	占比/%	亩折百用量/克（毫升）	占比/%	亩折百用量/克（毫升）	占比/%
华南	76.86	19.21	317.65	79.39	5.62	1.40	0.00	0.00
西南	13.97	11.51	104.54	86.13	2.83	2.33	0.04	0.03
长江中下游江南	14.70	10.81	110.07	80.91	11.21	8.24	0.06	0.04
长江中下游江北	35.92	17.39	161.04	77.95	9.62	4.66	0.01	0.00
黄河流域	53.80	18.84	227.12	79.55	4.43	1.55	0.17	0.06
东北	23.65	15.71	125.14	83.13	1.72	1.14	0.03	0.02
西北	5.56	3.33	150.68	90.22	10.71	6.41	0.06	0.04

黄瓜上亩折百用量，杀虫剂排序：华南＞黄河流域＞长江中下游江北＞东北＞长江中

下游江南＞西南＞西北；杀菌剂排序：华南＞黄河流域＞长江中下游江北＞西北＞东北＞长江中下游江南＞西南；除草剂排序：长江中下游江南＞西北＞长江中下游江北＞华南＞黄河流域＞西南＞东北；植物生长调节剂排序：黄河流域＞长江中下游江南、西北＞西南＞东北＞长江中下游江北＞华南。

2015—2020 年开展黄瓜农药桶混次数抽样调查，每年调查县数分别为 35 个、30 个、42 个、63 个、83 个、114 个，杀虫剂、杀菌剂、除草剂、植物生长调节剂等类型抽样调查结果见表 19-8。

表 19-8 不同类型农药使用桶混次数

年份	调查县数	杀虫剂		杀菌剂		除草剂		植物生长调节剂	
		亩桶混次数	占比/%	亩桶混次数	占比/%	亩桶混次数	占比/%	亩桶混次数	占比/%
2015	35	2.01	34.78	3.58	61.94	0.18	3.11	0.01	0.17
2016	30	2.07	29.53	4.73	67.47	0.14	2.00	0.07	1.00
2017	42	2.51	32.90	4.76	62.38	0.20	2.62	0.16	2.10
2018	63	2.35	28.21	5.72	68.67	0.20	2.40	0.06	0.72
2019	83	1.88	27.61	4.71	69.16	0.19	2.79	0.03	0.44
2020	114	1.83	30.25	4.05	66.94	0.10	1.65	0.07	1.16
平均		2.11	30.40	4.59	66.14	0.17	2.45	0.07	1.01

从表 19-8 可知，年均杀菌剂的用量最大，亩桶混次数为 4.59 次，占总量的 66.14%；其次是杀虫剂，亩桶混次数为 2.11 次，占总量的 30.40%；再次是除草剂，亩桶混次数为 0.17 次，占总量的 2.45%；植物生长调节剂最少，为 0.07 次，占总量的 1.01%。

按主要农业生态区域，对各类型农药的桶混次数分区汇总，得到 7 个区域各个类型农药桶混次数情况，见表 19-9。

表 19-9 2015—2020 年各生态区域平均农药桶混次数

生态区	杀虫剂		杀菌剂		除草剂		植物生长调节剂	
	亩桶混次数	占比/%	亩桶混次数	占比/%	亩桶混次数	占比/%	亩桶混次数	占比/%
华南	3.95	38.28	6.25	60.56	0.12	1.16	0.00	0.00
西南	1.38	30.80	2.98	66.52	0.11	2.46	0.01	0.22
长江中下游江南	1.30	32.83	2.34	59.09	0.25	6.31	0.07	1.77
长江中下游江北	2.15	31.80	4.33	64.06	0.28	4.14	0.00	0.00
黄河流域	2.40	30.00	5.38	67.24	0.13	1.63	0.09	1.13
东北	1.79	28.96	4.12	66.67	0.15	2.43	0.12	1.94
西北	1.85	29.74	3.88	62.38	0.49	7.88	0.00	0.00

黄瓜全生育期亩桶混次数，杀虫剂排序：华南＞黄河流域＞长江中下游江北＞西北＞

东北＞西南＞长江中下游江南；杀菌剂排序：华南＞黄河流域＞长江中下游江北＞东北＞西北＞西南＞长江中下游江南；除草剂排序：西北＞长江中下游江北＞长江中下游江南＞东北＞黄河流域＞华南＞西南；植物生长调节剂：东北＞黄河流域＞长江中下游江南＞西南＞西北、长江中下游江北、华南。

第三节　黄瓜化学农药、生物农药使用情况比较

2015—2020 年开展黄瓜农药商品用量抽样调查，每年调查县数分别为 35 个、30 个、42 个、63 个、83 个、114 个，化学农药、生物农药抽样调查结果见表 19-10。

表 19-10　化学农药、生物农药商品用量与成本

年份	调查县数	亩商品用量				亩农药成本占比/%	
		化学农药/克（毫升）	占比/%	生物农药/克（毫升）	占比/%	化学农药	生物农药
2015	35	471.67	73.98	165.93	26.02	79.93	20.07
2016	30	641.66	87.93	88.08	12.07	85.51	14.49
2017	42	524.36	82.73	109.43	17.27	85.29	14.71
2018	63	476.58	77.47	138.60	22.53	81.18	18.82
2019	83	401.15	79.56	103.04	20.44	85.27	14.73
2020	114	359.19	74.43	123.43	25.57	86.48	13.52
平均		488.00	81.26	112.52	18.74	84.42	15.58

从表 19-10 可知，化学农药依然是防治黄瓜病虫害的主体，亩商品用量为 488.00 克（毫升），占比为 81.26%；生物农药为 112.52 克（毫升），占比为 18.74%。从亩用药成本看，化学农药占比为 84.42%，生物农药占比为 15.58%。

按主要农业生态区域，对各个生态区域化学农药、生物农药的商品用量分区汇总，得到 7 个区域的化学农药、生物农药商品用量情况，见表 19-11。

表 19-11　2015—2020 年各生态区域化学农药、生物农药平均商品用量与成本

生态区	亩商品用量				亩农药成本占比/%	
	化学农药/克（毫升）	占比/%	生物农药/克（毫升）	占比/%	化学农药	生物农药
华南	939.38	83.31	188.22	16.69	84.58	15.42
西南	253.08	88.13	34.08	11.87	88.35	11.65
长江中下游江南	338.19	86.40	53.22	13.60	87.70	12.30
长江中下游江北	401.45	81.11	93.51	18.89	80.86	19.14
黄河流域	580.05	75.94	183.78	24.06	83.35	16.65
东北	299.82	75.62	96.65	24.38	82.13	17.87
西北	255.01	73.43	92.25	26.57	81.50	18.50

各生态区域间，化学农药亩商品用量排序：华南＞黄河流域＞长江中下游江北＞长江

中下游江南＞东北＞西北＞西南；生物农药亩商品用量排序：华南＞黄河流域＞东北＞长江中下游江北＞西北＞长江中下游江南＞西南。

第四节 黄瓜主要农药成分使用频率分布及年度趋势分析

根据农户用药调查中农药使用数据，对 2015—2020 年黄瓜全国和各生态区域的主要农药种类使用情况进行了调查。黄瓜病虫害防治用药主要以杀虫剂、杀菌剂和植物生长调节剂为主。

表 19-12 是经计算整理得到的 2015—2020 年全国黄瓜主要农药使用的相对频率。采用变异系数作为某种农药各年变化大小的指标进行分析。同时，用回归分析方法检验某种农药使用频率在年度间是否有上升或下降的趋势。将统计学上差异显著（显著性检验 P 值小于 0.05）的农药种类在年变化趋势栏内进行标记。如果是上升趋势，则标记"↗"；如果是下降趋势，则标记"↘"。

表 19-12 2015—2020 年黄瓜主要农药成分使用频率（%）

序号	农药种类	平均值	最小值（年份）	最大值（年份）	标准差	变异系数	年变化趋势	累计频率
1	代森锰锌	4.3	3.20（2020）	4.79（2018）	0.62	14.35	−5.53	4.3
2	吡虫啉	3.61	3.00（2016）	4.88（2015）	0.68	18.8	−3.57	7.91
3	百菌清	2.91	2.21（2019）	4.02（2017）	0.69	23.77	−4.5	13.83
4	霜脲氰	2.81	2.31（2015）	3.50（2018）	0.48	16.95	0.71	16.64
5	烯酰吗啉	2.67	2.48（2020）	3.08（2018）	0.23	8.57	−2.42	19.31
6	多菌灵	2.17	1.72（2017）	3.46（2016）	0.67	30.7	−9.3	21.48
7	啶虫脒	2.17	1.80（2015）	2.49（2017）	0.3	13.91	2.19	23.65
8	霜霉威盐酸盐	2.13	1.34（2015）	2.59（2018）	0.48	22.37	−3.39	25.78
9	苯醚甲环唑	1.94	1.39（2016）	2.48（2020）	0.37	19.17	7.56	27.72
10	甲氨基阿维菌素苯甲酸盐	1.79	1.39（2016）	2.12（2019）	0.29	15.99	＋7.55 ↗	29.51
11	嘧菌酯	1.73	0.69（2016）	2.49（2017）	0.7	40.2	4.98	31.24
12	甲霜灵	1.7	1.29（2015）	1.94（2018）	0.26	15.08	1.76	32.94
13	吡唑醚菌酯	1.7	1.03（2015）	2.80（2020）	0.64	37.68	15.7	34.64
14	甲基硫菌灵	1.47	1.15（2016）	1.94（2018）	0.27	18.36	4	36.11
15	精甲霜灵	1.43	1.15（2017）	1.80（2015）	0.23	16.33	−2.72	37.54
16	福美双	1.43	0.88（2020）	1.94（2018）	0.42	29.25	−7.67	38.97
17	氟吡菌胺	1.37	0.96（2017）	2.06（2015）	0.38	27.79	−7.24	40.34

（续）

序号	农药种类	平均值	最小值（年份）	最大值（年份）	标准差	变异系数	年变化趋势	累计频率
18	肟菌酯	1.34	1.03 (2015)	1.84 (2020)	0.3	22.28	+10.65 ↗	41.68
19	丙森锌	1.33	0.93 (2019)	1.54 (2015)	0.24	17.89	−4.78	43.01
20	春雷霉素	1.32	1.15 (2017)	1.62 (2016)	0.18	13.47	−0.51	44.34
21	噁霉灵	1.3	0.96 (2020)	1.92 (2017)	0.35	26.54	−2.57	45.64
22	噻虫嗪	1.24	0.51 (2015)	1.62 (2016)	0.39	31.37	8.96	46.88
23	嘧霉胺	1.22	0.76 (2019)	1.85 (2016)	0.47	38.16	−4.18	48.1
24	腐霉利	1.17	0.93 (2019)	1.39 (2016)	0.19	16.18	−7.04 ↘	49.27
25	异菌脲	1.12	0.51 (2015)	1.72 (2017)	0.43	38.5	0.49	50.39
26	中生菌素	1.11	0.19 (2019)	1.84 (2020)	0.54	48.73	12.31	51.51
27	吡蚜酮	1.08	0.57 (2017)	1.42 (2018)	0.31	28.76	4.89	52.58
28	戊唑醇	1.04	0.69 (2016)	1.44 (2020)	0.29	28.06	+13.46 ↗	53.63
29	高效氯氟氰菊酯	1.03	0.46 (2016)	1.80 (2015)	0.54	52.29	0.83	54.66
30	高效氯氰菊酯	1.01	0.23 (2016)	1.53 (2017)	0.44	43.82	0.28	55.67
31	氟吡菌酰胺	0.98	0.51 (2015)	1.28 (2020)	0.28	29.07	+14.14 ↗	56.65
32	咪鲜胺	0.92	0.69 (2016)	1.12 (2020)	0.16	17.47	+7.92 ↗	57.57
33	乙基多杀菌素	0.92	0.57 (2017)	1.42 (2018)	0.28	30.94	4.89	58.49
34	哒螨灵	0.91	0.52 (2018)	1.39 (2016)	0.29	32.28	−8.65	59.39
35	噁霜灵	0.86	0.24 (2020)	1.39 (2016)	0.38	44.06	−17.65	61.13
36	代森联	0.85	0.46 (2016)	1.17 (2018)	0.23	27.36	6.45	61.98
37	啶酰菌胺	0.84	0.51 (2015)	1.36 (2020)	0.36	43.06	11.91	62.82
38	醚菌酯	0.69	0.19 (2017)	1.29 (2015)	0.38	54.14	−16.62	64.32
39	霜霉威	0.67	0.08 (2020)	1.15 (2016)	0.4	60.02	−29.05 ↘	64.99
40	灭蝇胺	0.64	0.46 (2016)	0.85 (2019)	0.16	24.3	+11.87 ↗	66.29
41	氢氧化铜	0.63	0.38 (2017)	1.03 (2015)	0.24	38.29	−7.14	66.92
42	氰霜唑	0.62	0.26 (2015)	0.96 (2020)	0.26	41.53	17.69	67.55
43	联苯菊酯	0.6	0.46 (2016)	0.77 (2017)	0.11	17.81	4.3	68.15
44	氟硅唑	0.57	0.23 (2016)	0.77 (2015)	0.2	34.75	2.45	69.32
45	腈菌唑	0.55	0.42 (2019)	0.77 (2017)	0.13	23.87	−2.08	69.87
46	苦参碱	0.54	0.13 (2018)	1.54 (2015)	0.5	92.62	−33.33	70.41

（续）

序号	农药种类	平均值	最小值 （年份）	最大值 （年份）	标准差	变异 系数	年变化 趋势	累计频率
47	氨基寡糖素	0.51	0.00（2015）	0.85（2019）	0.29	57.41	17.25	71.46
48	王铜	0.51	0.13（2018）	1.15（2016）	0.36	70.92	−22.6	71.97
49	多抗霉素	0.5	0.38（2017）	0.65（2018）	0.11	21.17	0.53	72.47
50	枯草芽孢杆菌	0.48	0.23（2016）	0.65（2018）	0.17	34.71	1.15	72.95
51	咯菌腈	0.48	0.23（2016）	0.77（2015）	0.22	45.75	−10.19	73.43
52	三乙膦酸铝	0.47	0.39（2018）	0.57（2017）	0.07	15.17	−3.69	74.38
53	乙嘧酚	0.47	0.25（2019）	0.77（2015）	0.2	42.03	−14.64	74.85
54	噻菌铜	0.46	0.00（2016）	0.78（2018）	0.3	65.12	−6.37	75.31

　　黄瓜上各种农药成分使用频次占总频次的比例（％）和年度增减趋势（％）关系，采用散点图进行分析，如图 19-1 所示。

　　图 19-1 中第一象限（右上部）农药成分的使用频率较高且年度间具有增长的趋势，如甲氨基阿维菌素苯甲酸盐、苯醚甲环唑和霜脲氰等；第二象限（右下部）农药成分的使用频率较低但年度间具有增长的趋势，如氨基寡糖素、氰霜唑和吡唑醚菌酯等；第三象限（左下部）农药成分的使用频率较低且年度间没有增长，表现为下降的趋势，如苦参碱、霜霉威和王铜等；第四象限（左上部）农药成分的使用频率较高但是年度间没有增长，表现为下降的趋势，如代森锰锌。

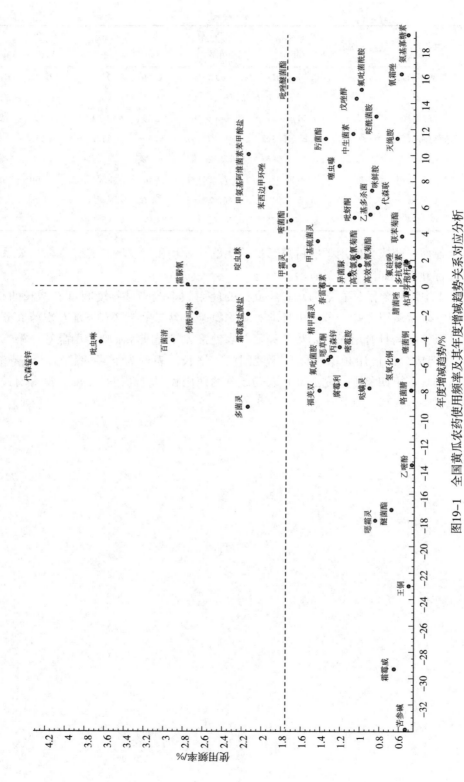

图19-1 全国黄瓜农药使用频率及其年度增减趋势关系对应分析

主要参考文献

毕庆雨，1991. 森林回归估计抽样调查 [J]. 河北林学院学报，6 (2)：94 - 104.

陈静，刘艳荣，2012. 北京地区水果种植基地及农户农药施用现状调研分析 [J]. 农业科技与装备 (8)：69 - 71.

冯士雍，1992. 抽样调查的设计与分析 (I) [J]. 数理统计与管理，12 (1)：46 - 51.

冯士雍，倪加勋，邹国华，1998. 抽样调查理论与方法 [M]. 北京：中国统计出版社.

韩兆洲，孔丽娜，2005. 抽样调查中非抽样误差的原因及控制 [J]. 统计与决策，4：27 - 28.

康卓，等，2017. 农药商品信息手册 [M]. 北京：化学工业出版社.

科克伦 W G，1985. 抽样技术 [M]. 张尧庭，吴辉，译. 北京：中国统计出版社.

李金昌，1996. 抽样调查与推断 [M]. 北京：中国统计出版社.

刘长令，杨吉春，等，2018. 现代农药手册 [M]. 北京：化学工业出版社.

吕国英，2004. 抽样调查管理系统开发平台的设计 [J]. 山西大学学报（自然科学版），27 (4)：349 - 351.

农业部种植业管理司，农业部农药检定所，2015. 新编农药手册 [M].2 版. 北京：中国农业出版社.

邵振润，唐启义，束放，等，2010. 未来 5 年我国农药用量趋势预测 [J]. 农药，49 (5)：317 - 320.

束放，唐启义，邵振润，等，2010. 我国农药需求影响因子分析 [J]. 农药，4：241 - 245.

谭军，吴乔明，2002. 序贯抽样决策中的抽样数量 [J]. 南京林业大学学报（自然科学版），26 (3)：53 - 55.

唐启义，2013. DPS 数据处理系统 [M]. 北京：科学出版社.

王淑洁，1993. 农药毒性 [M] // 中国农业百科全书编辑部，中国农业百科全书：农药卷. 北京：中国农业出版社：235 - 236.

徐学荣，王林平，谢联辉，2005. 农户植保行为及其影响因素的分析方法 [J]. 乡镇经济 (12)：51 - 53.

袁卫，刘文卿，黎樟林，1994. 中国农产量抽样调查的回归估计 [J]. 统计研究，4：37 - 39.

张一宾，2006. 当今世界农药市场的特点及趋势 [J]. 新农药，10 (1)：1 - 4.

张一宾，2009.2007 年世界农药市场概述 [J]. 农药，48 (1)：1 - 6.

张忠义，1996. 生物资源抽样调查技术 [M]. 北京：气象出版社.

昆虫卷编辑委员会，1990. 中国农业百科全书 [M]. 北京：农业出版社.

中国农业年鉴编辑委员会，2005. 中国农业年鉴 [M]. 北京：中国农业出版社.

中华人民共和国农业部，2003. 中国农业发展报告 [M]. 北京：中国农业出版社.

周增辉，陈晓龙，章志云，2011. 主要农作物农药使用中存在的问题与应对措施 [J]. 上海农业科技 (2)：25 - 29.

周真，路奎远，于辉，等，2010. 农药使用情况调查、存在的问题及建议 [J]. 农药科学与管理 (4)：18 - 21.

Adriaans P，Zantinge D，1996. Data mining［M］. Harlow，England and Elsewhere：Addison-Wesley.

Altman D G，Bland J M，2005. Standard deviations and standard errors［J］. BMJ，331：903.

Altman D G，Bland J M，2009. Parametric v nonparametric methods for data analysis［J］. BMJ，338：a3167.

Bernard R，2004. 生物统计学基础［M］. 孙尚拱，译. 北京：科学出版社.

Blei D M，Ng A Y，Jordan M I，2003. Latent dirichlet allocation［J］. Journal of Machine Learning Research，3（Jan）：993 - 1022.

Bryant B E，1975. Respondent selection in a time of changing household composition［J］. Journal of Markering Research，12：129 - 135.

Carpenter J，Bithell J，2000. Bootstrap confidence intervals：when，which，what? A practical guide for medical statisticians［J］. Stat Med，19：1141 - 1164.

Davidson R，Flachaire E，2008. The wild bootstrap，tamed at last［J］. Journal of Econometrics，2008，146（1）：162 - 169.

Efron B，Tibshirani R J，1993. An introduction to the Bootstrap［M］. London：Chapman & Hall.

Galt r c，2008. Beyond the circle of poison：significant shifts in the global pesticide complex，1976—2008［J］. Global Environmental Change（27）：786 - 799.

Hansen M H，Hurwitz W N，Jabine T B，1963. The use of imperfect lists for probability sampling at the U. S. Bureau of the Census［J］. Bull Inter. Stat. Inst.，40（1）：497 - 517.

Hansen M H，Hurwitz W W，Madow W G，1953. Sample survey method and theory：Vol. I and II［M］. New York：John White & Sons.

James N M，Terry L Y，Thomas G K，et al.，1999. Long-term studies of hantavirus reservoir populations in the southwestern united states：ationale，potential and thuds［J］. Emerging Infectious Diseases，5（1）：95 - 101.

Ken D A，Thomas G K，James N M，1999. Long-term hantavirus persistence in rodent populations in central arizona［J］. Emerging Infectious Diseases，5（1）：105 - 112.

MacBean C，2015. 农药手册［M］.16 版. 胡笑形，等，译. 北京：化学工业出版社.

MacKinnon J G，2006. Bootstrap methods in econometrics［J］. Economic Record，82：2 - 18.

MacKinnon J G，Webb M D，2007. Wild Bootstrap inference for wildly different cluster sizes［J］. Journal of Applied Econometrics，32（2）：233 - 254.

Onofrio D M，Gendron M，2001. Technology assisted research methodologies：a historical perspective of technology-based data collection methods［M］. Stockholm：The Internet Society Global Summit.

Richards D A，Hill J J，Gask L，et al.，2013. Clinical effectiveness of collaborative care for depression in UK primary care（CADET）：cluster randomized controlled trial［J］. BMJ，347：f4913.

Schroeder E，Petrou S，Patel N，et al.，2012. Cost effectiveness of alternative planned places of birth in woman at low risk of complications：evidence from the Birthplace in England national prospective cohort study［J］. BMJ，344：e2292.

Sharon L L，1999. Sampling：design and analysis［M］. Arizona State University：Duxbury Press.

Sneldera D J，Masipiquen M D，De Snoo G R，2008. Risk assessment of pesticide usage by smallholder farmers in the *Cagayan valley*（Philippines）［J］. Crop Protection（27）：747 - 762.

Sutherland W J，等，1999. 生态学调查方法手册 [M]. 张金屯，译. 北京：科学技术出版社.

Wehrens R，Putter H，Buydens L，2000. The bootstrap：a tutorial [J]. Chemometrics and Intelligent Laboratory Systems，54 (1)：35 - 52.

Williamson S，Ball A，Pretty J，2008. Trends in pesticide use and drivers for safer pest management in four African countries [J]. Crop Protection (27)：1327 - 1334.

今天呈现在读者面前的种植业农药使用信息数据，来源于基于终端的农药使用市场调查。因新冠肺炎疫情影响，本书的数据整理和编写工作推迟至今才得以完成。基于终端（农户）农药使用信息调查工作起步于 2007 年，当时我们走访多个省份，对第一份农户用药调查表格开展调研，制定最初的调查方案，经反复征求意见，2009 年正式启动此项工作。随后不断摸索、不断完善，并一直延续至今。2015—2020 年，这项工作先后得到"农作物病虫鼠害疫情监测与防治项目""第二次全国污染源普查种植业农药使用结构调查监测项目""长江流域冬小麦化肥农药减施增效评价技术与政策研究项目"，以及国家重点研发计划子课题"农药减施增效技术信息化服务系统建设研究"等项目的资助。

基于终端的农药使用调查工作需要大量的人力、物力和财力。为了更好地开展工作，各省级植保机构在经费严重不足的情况下，自筹资金，按照全国农技中心的总体安排与部署，根据本地实际积极主动做好省级农药市场调查分析工作。项目的实施，进一步带动了农药市场调查工作。经过多年的努力，基于终端的农药市场调查工作从无到有、从小到大，取得了突破性进展，迈上了新的台阶。

本书的数据来源于农户用药抽样调查，目的是通过这些数据信息反映当前我国用药的现状和趋势。由于数据受限于样点选择、样本数量等因素，且农户用药水平参差不齐，加之数据量庞大，虽经编审人员多次审订，但一些数据可能还存在错误，书中仍有许多不足之处，敬请读者谅解和批评指正。此外，在书中出现的已经被更新替代与禁限用的农药，都是在该农药禁限用允许的时间范围内。

当农药使用调查数据呈现在我们面前时，发现以下几个问题：一是农药新品种的接受程度以专业化防治服务组织、种植大户和农民合作社最高，小农户特别是经济薄弱、偏远地区的农户有偏好价格低廉、速效性强的老产品现象；二是部分农户存在重虫轻病、重治轻防的思想；三是部分农作物病虫害防治中存在超范围使用农药的情况，特别是小宗作物病虫害防治中更加明显；四是因调查地区和调查农户的病虫害发生情况及用药习惯不一致，导致年度间或区域间用药情况存在差异。我们认为，规模化种植的农业新型经营主体更加重视农药科学安全使用。

　　本书的顺利出版，首先要感谢农业农村部种植业管理司、全国农技中心和各省级植保（农技）机构的大力支持。十分感谢浙江大学唐启义教授近十多年来为项目的研发提供的技术支持，特别是在全国种植业农药抽样调查体系的设计、调查数据的统计分析、农药抽样调查系统计算机应用软件的设计与实现，奉献了自己的知识与智慧，为种植业农药抽样调查系统的建立与完善做出了巨大的贡献。还要感谢全国农技中心农药药械处邵振润处长、梁帝允研究员等对农药基础信息调查工作的指导与支持。最后要感谢参与农户用药调查的各省、地、县的工作人员，为了获取第一手数据，他们进村入户采集、核实数据，工作异常艰苦。谢谢大家！

　　本书是对多年以来开展农药使用信息调查监测工作阶段性的回顾与总结，虽经各方努力，仍有未尽之处。希望以此书为契机，抛砖引玉，为后续的调查和研究提供参考。

全国农业技术推广服务中心　束　放

2022 年 5 月